黑龙江省优秀学术著作出版资助项目

高等算术——数论导引（第八版）

The Higher Arithmetic
—An Introduction to the Theory of Numbers(Eight Edition)

● [英] 哈罗德·达文波特（Harold Davenport） 著

● 华国栋 译

哈爾濱工業大學出版社
HARBIN INSTITUTE OF TECHNOLOGY PRESS

内 容 简 介

高等算术是介绍整数的性质和整数之间相互联系的一门科学。本书共分 8 章,介绍了素数分解、同余理论、二次剩余、连分数、数的平方和表示方法、二次型、丢番图方程、大数分解与数的素性检测等内容,这些内容都是数论的核心知识,对于读者进一步学习数论有相当重要的作用。

本书适合大学高年级学生和低年级研究生以及青年教师和研究数论的专家参考阅读。

图书在版编目(CIP)数据

高等算术:数论导引:第八版/(英)哈罗德·达文波特(Harold Davenport)著;华国栋译. —哈尔滨:哈尔滨工业大学出版社,2023.10

书名原文:The Higher Arithmetic: An Introduction to the Theory of Numbers, Eight Edition

ISBN 978－7－5767－0490－7

Ⅰ.①高…　Ⅱ.①哈…　②华…　Ⅲ.①数论　Ⅳ.①O156

中国版本图书馆 CIP 数据核字(2022)第 256261 号

GAODENG SUANSHU SHULUN DAOYIN: DI-BA BAN

策划编辑　刘培杰　张永芹
责任编辑　张永芹　张　佳
封面设计　孙茵艾
出版发行　哈尔滨工业大学出版社
社　　址　哈尔滨市南岗区复华四道街 10 号　邮编 150006
传　　真　0451－86414749
网　　址　http://hitpress.hit.edu.cn
印　　刷　黑龙江艺德印刷有限责任公司
开　　本　787 mm×1 092 mm　1/16　印张 13.75　字数 308 千字
版　　次　2023 年 10 月第 1 版　2023 年 10 月第 1 次印刷
书　　号　ISBN 978－7－5767－0490－7
定　　价　78.00 元

(如因印装质量问题影响阅读,我社负责调换)

序　　言

数论作为数学历史最悠久的分支学科, 在数学上占有重要的地位. 高等算术, 或者称之为数论导引, 是介绍整数的性质和整数之间相互联系的一门学科, 它主要的研究对象是整数. 在数论入门中, 整数有许多非常有趣的性质, 但证明的方法又有一定的特殊性, 这与数学其他分支的区别是比较明显的. 这门古老的学科在古希腊时代就开始研究了, 在欧几里得(Euclid, 约前330—约前275)的《几何原本》中有许多关于数论的知识, 从当今科学技术迅速发展的观点来看, 欧几里得的方法依然具有很大的启发性和科学价值.

数论的快速发展时代在16世纪和17世纪, 这可以追溯到费马(Fermat, 1601—1665)和欧拉(Euler, 1707—1783)对数论发展做出的重大贡献. 他们的工作中最有名的就是费马小定理和欧拉定理, 这两个定理在数论入门的知识体系中有着不可或缺的地位. 当然他们对于数论还有一系列的工作, 费马或许是数学历史上最有名的业余数学家, 他的本职工作是一名律师, 只是出于对数学特别是对数论的兴趣而进行了研究, 他有个很显著的特点, 即给出了很多数论的猜想, 但是习惯性地写下"这里的空白太小, 写不下"这样的话语. 当然, 费马也给出了很多定理的重要证明, "费马无穷递降法"便是其中很著名的一个例子. 他提出的费马猜想困扰了人类三百多年, 直到1994年英国数学家安德鲁·怀尔斯运用了相当高深的模形式的方法才给出了最后的证明. 而欧拉作为专业的数学家, 对数学的很多方面都做出了重要的贡献, 他给出了数论中很多定理的证明, 这些证明都很严格, 而且对于数学方法上的发展有独特的意义, 他还提出了算术基本定理的一个等价性质, 后来黎曼(Riemann, 1826—1866) 发展了这个理论, 称之为黎曼 ζ (Riemann-Zeta) 函数, 这个函数是数论的一个专题——解析数论研究的核心对象. 数论在16世纪和17世纪得到了快速的发展, 为以后数论形成一门专门的学科打下了坚实的基础.

真正把数论进行系统研究并形成一门专门学科的是高斯(Gauss, 1777—1855), 他在1801年出版的专著《算术探索》在数论的历史上具有划时代的意义, 标志着数论成为一门系统的专门的学科. 高斯曾说: "数学是科学的女王, 数论是科学的皇冠. " 高斯把数论的地位放在了最重要的位置, 他在《算术探索》中提出的同余概念为数论的体系化研究打开了全新的大门, 很多重要的定理在同余符号下不但非常深刻, 而且简洁优美. 大家一定在小学或者初中阶段就已经听说了高斯求和的故事, 在他19 岁时运用尺规画出十九边形, 成为他一生中最为津津乐道的一件事情. 高斯在数论上的成就是令人仰望的, 他的许多重要的定理和方法成为数论历史上一道独特的风景线. 这为后来黎曼、哈代(Hardy, 1877—1947)、李特伍德(Littlewood, 1885—1977)等众多数学大家的研究铺平了道路, 从此数论逐渐走向成熟化和精确化.

数论本身是属于纯粹的科学, 不会对社会经济的发展有直接的效益, 但是数论对于数学方法的发展和其自身理论体系的构建有着独特的重要意义. 对于数学而言, 一方面要不断地完善数学体系本身和发展新的数学方法, 另一方面需要服务社会经济的发展和产生经济效益. 人类追求完美性和心智的至高点, 在数论上可以得到很好的诠释, 很多著名的数学家都在数论的发展上留下了重要的印记.

本书的作者哈罗德·达文波特(Harold Davenport, 1907—1969)是英国最著名的数论大家之一, 他的这本名著《高等算术》是数论极佳的入门书籍. 本书的作者作为20 世纪英国分析学派的代表人物, 在数论方面造诣精深, 作者广博的见识, 高屋建瓴的观点, 独特的审美视角, 对数论宏观和深刻的掌握, 都为本书的写作打下了坚实的基础. 本书共有8章, 涉及的主要内容有素数与数的分解, 同余理论, 二次剩余, 连分数, 数的平方和表示方法, 二次型, 丢番图方程, 计算机与数论, 这些内容都是数论入门的核心知识, 对于读者进一步学习数论有相当重要的作用.

本书的译者很高兴能够把这本书介绍给大家, 这本中译版的出版一定会为中国数论的发展做出贡献. 对数学感兴趣特别是对数论感兴趣的读者, 一定会从中受益匪浅. 本书面向的读者群体是大学高年级学生和低年级的研究生, 以及青年教师和研究数论的专家, 但本书中的许多内容中学生也可以参考阅读. 对于广大的青少年朋友, 这本书的出版为大家学习数论的知识带来了新的契机, 希望各位读者提出宝贵的意见和建议, 不足之处还请多多指教.

华国栋

于上海市图书馆

前　言

高等算术, 或称之为数论, 是关于自然数1, 2, 3,⋯的性质的一门学问. 这些数字从很久以前就引起了人们的好奇心, 在古代文明的各个时期都有证据表明, 在人们日常生活中或多或少都会涉及算术及其应用, 但作为一个系统且独立的学科,高等算术完全是现代文明的产物, 可以追溯到费马的发现.

高等算术的特质在于它在数值方面的证据容易检验, 而证明又有巨大的困难. 数学家高斯曾说:"高等算术具有这样的魅力, 作为许多伟大数学家最喜爱的学科, 就在于它有无穷无尽的财富, 它的伟大在于超越了数学的任何一个分支."

数论通常被认为是纯粹数学中最"纯粹"的分支, 它几乎没有对于其他学科的直接应用, 但它有一个与其他学科的共同点——它的结论可以由实验来验证, 可以经由数值方面的例子来验证一般性定理. 这样的实验, 虽然在数学的各个方面的进程中有其必要性, 但比起其他的分支而言, 在数论的发展历史上却起着举足轻重的作用, 在数学其他的分支上这样的证据经常变得碎片化且具有迷惑性.

对本书而言, 作者清楚地认识到这些成就仅靠实验的例子很难让人信服, 尤其对数学家而言更难令其信服. 而困难之处在于这门学科的困难性, 它运用不完美的类比或者展示论证的主要想法, 但是细节却不准确, 这些都很难让人信服. 从本质上讲, 数论作为所有学科中最精确的学科, 它需要其爱好者思维的准确性和向其展现完美性.

这些定理及其证明经常需要运用数值的例子加以阐释. 这些例子通常非常简单, 容易被喜爱数值计算的读者轻视. 这些例子的作用仅仅在于展示一般的理论, 而算术计算如何有效地进行运算不在本书的讨论范围.

作者受惠于许多朋友, 特别感谢厄多斯(Erdös, 1913—1996) 教授, 莫德尔(Mordell, 1888—1972)教授和罗杰斯(Rogers, 1926—)教授的建议和指正, 同时也要感谢Captain Draim 允许本书包含他的算法的部分.

第五版的材料由D. J. Lewis教授和J. H. Davenport博士整理; 本书的问题和答案是基于R. K. Guy教授的建议整理出版.

第8章和后面的练习由J. H. Davenport 教授为第六版所写. 对于第七版, 作者更新了第7章, 提到了安德鲁·怀尔斯(Andrew Wiles, 1953—)关于费马最后定理的证明, 同时需要感谢J. H. Silverman 的评论.

对于第八版, 许多人提出了建议, 特别是J. F. McKee 博士和G. K. Sankaran 博士. 同时剑桥大学出版社很友好地重新整理了材料出版第八版, 还有一些小的更正以及电子版的准备: www.cambridge.org/davenport.

前　言

目　　录

第 1 章　素数与数的分解 1

1.1　算术法则 1

1.2　数学归纳法 4

1.3　素数 5

1.4　算术基本定理 6

1.5　算术基本定理的一些结论 8

1.6　欧几里得算法 11

1.7　算术基本定理的另一种证明方法 13

1.8　最大公约数的一个性质 14

1.9　数的分解 17

1.10 素数序列 20

注记 22

第 2 章　同余 25

2.1　同余的概念 25

2.2　线性同余式 26

2.3　费马定理 28

2.4　欧拉函数$\phi(m)$ 30

2.5　威尔逊定理 32

2.6　代数同余式 33

2.7　素数模的同余式 34

2.8　几个未知数的同余 36

2.9　覆盖所有数的同余式 37

注记 38

第 3 章　二次剩余 39

3.1　原根 39

3.2　指标 42

3.3　二次剩余 44

3.4　高斯引理 46

3.5 二次互反律 47
3.6 二次剩余的分布 50
注记 52
第 4 章 连分数 54
4.1 导言 54
4.2 一般的连分数 55
4.3 欧拉准则 57
4.4 连分数的渐近项 59
4.5 方程$ax - by = 1$ 61
4.6 无穷的连分数 62
4.7 丢番图逼近 65
4.8 二次无理数 66
4.9 纯周期连分数 68
4.10 拉格朗日定理 73
4.11 佩尔方程(Pell方程) 74
4.12 连分数的几何解释 79
注记 80
第 5 章 数表为平方数的和 82
5.1 数表为两个平方数的和 82
5.2 形如$4k + 1$的素数 83
5.3 x, y的构造方法 86
5.4 数可表为四个数的平方和 89
5.5 数表为三个数的平方和 91
注记 92
第 6 章 二次型 94
6.1 导言 94
6.2 等价的二次型 94
6.3 判别式 97
6.4 二次型表示数 99
6.5 三个例子 100

6.6 正定二次型的约化 102
6.7 约化二次型 103
6.8 表法个数问题 106
6.9 类数公式 108
注记 110

第 7 章 丢番图方程 112

7.1 导言 112
7.2 方程$x^2+y^2=z^2$ 112
7.3 方程$ax^2+by^2=z^2$ 114
7.4 椭圆方程和椭圆曲线 118
7.5 素数模的椭圆曲线 123
7.6 费马大定理 125
7.7 方程$x^3+y^3=z^3+w^3$ 127
7.8 进一步的发展 129
注记 132

第 8 章 计算机与数论 135

8.1 导言 135
8.2 素性的检测 137
8.3 “随机”数生成器 141
8.4 Pollard因式分解方法 145
8.5 椭圆曲线方法的因式分解 149
8.6 大数分解 152
8.7 迪菲–赫尔曼编码方法 156
8.8 RSA公钥密码体系 161
8.9 再论数的素性检测 162
注记 163

练习题 168

提示 177

答案 179

参考资料 187

第 1 章 素数与数的分解

1.1 算术法则

高等算术的目标在于发现和建立自然数$1, 2, 3, \cdots$的一般性的法则. 这些法则的例子, 如算术基本定理——**每一个自然数都可以分解为素数的乘积, 而且这种方式是唯一的**, 以及拉格朗日(Lagrange, 1736—1813)定理——**每个自然数都可表示为四个或者更少的平方数的和**. 我们不关注数值计算, 除非需要阐述性的例子; 也不关注数值方面的性质, 除非它们联系到一般性的性质.

我们儿童时期通过玩耍珠算或者弹珠来学习算术. 我们首先学习加法, 即我们把两个集合的物体变为一个集合; 然后我们学习乘法, 以重复加法的形式; 逐渐地我们学习数的运算, 我们开始熟悉算术的法则, 而这些法则比起其他的知识对于人类而言, 具有更加深刻的信仰.

高等算术是一门演绎的科学, 基于我们已知的算术法则, 尽管我们从未见过它们的一般形式是如何形成的, 但可将它们表述如下:

加法　任意两个自然数a和b 都有一个和, 表示为$a+b$, 这表示一个数. 加法的运算满足两个定律:

$$a+b=b+a \quad (\text{加法交换律}),$$

$$a+(b+c)=(a+b)+c \quad (\text{加法结合律}).$$

乘法　任意两个自然数a和b 都有乘积, 表示为$a\times b$或者ab, 它本身是一个自然数. 乘法运算满足两个定律:

$$ab=ba \quad (\text{乘法交换律}),$$

$$a(bc)=(ab)c \quad (\text{乘法结合律}).$$

注　公式后面的括号表示运算的方式.

顺序　若a和b是两个任意的自然数, 那么或者a等于b, 或者a小于b, 或者b小于a, 且在这三种可能性中仅有一种会发生. a 小于b 的符号表示为$a<b$, 在这种情况下, 我们也说b大于a, 符号表示为$b>a$. 顺序符号的基本法则是

$$\text{若}\ a<b\ \text{和}\ b<c,\ \text{则}\ a<c.$$

还有其他两个法则连接加法和乘法的概念. 它们是

$$\text{若}\ a<b,\ \text{则}\ a+c<b+c\ \text{及}\ ac<bc\ (c>0).$$

消去律 消去律有两个重要的法则, 虽然它们逻辑上遵循前面的定律, 但它们足够重要, 需要明确地表示出来. 第一个定律是

$$\text{若}\quad a+x=a+y,\ \text{则}\quad x=y,$$

对于任意自然数a.

这个定律遵循这样的事实: 若$x<y$, 那么$a+x<a+y$, 这与假设矛盾, 同样的$y<x$也不可能, 因而得到$x=y$. 根据同样的方式得到消去律的第二个公式, 表述如下

$$\text{若}\quad ax=ay,\ \text{则}\quad x=y,$$

对于任意自然数a.

减法 对于任意自然数a, 从一个数a中减去一个数b意味着, 如若可能, 寻找一个数x满足$b+x=a$. 减法的可能性与顺序的概念密切相关, a可以减去b当且仅当b要小于a. 遵循消去律的第一个法则, 若减法有可能, 则答案是唯一的; 若有$b+x=a$而且$b+y=a$, 则我们得到$x=y$. a减去b表示为$a-b$. 减法符号的法则, 如$a-(b-c)=a-b+c$, 遵循减法的定义及加法的交换律与结合律.

除法 a除以b意味着, 若有可能, 则存在一个数x满足$bx=a$. 如若这个数存在, 则可表示为$\frac{a}{b}$或者a/b. 根据消去律的第二个法则, 若除法的可能性存在, 那么答案是唯一的.

当我们给出加法和乘法的原始定义作为运算时, 上面的这些法则或多或少都是显然的. 例如, 乘法的交换律变得显然, 当我们想象物体在一个长方形内排成a行和b列(图1.1), 物体总的个数为ab, 同样也为ba. 分配律变得显然, 当我们考虑物体的排列方式如图1.2, 一共有$a(b+c)$个物体, 它们由ab个物体和ac个物体组成. 最不显然的可能就是乘法的结合律, 它表述为$a(bc)=(ab)c$. 需要表述清楚的是, 考虑同样的, 如图1.1, 但是替换每一个物体为c, 那么每一行上的物体个数为bc, 又由于有a列, 故得到总的个数为$a(bc)$. 另外, 一共有ab个数, 每一个都为c, 得到总的个数为$(ab)c$, 那么有$(ab)c=a(bc)$.

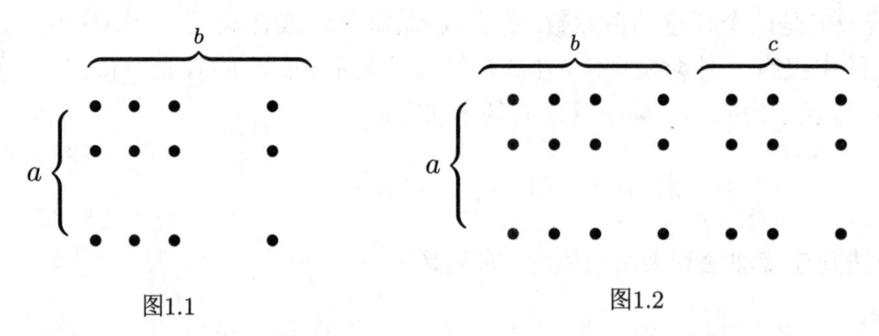

图1.1 图1.2

算术法则以及数学归纳法原理（下一节我们会提及）构成了数论的逻辑发展的基

础. 它们允许我们证明关于自然数的一般性定理而不需要回到数字的原始定义和运算. 数论中的一些高等的结论,容易用两种不同的方式证明,但这样的例子并不多.

虽然算术法则构成了数论的逻辑基础（显然也构成了大多数数学分支的基础）,但是如若说明每个步骤的缘由,这会相当的乏味,我们实际上假定读者已经具备了初等数学的一些知识. 我们开始详细地介绍这门学科的开端.

我们经由简要地介绍自然数系统和另外两个数系开始本节内容,它们是**整数系**和**有理数系**,这在高等算术和数学中具有一般的重要性.

在自然数系中,加法和乘法总是可以进行的,但是减法和除法并不总是可以操作. 为了克服减法带来的局限性,在数学中引入了数字0和负整数$-1,-2,\cdots$. 这些数与自然数构成了整数系:

$$\cdots,-2,-1,0,1,2,\cdots,$$

在这其中减法总是可能的,且答案是唯一的. 我们在初等代数中学习了怎样在扩充的数系中定义乘法,运用“符号法则”,这样算术中的加法和乘法依然有效. 顺序在扩充的数系中依然有效,但有一个例外: 若 $a<b$, 那么 $ac<bc$依然有效当且仅当c 为正数. 消去律的第二个法则需要修正,在扩充的数系中当且仅当消去的因子不为0:

$$\text{若}\quad ax=ay,\quad\text{则}\quad x=y\ \text{当且仅当}\ a\neq 0.$$

整数（正整数、负整数和零）满足自然数的法则并且现在减法也总是成立的,顺序法则和消去律的第二个法则需要修正如上面所示. 自然数现在可以称之为正整数.

我们回到自然数. 我们知道,一个自然数并不总是可以除尽另一个自然数,并且得到的结果为自然数. 如若可能,那么在自然数系中一个自然数b除尽自然数a, 我们说a 是b的因子或者除数,或者b是a的倍数. 这些都表示同一件事. 根据定义,我们注意到1是每一个自然数的因子,a 是它本身a的因子（它们的商为1）. 另一个观察,可以被2整除的数是偶数$2,4,6,\cdots$,以及不能被2整除的数是奇数$1,3,5,\cdots$.

除法的概念是一个对于数论很特别的概念,相比数学的其他分支而言与数论的联系更紧密. 在第1章中,我们考虑源于除法的各种各样的问题. 现在,我们回顾一些显然的事实.

(i)**如若a整除b,那么$a\leqslant b$(也就是,a要小于或者等于b)**. 对于$b=ax$,得到$b-a=a(x-1)$, 这里$x-1$或者为0,或者为一个自然数.

(ii)**如若a整除b和b整除c, 那么a整除c**. 对于$b=ax$ 和$c=by$,得到$c=a(xy)$,其中x和y 表示自然数.

(iii)**如若b和c都可以被a整除,那么$b+c$ 和$b-c$(假定$c<b$) 都可以被a整除**. 对

于$b = ax$和$c = ay$,因此

$$b + c = a(x + y) \text{ 和 } b - c = a(x - y).$$

没有必要强加限制条件$b > c$,当我们考虑$b - c$在最后一个性质,当我们把整数除法的概念扩充为显然的方式: 整数b可以被自然数a整除仅当$\frac{b}{a}$为一个整数. 因此负整数$-b$可以被a整除当且仅当b可以被a整除. 注意到0可以被任何一个自然数整除,因为商为整数0.

(iv)**如若两个整数b和c可以被自然数a整除,那么每个整数可以表示为$ub + vc$,其中u和v表示整数,也可以被a整除.** 对于$b = ax$和$c = ay$,有$ub + vc = (ux + vy)a$. 这个结论包含了(iii) 作为特殊情形; 如若我们取u和v都为1,则得到$b+c$; 若我们取u为1和v为-1,则得到$b - c$.

经由引入0和负整数,自然数系的扩大可以消除减法的限制性,经由引入所有可能的正分数,也就是$\frac{a}{b}$, 其中a和b 都是自然数,可以由自然数系的扩充来消除除法的限制性. 如若两种扩充的方法结合在一起,那么我们得到有理数系,由所有的整数和分数,以及正数和负数组成. 在这个数系中,算数的四个运算—— 加法、乘法、减法和除法—— 可以很好地操作而没有限制,除去除法分母不为零的情况.

1.2 数学归纳法

大多数数论的性质可以联系到自然数的每一个数, 例如拉格朗日定理表述为每一个自然数可以表示成至多四个自然数的平方和. 我们怎么证明一个论断对于每一个自然数都是成立的呢? 当然有一些论断可直接根据算术法则得到,比如代数恒等式如下

$$(n + 1)^2 = n^2 + 2n + 1.$$

但是有趣的和真实的算术性质大多不是这类情况.

很显然我们不能由验证第1种、第2种、第3种,以及更多的情况来验证一个结论的正确性,因为我们不能这样无限次地操作下去,即便我们可以验证一个结论对于前面一百万种情况,甚至对于前面百亿种情况正确,我们也无法完全证明这个结论总是正确的. 实际上,在数论中有这样的结论,它们有许多大量的数值的例子可以被验证,但它们却被证明事实并非这样.

然而,我们可以找到一个一般性的论证方法,运用这个方法可以证明如若结论对于所有的数字正确

$$1, 2, 3, \cdots, n - 1,$$

那么对于下一个数字n也同样正确. 如若我们有这样一个论证方法,那么结论对于数字1正确意味着对于数字2正确; 那么结论对于数字1和2正确意味着对于数字3 正确; 依此类推, 如若对于数字1 正确,那么结论对于所有的自然数都正确.

论证的方法是运用数学归纳法. 这个原理关于一个结论对于所有的自然数都成立,为了应用这个原理,我们需要证明两件事：第一件,论断对于数字1是正确的;第二件,如若对于n前面的数字$1, 2, 3, \cdots, n-1$都正确,那么对于数字n也是正确的. 在这种情况下,我们得到这个结论对于所有的自然数都是正确的.

一个很简单的例子可以说明这个原理. 比如我们检验连续奇数的和$1+3+5+\cdots$,一直到任意一个确定的数. 我们注意到

$$1=1^2,\ 1+3=2^2,\ 1+3+5=3^2,\ 1+3+5+7=4^2, \cdots,$$

这意味着一般性的原理**对于每一个自然数n,前面的n个奇数的和为n^2.** 我们现在用数学归纳法证明这个一般性的结论. 当$n=1$时,结论显然正确. 现在我们需要证明结论对于任意n都成立,根据数学归纳法,我们知道结论对于任何小于n的数都成立. 特别地,我们假定对于前面的$n-1$个奇数的和为$(n-1)^2$. 对前面n个奇数的和运用这个结论及第n个奇数为$2n-1$, 那么前面n个奇数的和为

$$(n-1)^2+(2n-1),$$

实际上得到 n^2. 这就一般性地证明了结论.

数学归纳法对于不熟悉它的读者具有很强的迷惑性,他们常常抱怨“你们假定需要证明的结论”. 实际上,这样的结论有无穷多种情况,其中一种是自然数$1, 2, 3, \cdots$. 数学归纳法允许我们做的是,当我们证明任意一种情况时,前面的情况已被证明了.

有些人担心数学归纳法的证明是否会造成混淆. 在上面的例子中,问题的结论是**前面n个奇数的和为n^2.** 这里n为任意一个自然数,当然,当我们把n替换为任意一个符号,只要我们在两个不同的地方运用相同的符号,表述同样成立. 但是有具体的情景时,n 成为一个特殊的数字,我们会处于危险的境地,如若用一个符号表示两个不同的意义,“性质是正确的,当n 变为$n-1$”变得没有意义. 这门课程用不同的符号表示不同的意思是必要的.

从普遍的观点而言,没有什么比数学归纳法的有效性更加显然了. 数学归纳法实际上是这样的法则,我们依次列举自然数：列举了数字$1, 2, 3, \cdots, n-1$, 我们继续列举数字n. 当我们列举自然数,这个原理实际上是回答“等等”,接下来的一定会发生.

1.3 素数

显然任何自然数a被1整除（它们的商是a）和被a 整除（它们的商是1）. a的因子除1和a 之外称为真因子. 我们知道有些数没有真因子,这些数称之为素数. 前面几个素数是

$$2, 3, 5, 7, 11, 13, 17, 19, 23, 29, 31, \cdots,$$

然而1是否被界定为素数是一个习惯问题,通常不把1 归为素数的范畴.

一个数既不是1也不是素数,称之为合数; 这样的数可以表示成两个数的乘积,每一个数大于1. 众所周知,运用连续的分解我们可以把任何一个合数表示成素数的乘积,有些素数可能会重复出现. 例如,我们用666 举例,这个有明显的因子2,我们得到$666 = 2\times 333$. 现在333有明显的因子3,有$333 = 3 \times 111$. 同样地,111有因子3,有$111 = 3 \times 37$. 因此

$$666 = 2 \times 3 \times 3 \times 37,$$

这就可以把合数666表示成素数的乘积. 一般性原则为任何合数都可表示成素数的乘积. 或者说,**任何大于1的数,要么是素数,要么可以表示成素数的乘积**.

为了证明这个一般性的法则,我们运用数学归纳法. 为了证明结论对于n成立,我们假定对于小于n的数成立. 如若n为素数,那么就已经证明. 如若n为合数,那么它可以表示成ab,其中a和b都大于1且小于n. 我们知道a和b都是素数或者是素数的乘积,把它们替换后,我们得到n表示成素数的乘积. 读者可能认为这个证明相当简单,且比较肤浅,但是下面的一般性原理把素数分解却不那么容易证明.

素数序列$2, 3, 5, 7, \cdots$激发了人类的好奇心,后面我们将提到关于它们的一些结论. 现在,我们遵循欧几里得(Book IX,Prop.20)的方法,证明**"素数序列无穷"**. 他的证明是简洁性和优美性的典范. 令$2, 3, 5, \cdots, P$为到P 的素数序列. 考虑这些素数的乘积,然后加上1, 这就是

$$N = 2 \times 3 \times 5 \times \cdots \times P + 1,$$

这个数不能被2整除,因为如若数N和$2 \times 3 \times 5 \times \cdots \times P$被2整除,那么它们的差也会被2整除,但实际上它们的差是1, 并不被2整除. 同样地,我们注意到N不被3或者5或者任何直到P,包括P在内的数整除. 另外,N被一个素数整除(也就是N本身为素数,或者N 的一个素因子,如若N 为合数). 因此存在一个素数不同于$2, 3, 5, \cdots, P$, 而且要大于P. 这样得到结论: 素数序列无穷.

1.4 算术基本定理

在前面的1.3节中,我们证明了任何一个合数都可以表示成素数的乘积. 作为演示,我们把666分解得到

$$666 = 2 \times 3 \times 3 \times 37.$$

一个重要基本性的问题显现出来——这样的素数分解的可能性唯一吗?(表示方法的顺序不同被认为是一种情况,比如表示方法$3 \times 2 \times 37 \times 3$, 被认为与上面的表示方法相同.) 我们可以设想,比如666, 有不同于上面的其他素数分解的方式吗? 对于没有任何数论方

面知识的读者而言可能会强烈意识到没有其他的表示方法,但是读者却很难找到一个一般性的令人满意的证明.

需要把结论应用于所有的自然数的一般性形式,而不仅仅局限于合数. 一个数本身是素数,我们惯例上把它认为是素数的乘积,这里乘积仅有一个因子,也就是这个数本身. 我们可以更进一步,把数1当作“空”的素数乘积,认为空的素数乘积就只有1.这样一个惯例不仅在这有用,而且在整个数学上都有用,这样允许或者排除一般性定理中的一些特例,或者提供一个更复杂的解释方式.

有了这样的规定,一般性的结论,**即任何一个自然数都可唯一地表示为素数的乘积**. 这就是所谓的**算术基本定理**,但它的历史考证比较模糊. 它没有出现在欧几里得的《几何原本》中,虽然在《几何原本》的第七卷中有算术性质等同于它. 算术基本定理在勒让德(Legendre,1752—1833)1798 年的著作《关于数论的研究》中也没有被提及. 第一个清晰的陈述和证明出现在高斯1801年的名著《算术探索》中. 或许定理的遗漏解释了从欧几里得以来许多教科书中没有详细的解释.

我们给出一个素数分解唯一性的直接证明. 在本章后面（1.7 节）,我们将给出另一个证明,它会完全独立于这个证明.

首先一个预备的评论需要提到. 如若一个特定的数m 分解成素数的乘积是唯一的,那么m 的每一个素因子在分解中都会出现. 如若p是一个素数且整除m, 那么我们有$m = pm'$, 其中m'为另一个数. 如若我们分解m'成素数的乘积,那么我们得到m分解成素数的乘积而仅仅添上另一个因子p. 由于m分解为素数的乘积的唯一性,故p一定出现在其中.

我们运用数学归纳法证明唯一性. 这需要我们在对于已经证明的小于n的情况下,来证明对于任意的n 都成立. 如若n为一个素数,那么就已证明. 假设n是一个合数,有两种不同的素数分解的表示方式,即

$$n = pqr\cdots = p'q'r'\cdots,$$

其中$p, q, r, \cdots$和$p', q', r', \cdots$都是素数. 相同的素数不可能在两个表示方式中都出现,如若可能,那么就会抵消得到两个更小数的表达方式,这与数学归纳法的假设矛盾.

我们可以一般性地假设p为最小的,且出现在第一个分解中. 由于n 是合数,那么除p之外还有至少一个素数在分解中,因此得到$n \geqslant p^2$. 同样地,$n \geqslant p'^2$. 由于p与p' 并不相同,那么其中至少有一个不等式严格地取不等号,这样就有$pp' < n$. 现在考虑数$n - pp'$,这是一个严格小于n 的数,那么可以表示成素数的乘积的唯一的方式. 由于p 可以整除n,那么也可以整除$n - pp'$, 根据前面的论据,它出现在$n - pp'$的分解中. 同样地,p'也出现在其中的分解中. 因此$n - pp'$的素数分解有如下的形式

$$n - pp' = pp'QR\cdots,$$

其中$Q, R, \cdots$为素数. 这就意味着数pp' 为n 的一个因子. 但是$n = pqr\cdots$,这就可以消去p得到p' 是$qr\cdots$ 的一个因子. 根据前面的论据,这是不可能的,因为$qr\cdots$ 是小于n的数,p'不是分解$q, r, \cdots$中的任何一个素数. 这个矛盾就得到n 有且仅有一个素数分解的形式.

读者可能会同意这样的观点,这个证明虽不是很长或者很困难,但却有一些微妙的精华. 这同样适用于素数唯一性的其他直接的证明,这其中有几个是基于相同的想法. 这很重要的从素数的定义中观察到素数分解的**可能性**,素数分解的**唯一性**就不是那么直接. 下面的例子,由希尔伯特(Hilbert,1862—1943) 给出,解释了这两个性质为什么有截然不同的地位.

因子和素数的概念只包含在乘法运算中,没有涉及加法的运算. 现在考虑当相同的定义运用在一个可以有乘法,但是没有加法或者减法的数系系统中时,可能会发生什么. 取这个数系为

$$1, 5, 9, 13, 17, 21, 25, 29, \cdots,$$

这些数全部是$4x+1$的形式. 这样的两个数的乘积还是相同的形式. 我们来定义“伪素数”为数系中这样的数（1 除外）,即它们在系统中不可以被真分解. 数字$5, 9, 13, 17, 21$都是伪素数,第一个在这个序列中不是伪素数的是25.在这个数系中任意一个数要么是伪素数,要么可以分解成伪素数的乘积,这用同样的方法可以证明. 但是分解的方式不是唯一的,比如,数字693 可以分解成9×77和21×33, $9, 21, 33, 77$这四个数都是伪素数. 显然,我们很清楚地知道这些数在系统外可以分解,但是例子中的观点表明素数分解唯一性的逻辑框架. 这样的证明不能仅仅依靠于素数的定义和乘法运算,它必须在某处用到加法或者减法,要不然它也会适用于这个数系. 我们在检查上面的算术基本定理的证明中,可发现减法运算用到其中,即$n - pp'$ 的形成.

算术基本定理揭示了自然数与乘法运算的基本结构. 它揭示了素数是经由乘法构成自然数的基本元素,更进一步,当我们进行乘法运算时,同一个数不会有两种不同的表示方式. 现在我们明白了为什么不把数字1放在素数的序列中. 我们在表述素数仅有一种分解方式时,把数字1 作为了一个特例,显然数字1 可以被作为额外的因子放在乘法中而不改变数字本身的值.

1.5 算术基本定理的一些结论

算术基本定理,在上一小节中已被证明,表述为在不计素数的排列次序的情况下,每个自然数有且仅有一种分解成素数乘积的表示方法,空的乘积表示自然数1.

如若一个数的素数分解是已知的,那么关于这个数的许多问题都可以回答. 第一,我们可以列举这个数的所有因子. 先让我们来看看具体的例子是怎样的. 我们取一个相同

的数字如下：

$$666 = 2 \times 3 \times 3 \times 37.$$

这个数的一个因子d如下

$$666 = dd',$$

其中d'是另一个自然数. 运用算术基本定理,分解中d和d'分解成素数必须满足它们的乘积为$2 \times 3 \times 3 \times 37$.那么$d$ 是素数$2, 3, 3, 37$ 中某几个数的乘积,d' 为乘积的其他部分. 当素数的所有可能性被考虑到,我们得到666的所有除数因子,即

$$1, 2, 3, 37, 2 \times 3, 2 \times 37, 3 \times 3, 3 \times 37, 2 \times 3 \times 3,$$

$$2 \times 3 \times 37, 3 \times 3 \times 37, 2 \times 3 \times 3 \times 37.$$

这类情况是通用的,需要的就是一个适当的符号,可以用来对其进行一个简单的描述. 令n为任意一个大于1 的自然数,分解中不同的素数表示如下$p, q, r, \cdots$. 假定素数p在n的素数分解中出现a 次,素数q 出现b 次,……. 那么有

$$n = p^a q^b \cdots. \tag{1.1}$$

n的除数因子包含如下所有的乘积形式

$$p^\alpha q^\beta \cdots,$$

其中指数α可取$0, 1, \cdots, a$;指数β可取$0, 1, \cdots, b$;……[①]. 这样就如上面相同的方式证明了,而且证明方法依靠于算术基本定理. 在例子中$n = 666$, 有三个不同的素因子,它们是$2, 3, 37$,它们的指数分别是$1, 2, 1$. 所以666 的所有除数因子由下面的公式给出

$$2^\alpha 3^\beta 37^\gamma,$$

其中α为0或者1,β表示0或者1或者2,γ 表示0 或者1. 一旦写出来,它们就是上面列举的除数因子.

我们可以经由列举对于指数$\alpha, \beta, \gamma, \cdots$的选择个数有多少进而列举一个数$n$的除数因子有多少. 在一般的情况下,当$n$有表达式(1.1) 的时候,指数$\alpha$可以取$0, 1, \cdots, a$,那么对于指数$\alpha$ 的不同的可选择性有$a + 1$种.类似地,对于指数β的可选择性有$b + 1$种,等等. 指数$\alpha, \beta, \cdots$ 都是相互独立的,这其中所有可能的选择性都得到n的不同因子,经由素数分解的唯一性. 因而所有的除数因子有

$$(a + 1)(b + 1)\cdots.$$

① 通常这样理解,一个数的指数为0, 表示数字1.

通常我们表示n的除数因子的个数为$d(n)$(包含1 和n在内,就如同我们在上面操作的那样).有了这个符号,我们证明了如若$n = p^a q^b \cdots$, 其中$p, q, \cdots$为不同的素数,那么

$$d(n) = (a+1)(b+1)\cdots.$$

在上面的例子中,指数为$1, 2, 1$,得到总的除数因子有$2 \times 3 \times 2 = 12$.

我们也可以考虑数字n的所有除数因子的和,包括1 和n 在内. 这个通常记为$\sigma(n)$.如若n 的素数分解可以写成式(1.1)的形式,那么$\sigma(n)$ 由下面的式子给出

$$\sigma(n) = \{1 + p + p^2 + \cdots + p^a\}\{1 + q + q^2 + \cdots + q^b\}\cdots,$$

从这个式子,当我们乘开,就得到所有可能的$p^\alpha q^\beta \cdots$ 的和,其中α可以取$0, 1, \cdots, a$,等等. 这些所有可能的乘积构成了n 的除数因子. 运用相同的数值例子,我们有

$$\sigma(666) = (1+2)(1+3+3^2)(1+37) = 3 \times 13 \times 38 = 1\,482,$$

我们可以经由乘开所有的因子,然后相加来检验. 算术函数$d(n)$和$\sigma(n)$, 以及后面提及的函数$\phi(n)$, 把它们在**除数表**中到达$n = 10\,000$的数字制成表(参见vol. VIII of the British Ass.Math.Tables,Cambridge,1940).

古希腊人重视对**完全数**的研究,把它们定义为n的除数因子,包括1但不包括n,使它们相加的和等于n本身. 最简单的例子就是6, 其中$1 + 2 + 3 = 6$. 另外一种**完全数**表示方式为$\sigma(n) = 2n$, 也就是$\sigma(n)$等于n 的所有除数因子的总和,包括n本身在内. 欧几里得证明了如若p为素数,满足$p + 1$ 为2的幂次,即$p + 1 = 2^k$, 那么数$2^{k-1}p$就是完全数. 实际上,我们可以从上面的公式中得到$\sigma(n)$为

$$\sigma(2^{k-1}p) = \{1 + 2 + 2^2 + \cdots + 2^{k-1}\}(1 + p).$$

现在

$$1 + 2 + 2^2 + \cdots + 2^{k-1} = 2^k - 1 = p, \quad 1 + p = 2^k,$$

因而,当$n = 2^{k-1}p$时,$\sigma(n) = 2n$. 在欧拉的一篇论文中,填补了欧几里得的结论,证明了每个完全数的必要条件也是欧几里得的形式. 但还不知道是否有奇数的完全数,也不知道偶数的完全数的序列是否是无穷的. 前面五个偶数的完全数为

$$6, \quad 28, \quad 496, \quad 8\,128, \quad 33\,550\,336.$$

至今我们考虑了一个数的除数. 我们也可以研究两个数或者更多数的公因数. m和n的公因数一定由m和n出现在素数分解中相同的素数组成. 如若没有这样的素

数,那么m和n除1之外没有公因数,它们称为互素. 例如,数字 $2\,829 = 3\times23\times41$和$6\,850 = 2 \times 5^2 \times 137$ 是互素的.

如若m和n有公共的素因子,那么我们得到m和n的最大公因子或者最大公约数(简称H.C.F)经由m, n的公共素数因子的乘积,每一个都取最高的幂次且同时整除m, n. 例如,如若两个数分别为

$$3\,132 = 2^2 \times 3^3 \times 29 \quad 和 \quad 7\,200 = 2^5 \times 3^2 \times 5^2,$$

那么最大公约数就是$2^2 \times 3^2$,或者36. 接下来我们会看到在最大公约数中每个素数的指数要小于或等于在m, n中素数分解的指数大小.

显然m, n的公因子恰好包含它们最大公约数的所有的除数因子. 这些结论,我们一以贯之地依靠于算术基本定理.

相似的情形出现在两个给定数的公倍数中. 有一个**最小公倍数**,经由所有出现在m或者n的素数的乘积上得到,在两个数的分解因式中每一个都取最高次幂. 这样,对于上面的两个数,它们的最小公倍数为$2^5 \times 3^3 \times 5^2 \times 29$. 对于任意给定的两个数,它们的所有公倍数是它们最小公倍数的倍数.

这样的结论可以很容易地推广到多于两个数的情形中. 我们注意到两类可能互素的情况非常的重要：有几个数,它们称为是互素的,如若没有大于1的数整除所有数; 它们称为两两互素的,如若任意两个数没有大于1的公因子. 第一种情况是在所有的数中没有公共的素因子,后面一种情况是没有素因子出现在任意一对数中.

有几个简单的关于整除的定理我们倾向于它们显然成立,但是实际上它们在素数分解的唯一性条件下才显然成立. 例如,**如若一个数整除两个数的乘积,而且与其中的一个数互素,那么它必定整除另一个数.** 如若a整除bc,而且和b是互素的,a的素数分解包含在bc中,但是与b没有公共部分,因而它们包含在c 中.

1.6 欧几里得算法

欧几里得曾给出了一个系统的方法,或者叫作**算法**,用来寻找两个给定数的最大公约数. 这个算法提供了不同于最后两节描述的关于整除的方式,我们继续而不需要假设任何东西除去整除的定义.

令a和b是任意给定的两个自然数,假设$a > b$. 我们开始探索a和b的最大公约数. 如若b整除a, 那么a和b的公约数包含b 的所有的除数因子,那么没有什么可探究的. 如若a不被b整除,我们可以将a表示为b的倍数和一个小于b的余数,也就是

$$a = qb + c, \quad 其中 \quad c < b. \tag{1.2}$$

这就是**带余除法**的过程,它表述了a,如若不是b 的倍数,一定是b的连续的两个倍数之间的某一个数. 如若a处于qb和$(q+1)b$之间,那么

$$a = qb + c, \quad 其中 \quad 0 < c < b.$$

从方程(1.2)可以得到任何b和c的公约数也是a的公约数. 而且,任何a, b的公共的除数也是c的除数,由$c = a - qb$可以得到. a, b的公共除数,不论它们是什么,也是b, c的公共除数. 寻找a, b的公共除数的问题演变为寻找b, c 的公共除数的问题,它们要分别小于a和b.

算法的本质在于对这类论据的重复. 如若b可以被c 整除,那么b 和c 的公共除数包括c的所有除数. 如若不能,我们可以表示b为

$$b = rc + d, \quad 其中 \quad d < c. \tag{1.3}$$

同样地,b, c的公共除数和c, d的公共除数相同.

这个程序一直进行直到停止,这种情况的发生当且仅当整除的出现,这就是,我们得到了一个序列$a, b, c, \cdots$中的一个数,这个数是前面数的除数因子. 显然这个程序会终止,对于递减的自然数序列$a, b, c, \cdots$, 不可能无限地进行下去.

我们假定,为确定起见,这个程序到达数字h时终止,这个数是前面数g 的除数. 那么序列(1.2), (1.3),$\cdots$的最后两个方程分别为

$$f = vg + h, \tag{1.4}$$

$$g = wh. \tag{1.5}$$

a, b的公共除数与b, c的公共除数,或者c, d,等等,直到g, h. 由于h可以整除g,那么g, h的公共除数显然包含h的所有除数. 数字h可以被认为是欧几里得算法中的最后一个余数,在整除的前面,也就是最后一个非零的余数.

我们证明了**任意给定的两个自然数a, b包含一个确定的数h的所有除数(a, b 的最大公约数),这个数是欧几里得算法中应用于a, b 的最后一个非零的余数.**

举一个数值方面的例子,我们取在1.5节中遇到的数字3 132和7 200. 算法运行如下:

$$\begin{aligned} 7\,200 &= 2 \times 3\,132 + 936, \\ 3\,132 &= 3 \times 936 + 324, \\ 936 &= 2 \times 324 + 288, \\ 324 &= 1 \times 288 + 36, \\ 288 &= 8 \times 36; \end{aligned}$$

它们的最大公约数是36,也就是最后一个余数. 有可能经由一个负的余数缩短这个程序当且仅当这个数值上小于对应的正的余数. 在上面的例子,最后三个步骤可以替换成

$$\begin{aligned} 936 &= 3 \times 324 - 36, \\ 324 &= 9 \times 36. \end{aligned}$$

为什么可以允许用负的余数替换? 原因在于论断应用于方程(1.2)也同样有效,如若用方程$a = qb - c$替换$a = qb + c$.

两个数被称为互素的[①],如若它们没有除1之外的公共除数,或者说它们的最大公约数是1. 在这种情形下当且仅当欧几里得算法应用于两个数的时候最后一个余数为1.

1.7 算术基本定理的另一种证明方法

独立于1.4节中的方法,我们现在运用欧几里得算法给出算术基本定理的另一种证明方法. 我们现在给出一个推论,读者可能认为太显然而不值得一提. 令a, b, n为任意的自然数. **na, nb的最大公约数是a, b的最大公约数的n倍.** 虽然这很显然,但是读者发现在不运用欧几里得算法或者算术基本定理的情况下很难给出一个证明.

实际上这个结论可以很快从欧几里得算法中得到. 我们可以假设$a > b$. 如若我们用na除以nb,得到的商仍然相同(还是q),余数是nc 而不是c. 方程(1.2)可以替换成

$$na = q \cdot nb + nc.$$

这个同样适用于后面的方程,它们都仅仅需要乘以n. 最后,由最后一个余数,得到na和nb的最大公约数,也就是nh,其中h是a, b的最大公约数.

我们应用这个简单的事实证明下面的定理,通常称之为欧几里得定理, **如若一个素数整除两个数的乘积, 那么这个数一定整除其中的一个数(可能两个数都整除).** 假若素数p整除两个数的乘积na, 而不整除a. p的因子只有1和p, 从而p, a的公因子为1. 因而,根据上面证明的定理,np, na的最大公约数为n. 易知p整除np, 根据假设可知p整除na. 因而得到p是np, na 的公因子, 那么也是n的因子, 我们知道两个数的公约数是它们最大公约数的因子. 我们证明了如若p整除na, 而不整除a, 那么它一定整除n; 这就是欧几里得定理.

素数分解的唯一性证明如下. 假若一个数n有两种不同的分解方式,也就是

$$n = pqr \cdots = p'q'r' \cdots,$$

① 这个定义和本章1.5节中的定义相同,在这里重复是因为现在的处理方式独立于前面的处理方法.

其中数字$p,q,r,\cdots,p',q',r',\cdots$ 都为素数. 由于p整除乘积$p'(q'r'\cdots)$, 如若p 整除p',由于两个数都是素数,那么$p=p'$. 如若p 整除$q'r'\cdots$, 那么我们重复这个结论,最后得到p 一定等于素数$p',q',r',\cdots$中的一个素数. 我们可以消去两个表达式中的p,然后重复左边表达式中的一个,比如q. 最后得到左边所有的素数和右边的相同,那么两个表达式相同.

这是素数分解唯一性的另一个证明,这在本章1.4节中提及了. 它有这样的优点依赖于一般性的理论(欧几里得算法)而不是特殊的构造,如本章1.4节. 另一方面,它比较长而且不那么直接.

1.8 最大公约数的一个性质

从欧几里得算法中我们可以推出最大公约数的一个惊异的结论,这在素数分解的最大公约数的原始构造中并不显然(参见本章1.5 节). 这个性质就是**两个自然数a,b 的最大公约数h可以表示成a的倍数与b 的倍数的差,也就是**

$$h=ax-by,$$

其中x,y都表示自然数.

由于a,b都是h的倍数,任何$ax-by$形式的数都是h 的倍数; 结论是说存在x,y 的一些值满足$ax-by$ 恰好等于h.

在给出证明之前,可以观察表达式$ax-by$的一些性质. 首先,一个这样的数也可表示成$by'-ax'$, 其中x',y' 都是自然数. 这样两个表达式相等当且仅当

$$a(x+x')=b(y+y');$$

这样经由取任何数m和定义x',y' 来保证

$$x+x'=mb,\quad y+y'=ma.$$

当m足够大的时候,数字x',y'可以取自然数,那么$mb>x$ 和$ma>y$. 如若x',y' 按这样定义,那么$ax-by=by'-ax'$.

我们说一个数是与a,b**线性相关的**,如若它可以表示成$ax-by$ 的形式. 上述结论证明了与a,b线性相关在交换a,b的情况下并不受影响.

还有两个关于线性相关的进一步的简单结论. 如果一个数与a,b是线性相关的,那么这个数的倍数也是一样,即

$$k(ax-by)=a\cdot kx-b\cdot ky.$$

如果两个数线性相关于a,b,那么它们的和也和a,b线性相关,因为

$$(ax_1 - by_1) + (ax_2 - by_2) = a(x_1 + x_2) - b(y_1 + y_2).$$

这也适用于两个数的减法:为了看清这一点,第二个数记为$by_2' - ax_2'$,这与前面的论据相一致,然后相减,则得到

$$(ax_1 - by_1) - (by_2' - ax_2') = a(x_1 + x_2') - b(y_1 + y_2').$$

那么得到与a,b线性相关的性质在加法和减法中也成立,这个数的倍数同样适用.

在这个概念下,我们检验一下欧几里得算法. 数字a,b 本身显然线性相关于a,b,由于

$$a = a(b+1) - b(a), \quad b = a(b) - b(a-1).$$

算法的第一步是

$$a = qb + c.$$

由于b线性相关于a,b,那么qb也一样. 由于a 也线性相关于a,b,那么$a-qb$,即c也适用. 对于算法的下一个方程,它允许我们用同样的方式推导出d 线性相关于a,b,直到我们到达最后一个余数,也就是h. 这就证明了h线性相关于a,b,如上述说明的那样.

作为一个例子,举相同的例子如本章1.6节,也就是$a = 7\,200$ 和$b = 3\,132$. 我们一次写出一个方程,用它们的a,b来表示余数. 第一个方程是

$$7\,200 = 2 \times 3\,132 + 936,$$

这告诉我们

$$936 = a - 2b.$$

第二个方程是

$$3\,132 = 3 \times 936 + 324,$$

那么得到

$$324 = b - 3(a - 2b) = 7b - 3a.$$

第三个方程是

$$936 = 2 \times 324 + 288,$$

这样得到

$$288 = (a - 2b) - 2(7b - 3a) = 7a - 16b.$$

第四个方程是

$$324 = 1 \times 288 + 36,$$

那么得到

$$36 = (7b - 3a) - (7a - 16b) = 23b - 10a.$$

这样就表示了最大公约数36是a, b的倍数的差. 如若让表达式中a的倍数在前面,则可以如下方式得到

$$23b - 10a = (M - 10)a - (N - 23)b,$$

当且仅当

$$Ma = Nb.$$

由于a, b有公因数36,这个公因数可以从两端消去,那么M, N 上的条件就转化为

$$200M = 87N,$$

对于M, N最简单的取值是

$$M = 87, N = 200,$$

那么得到

$$36 = 77a - 177b.$$

回到一般的理论,我们可以另一种形式表示结论. 假若a, b, n为给定的自然数,我们想找到满足下面方程的自然数x, y

$$ax - by = n. \tag{1.6}$$

由于它没有完全确定x, y,则这样一个方程称之为不定方程,或者称之为丢番图方程,以丢番图(Diophantus,公元246—公元300) 的名字给出(大约公元3 世纪),他写了关于算术的名著. 方程(1.6) 可解当且仅当n是a, b 最大公约数的倍数;由于不论x, y取任何值,最大公约数整除$ax - by$. 现在假定n是h的倍数,也就是$n = mh$. 那么我们可以解得方程; 我们第一步需要做的就是解下面的方程

$$ax_1 - by_1 = h,$$

就如上述操作的那样,然后两边乘以m,我们得到方程(1.6)的解

$$x = mx_1,\ y = my_1,$$

因而**线性不定方程(1.6)对于自然数x, y可解当且仅当n是h的倍数.** 特别地,如若a, b是互素的,那么$h = 1$,n取任何值,方程都是可解的.

对于线性不定方程

$$ax + by = n,$$

我们已经找到了可解的条件,不是自然数解,而是具有相反符号的整数解:一个正数和一个负数. 这个方程何时有自然数解是一个更困难的问题,我们不能用任何简单的方式去回答. 显然n必须是h的倍数,但相对于a, b而言n不能太小. 如若n是h的倍数,并且$n > ab$,那么可以很容易证明方程有自然数解.

1.9 数的分解

分解一个数最显然的方式就是验证它是否可以被$2, 3, 5, \cdots$ 整除,运用素数序列. 如若一个数N 不可以被直到$\sqrt{N}$ 的素数整除,那么它本身就是一个素数; 对于任何至少有两个素因子的合数,它们不可能都大于$\sqrt{N}$.

如若这些数都很大,则这个程序会很费力,因此因子表会不够用. 被大多数读者最广泛用到的表就是由 D.N.Lehmer 所写的 (*Carnegie Institute*, Washington, Pub. No. 105, 1909; 重印本见Hafner Press,New York,1956),该表给出了直到10 000 000的数字的最小素因子. 当一个特定的数的最小素因子已知时,这个数可以被整除,这个过程的重复给出了数的分解的完全形式.

有几个数学家,最著名的就是费马和高斯,他们尝试通过降低次数的方法,把一个大数进行了分解. 大多数方法需要更多的数论知识,在这里可以暂缓一下;但是费马的一种方法原理上非常简单,只需要几句话就可以讲清楚.

令N为给定的一个数,m为最小的数,满足$m^2 > N$. 形成下面的数

$$m^2 - N, \quad (m+1)^2 - N, \quad (m+2)^2 - N, \cdots. \tag{1.7}$$

当其中一个是完全平方的时候,我们得到

$$x^2 - N = y^2,$$

那么得到

$$N = x^2 - y^2 = (x-y)(x+y).$$

序列(1.7)的计算被加速观察到,它们相邻的差之间的增速是一个常数. 它们中如果有完全平方数,则经由Barlow的平方表可以很容易判断. 当数字N 的分解有两个大小接近的因子时,这个方法相当有效,因为y非常小. 如若N本身是一个素数,那么程序进行下去直到有解为$x + y = N,\ x - y = 1$.

作为一个例子,取$N = 9\ 271$. 这个数介于96^2与97^2 之间,那么$m = 97$. 在序列(1.7)中第一个数是$97^2 - 9\ 271 = 138$. 接下来的数经由分别与$2m+1$,$2m+3$,$\cdots$ 相加得到,这就是$195, 197, \cdots$. 这就给出了序列

$$138, 333, 530, 729, 930, \cdots.$$

第四个数是完全平方数,也就是27^2,我们得到

$$9\ 271 = 100^2 - 27^2 = 127 \times 73.$$

一个有趣的分解数的算法最近被Captain N.A.Drain(U.S.N). 发现. 在这里,除法的得数被修正,用来为下一次除法做准备. 有几类不同形式的算法,不论它们是素数还是非素数,但是最简单的就是连续的被除数为奇数$3, 5, 7, 9, \cdots$. 为了解释这一点,我们举一个数值方面的例子,比如$N = 4\ 511$. 第一步就是4 511被3除,得到商为1 503和余数为2:

$$4\ 511 = 3 \times 1\ 503 + 2.$$

第二步是给定的数减去两倍的商,然后加上余数:

$$4\ 511 - 2 \times 1\ 503 = 1\ 505, \quad 1\ 505 + 2 = 1507.$$

最后一个数接着被下一个奇数5除:

$$1\ 507 = 5 \times 301 + 2.$$

下一步就是在第二步中用一个数得到的数减去两倍的商(在这个例子中是1 505),然后加上最后一行的余数2:

$$1\ 505 - 2 \times 301 = 903, \quad 903 + 2 = 905.$$

这个数需要被下一个奇数7除. 现在我们可以继续以相同的方式进行,不需要更多的解释:

$$\begin{aligned}
905 &= 7 \times 129 + 2,\\
903 - 2 \times 129 &= 645, \quad 645 + 2 = 647,\\
647 &= 9 \times 71 + 8,\\
645 - 2 \times 71 &= 503, \quad 503 + 8 = 511,\\
511 &= 11 \times 46 + 5,\\
503 - 2 \times 46 &= 411, \quad 411 + 5 = 416,\\
416 &= 13 \times 32 + 0.
\end{aligned}$$

我们得到了余数为零,因此算法告诉我们13是给定数4 511的因子. 互补的因子为操作下面步骤的前半部分:

$$411 - 2 \times 32 = 347.$$

实际上$4\ 511 = 13 \times 347$,那么347就是素数分解中的另一个因子.

为了算法的一般性,只需要初等的代数. 令N_1为给定的数,第一步是表示N_1为

$$N_1 = 3q_1 + r_1.$$

下一步得到数

$$M_2 = N_1 - 2q_1, \quad N_2 = M_2 + r_1.$$

数字N_2被5整除:

$$M_3 = M_2 - 2q_2, \quad N_3 = M_3 + r_2,$$

这个程序一直进行下去. 从这些方程中可以推导得到

$$\begin{aligned} N_2 &= 2N_1 - 5q_1, \\ N_3 &= 3N_1 - 7q_1 - 7q_2, \\ N_4 &= 4N_1 - 9q_1 - 9q_2 - 9q_3, \\ &\vdots \end{aligned}$$

因而N_2被5整除当且仅当$2N_1$被5 整除,或者说N_1 被5 整除. 同样地,N_3可以被7整除当且仅当$3N_1$ 可以被7 整除,或者说N_1可以被7整除,等等. 当我们得到N_1 的最小的素因数,那么就可整除,余数为零.

一般方程类似于下面给出的形式

$$N_n = nN_1 - (2n+1)(q_1 + q_2 + \cdots + q_{n-1}). \tag{1.8}$$

对于M_n的一般方程为

$$M_n = N_1 - 2(q_1 + q_2 + \cdots + q_{n-1}). \tag{1.9}$$

如若$2n+1$是给定数N_1的因数,那么N_n就恰好整除$2n+1$, 而且

$$N_n = (2n+1)q_n,$$

因而

$$nN_1 = (2n+1)(q_1 + q_2 + \cdots + q_n),$$

这可以从式(1.8)得到. 在这些条件下,根据式(1.9)我们有

$$\begin{aligned} M_{n+1} &= N_1 - 2(q_1 + q_2 + \cdots + q_n) \\ &= N_1 - 2\left(\frac{n}{2n+1}\right)N_1 = \frac{N_1}{2n+1}. \end{aligned}$$

因而和$2n+1$互补的因子为M_{n+1},就如例子中所说的那样.

在上述的数值例子中,数字$N_1, N_2, \cdots$依次快速递减. 这就是算法开端时的情况,但后面并非这样. 然而,后面出现的数字总是要小于原来的数.

1.10 素数序列

虽然素数的概念非常自然和显然,但是关于素数的问题解决起来却相当的困难,很多问题使我们在现有数学知识的情况下都无从下手. 本小节我们将提及一些关于素数的结论和猜想.

在本章1.3节中我们给出了欧几里得关于素数无限的证明. 这样的论据也可以用来证明特定形式的数列含有无穷多的素数. 由于每个在2后面的素数都是奇数,每一个数都包含在下面的两个序列之中的一个:

(a) $1, 5, 9, 13, 17, 21, 25, \cdots$;

(b) $3, 7, 11, 15, 19, 23, 27, \cdots$.

序列(a)包含所有$4x+1$形式的数,序列(b)包含所有$4x-1$形式的数(或者$4x+3$, 它们代表相同的序列). 我们首先证明**序列(b)中包含有无穷多的素数**. 令序列(b) 中的素数列举为$q_1, q_2, \cdots$, 以$q_1 = 3$ 为开端. 考虑数字N定义为

$$N = 4(q_1 q_2 \cdots q_n) - 1.$$

它本身也是$4x-1$形式的数. 不是N的每一个素因数都为$4x+1$ 的形式,由于任何两个这样形式的数的乘积还是$4x+1$ 的形式,也就是

$$(4x+1)(4y+1) = 4(4xy+x+y)+1.$$

因而数字N有某个素因子形式为$4x-1$. 这不可能是$q_1, q_2, \cdots, q_n$中的任何一个,因为N被它们除时会有余数-1. 因而存在一个素数在序列(b)中不同于$q_1, q_2, \cdots, q_n$ 中的任何一个,这就证明了性质.

这个论据不可以用来证明在序列(a)中存在无穷多的素数,如若我们可以构造一个如$4x+1$形式的数,那么这个数的素因数不一定有同样的形式. 令序列(a)中的素数列举为$r_1, r_2, \cdots$,考虑数字M 定义如下

$$M = (r_1 r_2 \cdots r_n)^2 + 1.$$

我们在第3章中会看到任何形如a^2+1的数都有一个形如$4x+1$形式的素因子,而且完全由这样形式的素数组成,可能素数2也包含在其中. 由于M显然不能被$r_1, r_2, \cdots, r_n$的素数中任何一个整除,那么得到**序列(a)中有无穷多个素数**.

一个类似的情况出现在两个序列$\{6x+1\}$和$\{6x-1\}$ 中. 这些序列排除了所有可以被2, 3整除的数,那么3后面的素数落入这两个序列中的其中一个. 我们可以用与前面类似的方法证明序列中有无穷多个素数. 但是这样的方法不可以应对一般形式的算术序

列,这样的序列包含所有$ax+b$形式的数,其中a, b是固定的,而且$x=0,1,2,\cdots$,也就是数字

$$b,\quad b+a,\quad b+2a,\cdots.$$

如若a,b有公共的因数,那么序列中的每一个数都有这个因子,从而没有素数(除了可能的第一个数b). 我们假定a,b 是互素的. 那么算术序列中会包含无穷多的素数,也就是**如若a,b 是互素的,那么有形如$ax+b$ 的无限多的素数**.

勒让德可以说是第一个认识到这条性质重要性的数学家. 他得到了一个证明,但后来发现其中有错误. 第一个证明出现在1837年,由狄利克雷在研究报告中给出. 这个证明运用了解析的方法(连续函数、极限、无穷级数),是第一次把这样的方法运用到数论上. 它打开了全新的发展路线;狄利克雷想法的主要依据是非常一般性的特征,这为后续很多工作,即运用解析的方法处理数论的问题打下了坚实的基础.

对于其他形式表示无穷多个素数的,我们知道得不多. 有这样的猜想,比如,有无限多形如x^2+1的素数,前面的几个为

$$2,\quad 5,\quad 17,\quad 37,\quad 101,\quad 197,\quad 257,\cdots.$$

这个问题的证明没有出现一点进展,而且这个问题看起来被证明出来的希望渺茫. 狄利克雷成功地证明了任何两个变量的二次型及任何形式的$ax^2+bxy+cy^2$(其中a,b,c互素)可以表示无穷多的素数.

有一个问题在现代被深入的研究,它就是素数出现的频率,问题就是在X非常大的情况下数字$1,2,\cdots,X$中素数的个数. 这个数显然依赖于X的取值,通常记为$\pi(X)$. 第一个关于以X 为变量的函数$\pi(X)$大小的猜想由勒让德和高斯独立地在1800年发现. 它就是$\pi(X)$接近于$\frac{X}{\log X}$. 这里$\log X$表示X 的自然对数(也称为纳皮尔对数),也就是以e为底的对数. 这个猜想似乎建立在数值的证据上. 例如,当X是1 000 000时发现$\pi(1\,000\,000)=78\,498$, 然而$\frac{X}{\log X}$(取最近的整数)的值是72 382,它们的比值是$1.084\cdots$. 大量的数值证据表明猜想正确,然而也可能有误导. 但是在这里结论的证明是正确的,在这个意义下当X趋近于无穷大时,$\pi(X)$与$\frac{X}{\log X}$ 的比值接近于极限1. 这就是著名的素数定理, 由阿达玛(Hadamard,1865—1963)和德·拉·瓦利－普斯因(de la Vallée Poussin,1866—1962) 在1896 年第一次独立地得到,并运用了新的强有力的解析方法.

在这里不可能给出很多关于素数分布的其他的已经证明的结论. 这些在19 世纪关于素数定理的证明大多数在本质上不太完美;在20世纪有各种关于定理证明的改进. 最近有一件事在这里需要提及,我们已经表述了狄利克雷关于算术级数的素数分布定理的证明和素数定理的证明,这些都是用解析的方法,它们用的方法不能严格地属于数论的范畴. 这些性质本身联系到自然数,我们似乎有理由相信不需要外来想法的介入就可以证明. 寻找这两个定理的初等证明直到后来才被成功实现. 在1948年,塞尔

伯格(A.Selberg,1917—2007)找到了狄利克雷定理的第一个初等证明,在 P.Edörs的帮助下,他找到了素数定理的第一个初等证明. 一个**初等**证明在这里的意思是证明的运算仅仅与自然数有关. 这样一个证明不一定简单,实际上两个问题的证明都相当的困难.

最后,我们提及关于素数的著名问题,这个问题是1742年哥德巴赫(Goldbach,1690—1764)在写给欧拉的信中提到的. 哥德巴赫认为大于6的每个偶数都可以表示为除2之外的两个素数的和,比如

$$6 = 3 + 3, \quad 8 = 3 + 5, \quad 10 = 3 + 7 = 5 + 5, \quad 12 = 5 + 7, \cdots.$$

任何像这样涉及素数加法的性质的问题解决起来都是相当困难的,因为素数的定义和素数的自然属性都是以乘法的形式出现的. 这个问题的一个重要贡献是哈代和李特伍德在1923年做出的,和1930年的强有力的方法相比,这依然是对于哥德巴赫问题的一个遥远的接近方式. 在那一年,俄罗斯数学家Schnirelmann 证明了存在某个数N满足**从某个数以后的数可以表示成最多N个素数的和**.更近的一个方法是维诺格拉多夫(Vinogradov,1891—1983) 于1937 年提出的. 他用非常精妙的解析方法证明了**充分大的奇数都可以表示成三个素数之和**. 这是有关许多堆垒素数问题新的起点,很多问题在这个过程中被解决了,而在此之前这些问题都是维诺格拉多夫之前的方法解决不了的. 最近一个关于哥德巴赫问题的结论表述为每一个充分大的偶数可表示成两个数之和,其中一个是素数,另一个数至多是两个素数的乘积.

注记

现有学科的更新速度要比印刷的速度要快很多,我们决定把本书的一些材料放在网站www.cambridge.org/davenport上.

1.1节. 给出算术法则的相关资料的主要困难,就如同在这给出的那样,在于决定各种不同的概念中哪个应该放在第一. 有几种不同的安排方式,就在于个人的品味不尽相同.

进一步分析概念和算术法则不是我们的目的. 我们以常识的观点认为我们都知道自然数,都知道算术法则的有效性和数学归纳法. 对于数学基础有兴趣的读者可以参见伯兰特·罗素(Russell Bertrand,1872—1970) 的《数学哲学原理》(Allen and Unwin,London),或者M.Black的《数学的属性》(Harcourt,Brace, New York).

罗素定义自然数经由从更一般的数字中选择它们. 这些广泛的数是基数(有限的或者无限的),它们经由更一般的概念**类**和**一一对应**定义. 经由选择来定义自然数如同它们都有关于归纳的所有性质. 但是自然数在这样一个模糊而且不让人满意的概念上定义是否论据充分呢?比如类的观点是一个问题,比如 Johnson 博士在*Dolus latet in universalibus*中评论道.

1.2节. 把数学归纳法作为自然数的定义就是包含**任何关于自然数n的性质**. 很显然这里的性质设想对于自然数有很重要的意义. 不清楚这个重要性怎样被检验或者欣赏,除非被一个已经知道自然数的读者.

1.4节. 笔者不知道这个素数分解唯一性的方法在其他地方是否存在,但是显然它不是新的. 其他直接的证明方法,参见 Mathews,p.2(参考资料[7]), 或者 Hardy 和 Wright,p.21(参考资料[4]).

1.5节. 强大而有智慧的计算机验证了没有小于10^{300} 的完全数为奇数. 如若一个奇数为完全数,那么它至少有八个不相同的素因数,其中最大的一个超过10^8. 对于完全数或者**近似完全数**的进一步信息可以参见Guy,章节A.3, B.1, B.2(参考资料[3]).

1.6节. 敏锐的读者可能观察到在本节中的两个地方我们运用了没有在1.1节和1.2节中显性表示出来的原理. 对于每一处,用归纳法可以给出证明,但是如果这样做就会分散读者在主要论题上的精力.

欧几里得算法长度的问题在Uspensky和Heaslet的*Elementary Number Theory*章节3中,D.E.Knuth的计算机程序的艺术第二卷*Seminumerical Algorithms* (Addison Wesley,Reading,Mass.,3rd.ed., 1998) 章节4.3.5.

1.9节. 对于数的分解早期方法的材料,参见Dickson的*History* 卷一,章节14. 对于这一问题的讨论可参见1970年代Richard K.Guy的文章*How to factor a number*(Congressus Numerantium XVI Proc. 5th Manitoba Conf. Numer. Math.,Winnipeg, 1975, 49-89), 也可参见 Richard P.Brent 的文章 *Recent progress and prospects for integer factorisation algorithm*(Springer Lecture Notes in Computer Science, 1858 Proc.Computing and Combinatorics,2000, 3-22). 这个问题将在第8章中进一步讨论.

很好奇D.N. Lehmer的表格是否会被拓展,由于有了它们和一个口袋计算器,我们可以很容易地判断一个十二位数的数字是否为素数. 数字素性的检测在第8章8.2小节和8.9小节中讨论. 对于Draim 算法,参见*Mathematics Magazine*,25,(1952)191-194.

1.10节. 素数分布的一个非常好的专著是由A.E.Ingham写的*The Distribution of Prime Numbers*(Cambridge Tracts,no.30, 1932;重印本Hafner Press,New York,1971). 较近的和更广泛的专著,参见 H.Davenport, *Multiplicative Number Theory*, 3rd. ed. (Springer,2000). H.Iwaniec(*Inventiones Math.*47(1978)171-188) 证明了有无穷多的n满足数字n^2+1或者为素数或者为至多两个素数的乘积,而且这对于任何的形如an^2+bn+c的数也是正确的, 其中c为奇数.

狄利克雷定理的证明(梅森改进了证明)作为Dickson的专著*Modern Elementary Theory of Number*的一个附录出现. 素数定理证明的初等方法在 Hardy和Wright的书(参考资料[4])的第二十二章中提及. 算术级数中的素数定理的渐近公式的初等证明由Gelfond和Linnik 给出(第3章).

对于哥德巴赫问题的早期工作的研究,参见James,Bull. *American Math.* Soc., 55(1949)246-260.已验证每个从6至4×10^{14}的偶数都可以表示成两个素数的和,参见Richstein, *Math.Comp.*,70(2001)1745-1749. 我们还可知,每个充分大的偶数可表示成$p + P_2$的形式,其中p 为素数,而且P_2 或者是素数,或者是两个素数的乘积,参见由H.Halberstam和H.E.Richert写的专著 *Sieve Method* 第十一章 (Academic Press, London, 1974). 对于维诺格拉多夫结论的证明,参见T.Estermann, *Introduction to Modern Prime Number Theory*(Cambridge Tracts,no. 41,1952) 或者H.Davenport的*Multiplicative Number Theory*, 3rd.ed.(Springer, 2000). **充分大**在维诺格拉多夫的结论中被定量地计算为大于$2 \times 10^{1\,346}$, 可参见廖明哲和王天泽,*Acta Arith.*, 105(2002)133-175. 相反的,我们知道直到数字$1.132\,56 \times 10^{22}$,结论都是正确的(Ramaré and Saouter,*J. Number Theory*, 98(2003)10-33).

第2章　同　余

2.1　同余的概念

经常有这样的情况：为了一个特定计算,两个数相差一个固定数的倍数被视为等同的,在这个意义下它们得到相同的答案. 例如,$(-1)^n$的值取决于n是奇数还是偶数,那么两个n 的值相差2的倍数得到相同的结论;或者,如若我们只关心一个数的最后一个数字,那么在这个意义下两个数相差10的倍数实际上是等同的.

同余的符号,由高斯介绍的,用来表示两个整数a, b相差一个固定自然数m的倍数. 我们说a与b对模m同余,或者用符号表示为

$$a \equiv b(\text{mod } m).$$

这个符号的含义,就是$a-b$可以被m整除. 经由强调同余和等于的相似点,这个符号加快了两个数的差为一个整数倍数运算的速度,得到相同的答案. 同余,实际上表示**加法意义下被m 整除的余数相同**.

一些有效的例子如下:

$$63 \equiv 0(\text{mod } 3), \quad 7 \equiv -1(\text{mod } 8), \quad 5^2 \equiv -1(\text{mod } 13).$$

同余的模为1的数总是有效的,不论两个数是什么,因为每个数都是1的倍数. 两个数相对于2是同余的,如若它们属于同一类,或者是偶数,或者是奇数.

如若同余有相同的模,那么两个同余可以相加、相减,或者相乘,如同两个方程的运算那样. 如若

$$a \equiv \alpha(\text{mod } m) \quad 和 \quad b \equiv \beta(\text{mod } m),$$

那么

$$a+b \equiv \alpha+\beta(\text{mod } m),$$

$$a-b \equiv \alpha-\beta(\text{mod } m),$$

$$ab \equiv \alpha\beta(\text{mod } m).$$

前面两个式子是显然的,比如$(a+b)-(\alpha+\beta)$ 是m 的倍数,因为$a-\alpha$ 和 $b-\beta$都是m的倍数. 第三个式子是非显然的,可以用两步来进行证明:第一步,由于$ab-\alpha\beta=(a-\alpha)b$,而且$a-\alpha$ 是m 的倍数,则$ab \equiv \alpha b(\text{mod } m)$;第二步,$\alpha b \equiv \alpha\beta(\text{mod } m)$, 原因和前面相同. 因而有$ab \equiv \alpha\beta(\text{mod } m)$.

一个同余式可以被任何一个整数乘法:如若$a \equiv \alpha \pmod m$, 那么$ka \equiv k\alpha \pmod m$. 这是上面第三个结论的特殊情况,其中$b$ 和β都取k. 但是同余式两边同时消去一个因子不总是合规的. 比如

$$42 \equiv 12 \pmod{10},$$

不允许从数字42和12中同时消去6,这会给出错误的结论$7 \equiv 2 \pmod{10}$. 这个原因是显然的:第一个同余式是说$42 - 12$ 是10的倍数,但这并不意味着$\frac{1}{6}(42 - 12)$是10的倍数. 如若这个因子和模互素,则在同余式中消去因子的法则是合规的. 对于给定的同余式$ax \equiv ay (\bmod m)$,其中a是需要消去的因子,我们假定a和m是互素的. 同余式表述为$a(x-y)$可以被m整除,遵循第1章1.5节的最后一个法则,$x-y$可以被m整除.

一个很好的可以阐释同余式用法的例子是提供一个数可以被3或者9 或者11 整除的准则. 一个数n以十进制数字的字母的表示方式可写成

$$n = a + 10b + 100c + \cdots,$$

其中$a, b, c, \cdots$是数字的字母,从右往左读,那么a 就是个位,b 就是十位,等等. 由于 $10 \equiv 1 \pmod 9$,我们还有$10^2 \equiv 1 \pmod 9$, $10^3 \equiv 1 \pmod 9$,等等. 那么我们从n的上述表示形式得到

$$n \equiv a + b + c + \cdots \pmod 9.$$

换言之,任何一个数n与它所有字母的和的差为9的倍数,特别地,n可以被9整除当且仅当这个数的所有字母的和可以被9整除. 这个准则也适用于用3来代替9的情况.

对于11的法则,基于这样的事实$10 \equiv -1 \pmod{11}$, 那么$10^2 \equiv +1 \pmod{11}$, $10^3 \equiv -1 \pmod{11}$, 等等. 因而

$$n \equiv a - b + c - \cdots \pmod{11}.$$

那么有n被11整除当且仅当$a - b + c - \cdots$可以被11整除. 例如,为了验证9 581可以被11整除,我们得到$1 - 8 + 5 - 9$,或者-11.由于这个数可以被11 整除,那么9 581也有相同的结论.

2.2 线性同余式

很显然每个数同余于$r \pmod m$, 当为下面数的其中一个时

$$0,\ 1,\ 2,\ \cdots,\ m-1. \tag{2.1}$$

我们可以表示整数为$qm + r$的形式,其中$0 \leqslant r < m$, 那么它同余于$r \pmod m$.除序列(2.1)之外, 显然还有其他形式数的集合, 也具有相同的性质, 比如任何整数同余于

(mod 5) 恰好为0, 1, −1, 2, −2 中的一个. 任何一个这样的数集构成一个相对于模m的**完全剩余系**. 另外一种定义方式为**完全剩余系**中(mod m) 含有m 个数字,任意两个数都不同余.

一个**线性同余式**,与初等代数中的线性方程类似,表示这样的同余式

$$ax \equiv b \pmod{m}. \tag{2.2}$$

有一个重要的事实就是,当a与m互素时,任何一个这样的同余式对于x是可解的. 最简单的证明方法是注意到x跑遍一个完全剩余系,那么相对应的ax 也组成一个完全剩余系. 对于m个这样的数,其中任意两个都不会同余,根据a 的消去法则(这是允许的,由于a和m互素),由$ax_1 \equiv ax_2 \pmod{m}$ 会得到$x_1 \equiv x_2 \pmod{m}$. 由于数字ax组成一个完全剩余系,这样恰好有其中一个同余于b.

作为一个例子,考虑同余式

$$3x \equiv 5 \pmod{11}.$$

如若给定x的值为0, 1, 2, ⋯, 10(一个相对于模11 的完全剩余系),$3x$ 取值为0, 3, 6, ⋯, 30. 这些组成(mod 11) 的另一个完全剩余系,实际上它们分别同余于

$$0,\ 3,\ 6,\ 9,\ 1,\ 4,\ 7,\ 10,\ 2,\ 5,\ 8.$$

那么当$x = 9$的时候对应5,这样$x = 9$就是同余式的一个解. 自然地任何数同余于9(mod 11)也会满足这样方程的解;然而我们说同余式只有一个解,这表示任何完全剩余系只有一个解. 换言之,所有的解都是同余的. 这同样适用于一般的同余式(2.2),这样一个同余式(当a和m互素)恰好等同于同余式$x \equiv x_0 \pmod{m}$, 其中x_0是一个特定的值.

有另外一种方式来看待线性同余式(2.2). 这等同于方程$ax = b + my$, 或者 $ax - my = b$.我们在第1章1.8节中证明了这样一个线性丢番图方程对于x, y是可解的如若a, m互素,这个事实提供了线性同余式可解性的另外一个证明. 但是上面的证明更简单,阐释了运用同余符号的优越性.

在上述同余的意义下同余式(2.2)有唯一解,这表明我们可以用这个解作为分数$\frac{b}{a}$模m 的一个解释. 当我们这样操作的时候,我们得到一个算式(mod m), 其中加法、减法和乘法总是可以进行,除法是有可能的,如若除数和m 互素. 在这个算术中只有有限个不同的数,即m 个,由于任意两个数同余(mod m) 都被视为相同的. 如若我们取模m等于11, 作为一个例子,一些算术是**算术模11** 的例子:

$$5 + 7 \equiv 1, \quad 5 \times 6 \equiv 8, \quad \frac{5}{3} \equiv 9 \equiv -2.$$

任何关于整数和分数的性质在这个意义下保持成立. 例如,关系式

$$\frac{1}{2}+\frac{2}{3}=\frac{7}{6}$$

解释为(mod 11)

$$6+8\equiv 3,$$

由于$2x\equiv 1$的解是$x\equiv 6$, $3x\equiv 2$ 的解是$x\equiv 8$,$6x\equiv 7$的解是$x\equiv 3$. 自然地这个对于分数的解释依赖于模,例如$\frac{2}{3}\equiv 8 \pmod{11}$, 但是$\frac{2}{3}\equiv 3 \pmod{7}$. 这样,计算唯一的限制条件就是分数的分母必须与模互素. 如若模是一个素数(比如上面例子中的11), 这个限制条件非常简单,只需分母不同余于$0 \pmod{m}$,这恰好是普通的算术中分母不等于0的条件. 我们将在2.7节中继续回到这个话题.

2.3 费马定理

由于在模m中只有有限个不同的数,这意味着在这个算术中有代数关系式,且每个数都满足. 这在普通的算术中没有任何相似点.

假若我们取任意一个数x,然后考虑它的幂次$x, x^2, x^3, \cdots$. 由于相对于模m而言只有有限个数,我们最后会得到一个结论,也就是$x^h\equiv x^k \pmod{m}$, 其中$k<h$. 如若x与m 互素,则因子x^k 可以消去,得到$x^l\equiv 1 \pmod{m}$, 其中$l=h-k$. 因而每个数x 与m 互素,满足这种形式的同余. 同余式$x^l\equiv 1 \pmod{m}$的最小的指数l称之为x **相对于模**m **的阶**. 如若x 等于1,那么它的阶显然是1. 为了解释这个定义,我们计算一些相对于模11 的数的阶. 2的幂次,相对于模11 而言,是以下的数

$$2,\quad 4,\quad 8,\quad 5,\quad 10,\quad 9,\quad 7,\quad 3,\quad 6,\quad 1,\quad 2,\quad 4,\cdots,$$

每个数都是前一个数的两倍,11或者11的倍数在其中被减去,这样得到的数要小于11. 第一个2 的幂次$\equiv 1$是2^{10},那么$2 \pmod{11}$的阶就是10. 作为另外一个例子,我们取3的幂次:

$$3,\quad 9,\quad 5,\quad 4,\quad 1,\quad 3,\quad 9,\cdots,$$

第一个3的幂次$\equiv 1$是3^5,那么$3 \pmod{11}$ 的阶就是5. 容易发现4的阶为5,对于5的阶也有相同的结论.

可以看出x的连续幂次是周期性的;当我们到达第一个数l,满足$x^l\equiv 1$, 那么 $x^{l+1}\equiv x$, 从而得到前面的循环. 有这样的事实,$x^n\equiv 1 \pmod{m}$当且仅当n是x 的阶的倍数. 在最后一个例子中,$3^n\equiv 1 \pmod{11}$ 当且仅当n是5的倍数. 这样仍然有效当 n 为0 时候(由于$3^0=1$), 这对于负的指数也同样有效,比如3^{-n}, 或者 $1/3^n$, 它解释为分数 (mod 11) 就如同2.2节中那样的表述. 实际上,$3 \pmod{11}$ 的负幂次经由反向延长序列得到,3的幂次模11的表格如下(表2.1):

表2.1

n	$=$	$\cdots$	-3	-2	-1	0	1	2	3	4	5	6	$\cdots$
3^n	$\equiv$	$\cdots$	9	5	4	1	3	9	5	4	1	3	$\cdots$

费马发现如若模为素数,比如p,那么每一个不同余于0 的整数x 满足

$$x^{p-1} \equiv 1 (\text{mod } p). \tag{2.3}$$

鉴于上面所述,这等同于每一个数都是$p-1$的除数. 这个结论(2.3)是费马在1640年10月18日写给Frénicle de Bessy的信中提及的,他还说了一个关于定理的证明. 如同费马的大多数发现一样,这个证明没有发表或者被保存. 第一个已知的证明是莱布尼茨(Leibniz,1646—1716)给出的. 他证明了$x^p \equiv x (\text{mod } p)$,这等同于结论(2.3),经由把$x$写成$x$个$1+1+\cdots+1$ 的和(假定x是一个正数),然后经由多项式定理展开$(1+1+\cdots+1)^p$. 项$1^p+1^p+\cdots+1^p$ 给出x,其他项的系数都可以被p 整除.

一个不相同的证明方法在1806年由Ivory 给出. 如若$x \not\equiv 0 (\text{mod } p)$, 则整数

$$x, \quad 2x, \quad 3x, \quad \cdots, \quad (p-1)x$$

同余于(以一定的次序)数

$$1, \quad 2, \quad 3, \quad \cdots, \quad p-1.$$

实际上,这两个集合除去0之外都组成了一个完全剩余系. 由于这两个集合是同余的,它们的乘积也是同余的,那么

$$(x)(2x)(3x)\cdots((p-1)x) \equiv (1)(2)(3)\cdots(p-1) (\text{mod } p).$$

消去因子2, 3, $\cdots$, $p-1$,我们就得到了结论(2.3).

当模不是素数的情况,这个证明方法的优点在于它可以被拓展应用于更一般的情况. 结论(2.3)拓展到任意模是由欧拉在1760年第一次给出的. 为了证明这个结论,我们需要考虑在集合$\{0, 1, 2, \cdots, m-1\}$中有多少个数与m 互素,用$\phi(m)$表示这个数. 当m是素数时,所有的数除去0都与m互素,得到对于任何素数p,$\phi(p)=p-1$. 欧拉的对于费马定理的拓展是：对于任意模m,当x 与m 互素时

$$x^{\phi(m)} \equiv 1 (\text{mod } m). \tag{2.4}$$

为了证明这一点,我们只需要改进Ivory的证明方法,即经由除去0, 1, $\cdots$, $m-1$中的数字,不仅仅有0, 还包括所有与m不互素的数. 这样就剩下$\phi(m)$个数,即

$$a_1, \quad a_2, \quad \cdots, \quad a_\mu, \qquad \text{其中} \quad \mu = \phi(m).$$

那么数

$$a_1x, \quad a_2x, \quad \cdots, \quad a_\mu x$$

和上面的数同余,以一定的次序,把它们相乘并且消去$a_1, a_2, \cdots, a_\mu$(这是允许的),我们得到$x^\mu \equiv 1 \pmod{m}$, 这就得到了式(2.4).

为了解释这个证明,取$m = 20$. 那么小于20而且和20互素的数有

$$1, \quad 3, \quad 7, \quad 9, \quad 11, \quad 13, \quad 17, \quad 19.$$

那么$\phi(20) = 8$. 如若我们用和20互素的数乘以这些数,则以一定的次序,新的数和原来的数同余. 例如,如若$x = 3$,则新的数分别为

$$3, \quad 9, \quad 1, \quad 7, \quad 13, \quad 19, \quad 11, \quad 17 \pmod{20};$$

以上的论述证明了$3^8 \equiv 1 \pmod{20}$. 实际上,$3^8 = 6\ 561$.

2.4 欧拉函数$\phi(m)$

就如我们看到的那样,这是一个直到m的数中和m互素的数的个数. 很自然地要问$\phi(m)$与m之间的关系. 我们知道对于任意素数p,$\phi(p) = p - 1$, 对于任意的素数幂次p^a,很容易估计$\phi(p^a)$. 在集合$\{0, 1, 2, \cdots, p^a - 1\}$中和$p$不互素的数为$p$ 的倍数. 这些是数pt, 其中$t = 0, 1, \cdots, p^{a-1} - 1$. 这些数的个数是$p^{a-1}$,我们把它们从总数$p^a$中减去,得到

$$\phi(p^a) = p^a - p^{a-1} = p^{a-1}(p - 1). \tag{2.5}$$

对于一般的m,$\phi(m)$的确定需要证明函数是**可乘的**. 这就是说如若a, b 是互素的,那么

$$\phi(ab) = \phi(a)\phi(b). \tag{2.6}$$

为了证明这个结论,我们注意到一个一般性的原理: **如若a, b互素,那么下面两个同余方程**

$$x \equiv \alpha \pmod{a}, \qquad y \equiv \beta \pmod{b} \tag{2.7}$$

恰好等同于一个模为ab的同余方程式. 第一个同余式可表示为$x = \alpha + at$, 其中t是一个整数. 这个满足第二个同余式当且仅当

$$\alpha + at \equiv \beta \pmod{b}, \qquad \text{或者} \qquad at \equiv \beta - \alpha \pmod{b}.$$

这个线性同余式对于t是可解的. 因而同余方程组(2.7) 是可解的. 如若x, x'是其中的两个解,那么有$x \equiv x' \pmod{a}$ 和$x \equiv x' \pmod{b}$,因而$x \equiv x' \pmod{ab}$. 于是对于模ab而言

恰好只有一个解. 当它们的模两两互素时,这个原理可以拓展到多个同余式的方程组,有时也称为**中国剩余定理**. 这个定理确定了在给定的余数被模整除的情况下,解的存在性.

我们现在来表示两个同余方程的方程组(2.7) 的解

$$x \equiv [\alpha, \beta] (\text{mod } ab),$$

那么$[\alpha, \beta]$是一个依赖于α, β的特定的数(当然也依赖于a, b), 相对于模ab而言被唯一的确定. 不同的α, β的数对组成不同的$[\alpha, \beta]$的值. 如若我们给出α的值为$0, 1, \cdots, a-1$(组成了相对于模a的完全剩余系)和β的值为$0, 1, \cdots, b-1$,那么$[\alpha, \beta]$ 的值组成了ab的一个完全剩余系.

很显然如若α和a有公因子,那么x在方程组(2.7)中也会有和a相同的公因子,换言之,$[\alpha, \beta]$会有和a相同的公因子. 因而当α和a互素以及β 和b互素时,$[\alpha, \beta]$和ab互素. 反之,这些条件可以保证$[\alpha, \beta]$和ab 互素. 如若我们给出α的$\phi(a)$个可取的值,它们小于a而且和a互素,给出β的$\phi(b)$个可取的值,它们小于b而且和b互素,那么有$\phi(a)\phi(b)$个值$[\alpha, \beta]$,它们组成小于ab而且和ab互素的所有数. 因而$\phi(ab) = \phi(a)\phi(b)$,就如式(2.6)所表述的那样.

为了阐述上述的证明,我们用表格中$[\alpha, \beta]$的值来描述当$a = 5, b = 8$的情况. α 可能的取值为$0, 1, 2, 3, 4$,β可能的取值为$0, 1, 2, 3, 4, 5, 6, 7$. 在这其中α有四个值和a互素,根据$\phi(5) = 4$ 的事实,有β的四个值与b 互素,根据$\phi(8) = 4$的事实,这和公式(2.5)相一致. 这些值列在下面的表2.2中,以及它们对应的$[\alpha, \beta]$值. 后面的$[\alpha, \beta]$组成了和40 互素而且小于40 的16 个数,容易验证$\phi(40) = \phi(5)\phi(8) = 4 \times 4 = 16$.

表2.2

$\alpha \setminus \beta$	0	1	2	3	4	5	6	7
0	0	25	10	35	20	5	30	15
1	16	1	26	11	36	21	6	31
2	32	17	2	27	12	37	22	7
3	8	33	18	3	28	13	38	23
4	24	9	34	19	4	29	14	39

我们现在回到原来的问题,估计$\phi(m)$的值对于任意数m. 假若m 的素数分解为

$$m = p^a q^b \cdots$$

那么从式(2.5)和(2.6)中得到

$$\phi(m) = (p^a - p^{a-1})(q^b - q^{b-1}) \cdots,$$

或者用更优美的形式,

$$\phi(m) = m\left(1-\frac{1}{p}\right)\left(1-\frac{1}{q}\right)\cdots. \tag{2.8}$$

例如,

$$\phi(40) = 40\left(1-\frac{1}{2}\right)\left(1-\frac{1}{5}\right) = 16,$$

和

$$\phi(60) = 60\left(1-\frac{1}{2}\right)\left(1-\frac{1}{3}\right)\left(1-\frac{1}{5}\right) = 16.$$

函数$\phi(m)$有一个很惊奇的性质,是高斯第一次在他的专著《算术探索》中给出的,那就是$\phi(d)$ 的和等于m本身,当d跑遍m的所有除数. 比如,如若$m = 12$, 它的所有因子是$1, 2, 3, 4, 6, 12$, 我们得到

$$\begin{aligned} &\phi(1) + \phi(2) + \phi(3) + \phi(4) + \phi(6) + \phi(12) \\ = \ &1 + 1 + 2 + 2 + 2 + 4 = 12 \end{aligned}$$

一个一般性的证明可以根据式子(2.8), 或者直接根据函数的定义.

我们已提及第1章1.5节的表格$\phi(m)$中$m \leqslant 10\ 000$的值.这个表格显示出直到最大值,每个数与$\phi(m)$至少有两个值相同. 有理由相信这个猜想的一般形式是正确的,换言之**对于任意一个数m都有另一个数m'满足$\phi(m') = \phi(m)$**.这个猜想还没有被证明,任何试图给出一般性证明的想法都遇到了不可逾越的困难. 对于特殊形式的数这个结论是正确的,比如m 为奇数,那么 $\phi(m) = \phi(2m)$; 或者m不被2或者3整除,那么有$\phi(3m) = \phi(4m) = \phi(6m)$.

2.5 威尔逊定理

这个定理首先是华林(Waring,1734—1798)1770年在他的专著*Meditationes Algebraicae* 中发表的, 但要归功于威尔逊爵士(Wilson,1741—1793)——一个在剑桥学习数学的律师. 这个定理表述为

$$(p-1)! \equiv -1 \pmod{p} \tag{2.9}$$

对于任何素数p都成立.

下面这个简单的证明要归功于高斯. 该证明基于把每一个数$1, 2, \cdots, p-1$和它的逆元$(\text{mod}\ p)$ 联系起来,如在本章2.2节中定义的那样. a的逆元是a',满足$aa' \equiv 1 (\text{mod}\ p)$.集合 $\{1, 2, \cdots, p-1\}$ 中的每一个数都有一个逆元在这个集合中. a 的逆元可能和它本身相同,当且$a^2 \equiv 1 (\text{mod}\ p)$, 也就是$a \equiv \pm 1 (\text{mod}\ p)$,其中$a = 1$或者$a = p-1$.

除了这两个数,剩下的数$2, 3, \cdots, p-1$ 可以组成对,这样任何一对都有$\equiv 1 \pmod{p}$.那么有

$$2 \cdot 3 \cdot 4 \cdot \cdots \cdot (p-2) \equiv 1 \pmod{p}.$$

两边同乘以$p-1$,就得到$\equiv -1 \pmod{p}$,我们得到了结论(2.9).这个证明不适用于$p=2, 3$,但是很容易验证这仍然是正确的.

威尔逊定理是许多定理中的一个涉及数$1, 2, \cdots, p-1$的对称函数. 它表述为这些数的乘积同余于$-1 \pmod{p}$. 许多已知的结论也涉及对称函数. 作为一个例子,考虑这些数的k次幂之和:

$$S_k = 1^k + 2^k + \cdots + (p-1)^k,$$

其中p是大于2的素数. 可以证明$S_k \equiv 0 \pmod{p}$,当除去k 是$p-1$ 倍数的情况. 在后一种情况中,根据费马定理求和中的每一个数都$\equiv 1$, 这样有$p-1$个项,那么得到求和$\equiv p-1 \equiv -1 \pmod{p}$.

2.6 代数同余式

同余和方程之间的相似点可以让我们联想到代数同余式,同余式的形式如下

$$a_n x^n + a_{n-1} x^{n-1} + \cdots + a_1 x^1 + a_0 \equiv 0 \pmod{m}, \tag{2.10}$$

其中$a_n, a_{n-1}, \cdots, a_0$是给定的数,$x$是未知数. 很自然的一个有趣的问题是代数方程的理论在多大程度上适用于代数同余式呢?实际上代数同余式的研究是数论的一个重要的组成部分.

如若n,同余式的次数等于1,则式(2.10)就是$a_1 x + a_0 \equiv 0 \pmod{m}$,这就是本章2.2节中考虑的线性同余式.

如若一个数x_0满足模m的代数同余式,那么对于任何x满足$\equiv x_0 \pmod{m}$的值也满足方程. 因而在计算同余式的解的个数问题时,两个同余解被视为相同的; 我们计算在某个完全剩余系$(\bmod\ m)$中的解的个数,比如在集合$0, 1, \cdots, m-1$中. 同余式$x^3 \equiv 8 \pmod{13}$ 的解有$x \equiv 2, 5, 6 \pmod{13}$, 因而有三个解.

我们开始建立关于代数同余式的一个重要的法则. 这就是为了确定同余式的解的个数,我们只需要研究模为素数幂的情况.

为了证明这个结论,我们模m可以分解为$m_1 m_2$, 其中m_1和m_2是互素的. 一个代数同余式

$$f(x) \equiv 0 \pmod{m} \tag{2.11}$$

的解为x当且仅当满足下面两个同余式

$$f(x) \equiv 0 (\text{mod } m_1) \qquad \text{和} \qquad f(x) \equiv 0 (\text{mod } m_2) \tag{2.12}$$

如若其中的一个不满足,那么给定的同余式就是无解的. 如若两个同余式都是可解的,前一个同余式的解表示为

$$x \equiv \xi_1, \qquad x \equiv \xi_2, \qquad \cdots (\text{mod } m_1)$$

后一个同余式的解为

$$x \equiv \eta_1, \qquad x \equiv \eta_2, \qquad \cdots (\text{mod } m_2)$$

式(2.11)的每个对应于某个ξ和某个η. 反之,如若我们取ξ中的一个,比如ξ_i,以及η 中的一个,比如η_j,那么同余方程组为

$$x \equiv \xi_i (\text{mod } m_1) \qquad \text{和} \qquad x \equiv \eta_j (\text{mod } m_2)$$

和模m的同余式等同. 如若$N(m)$是同余式(2.11)的解的个数,而且$N(m_1)$和$N(m_2)$ 分别表示两个同余式(2.12)的解的个数,那么有

$$N(m) = N(m_1)N(m_2).$$

换言之,$N(m)$是m的可乘函数. 如若m可以素数分解为通常的形式,那么有

$$N(m) = N(p^a)N(q^b)\cdots. \tag{2.13}$$

也就是,如若我们知道一个代数同余式对于每个素数幂的解的个数,那么经由乘法原理可以推出对于一般模的解的个数. 特别的,如若其中一个数$N(p^a)$ 为零,那么同余式就是不可解的,这是显然的.

一个相同的结论适用于多余一个变量的代数同余式. 两个变量的同余式

$$f(x, y) \equiv 0 (\text{mod } m)$$

的解(类似地可推广到任意个变量)同样是模m的可乘函数.

2.7 素数模的同余式

同余理论中很大一部分内容是关于素数模的,其原因有两个:第一个原因就如我们看到的那样,决定一个同余式解的个数只需考虑素数模的情况. 经常出现同余式相对于素

数幂次的模p^a的情况归于讨论同余式的模仅仅是素数模p 的情况. 那么同余式理论有关素数模p 的情况成为首先需要讨论的.

第二个原因在于算术中素数模具有的简单性质,就如同本章2.2节中指出的那样. 在这个算术中有p个元素,代表元有$0, 1, 2, \cdots, p-1$,它们可以进行四种运算——加法、乘法、减法以及除法,当除数不为零时. 前面三种运算就如通常的运算一样,除了把它们超出的部分加上或者减去一个适当的p的倍数;最后一个运算,也就是除法,需要经由解线性同余式得到.

一个集合的元素(它的自然属性是抽象的)可以用类似于上述四种运算的方式操作,符合相同的定律,除除数为零的运算以外,它们称为**域**. 最熟悉的例子就是有理数集合组成的域. 但是数字$0, 1, \cdots, p-1$,经由上述的解释,也构成一个域,但是这个域只包含有限个元素. 最简单的例子就是$p=2$ 的情况. 我们有两个元素的算式. 如若我们称之为 O 和 I (相对应于$0, 1$), 那么计算法则为:

$$O+O=O, \quad O+I=I, \quad I+O=I, \quad I+I=O;$$
$$O\times O=O, \quad O\times I=O, \quad I\times O=O, \quad I\times I=I.$$

有一种方式描述这个算术为普通算术的退化形式,每个偶数用 O 来表示以及每个奇数用 I 表示.

初等代数中有一些定理中的符号可以表示任意域的元素在同余式中也是有效的. 其中的一个定理就是一个n次的代数方程最多有n个解. 特别的,这个定理在mod p 的域中也是有效的,当n **次的关于**a **的同余式,比如**

$$a_nx^n+a_{n-1}x^{n-1}+\cdots+a_1x+a_0\equiv 0 \pmod p. \tag{2.14}$$

最多有n个解. 需要理解为最高项的系数a_n不可以同余于$0 \pmod p$, 如若这样这个项就会被消去.

这个结论第一次由拉格朗日在1768年提出和证明. 证明的方法和方程的形式是相同的. 关键点在于如若x_1是同余式的任意一个解,同余式左边的多项式可以被分解,其中一个因子为线性多项式$x-x_1$. 如若x_1 满足同余式,那么我们有

$$a_nx_1^n+a_{n-1}x_1^{n-1}+\cdots+a_1x_1+a_0\equiv 0 \pmod p.$$

如若我们把它从式(2.14)中减去,每一个对应项的差形式为$a_k(x^k-x_1^k)$,其中k 表示$0, 1, \cdots, n$中的一个数. 每一个这样的差都包含线性多项式$x-x_1$作为它的一个因子. 因而同余式(2.14) 可以写成

$$(x-x_1)(b_{n-1}x^{n-1}+b_{n-2}x^{n-2}+\cdots+b_0)\equiv 0 \pmod p,$$

其中$b_{n-1},\cdots,b_0$是与$a_n,\cdots,a_0$ 和x_1相关的整数. 同余式(2.14)另外一个解,比如说x_2,满足(由于p 为素数)

$$b_{n-1}x^{n-1}+b_{n-2}x^{n-2}+\cdots+b_0\equiv 0(\bmod\ p),$$

必定会给出多项式的一个因子$x-x_2$,这样就得到了原来多项式的两个线性因子. 这个程序可以一直进行直到同余式(2.14) 左端的部分被完全分解,或者得到一个不可解的同余式. 前一种情况同余式(2.14) 恰好有n 个解,后一种情况的解小于n 个.

拉格朗日定理中的模必须是素数. 比如同余式$x^2-1\equiv 0(\bmod\ 8)$, 虽然它的次数是2,但是有$x\equiv 1,3,5,7(\bmod\ 8)$ 四个解,每一个奇数都是同余式的解.

我们已经知道代数同余式的每个解对应于同余多项式的线性因子. 我们可以考虑更一般的问题,即把多项式分解为其他多项式,它们的系数在模p 的意义下为整数. 容易看出多项式$f(x)$可以分解为**不可约的多项式**,也就是多项式不可以被进一步分解. 换言之,存在不可约的多项式$f_1(x),f_2(x),\cdots,f_r(x)$满足

$$f(x)\equiv f_1(x)f_2(x)\cdots f_r(x)(\bmod\ p)$$

它们在x下恒成立. 我们应当认为不可约是相对于素数p 而言的. 任何的线性多项式在分解中对应于同余式$f(x)\equiv 0(\bmod\ p)$ 的解,如若没有这样的线性因子,那么同余式就是不可解的. 分解成不可约多项式的两个例子如下:

$$x^4+3x^2+3\equiv(x-1)(x+1)(x^2-3)(\bmod\ 7)$$
$$x^4+2x^3-x^2-2x+2\equiv(x^2+x+1)(x^2+x+2)(\bmod\ 5)$$

现在的问题是这样的分解是否唯一. 有一种可能性引进多项式$f_1(x),\cdots,f_r(x)$ 的系数因子;在它们的乘积满足$\equiv 1(\bmod\ p)$情况下是唯一的. 可以证明除了这种可能性,**分解是唯一的**. 这个理论与自然数的素数分解很相似. 欧几里得算法在其中起着重要的作用,它基于一个多项式被另一个多项式整除得到的余数的次数要小于除数因子的次数. 写作空间的不足让我们不能给出这个理论更进一步的信息.

2.8 几个未知数的同余

一个非常简单而又一般性的理论,归功于Chevalley,他建立了更广泛的几个未知数同余式的可解性理论. 假若$f(x_1,x_2,\cdots,x_n)$ 是任意一个含有n 个未知数的多项式,不一定是齐次的,它的次数要小于n, 而且常数项为零. **次数**是每一个单项式的最高次数,比如$x_1x_2^3x_3^4$的次数为$1+3+4=8$. Chevalley 定理表述为同余式

$$f(x_1,x_2,\cdots,x_n)\equiv 0(\bmod\ p)\tag{2.15}$$

是可解的,其中不是所有的未知数都同余于零.

在给出证明之前,有一个前提的评论是相关的. 在什么条件下,同余式

$$\varphi(x_1, x_2, \cdots, x_n) \equiv 0 (\bmod\ p),$$

对于**所有**的整数$x_1, x_2, \cdots, x_n$都成立?根据费马定理(本章2.3节),我们有$x^p \equiv x (\bmod\ p)$,对于所有的x都成立. 因而在任何同余式中每个指数都可以被简化为$1, 2, \cdots, p-1$ 中的一个值,经由减去$p-1$的倍数,而不影响整个同余式解的情况. 那么简化后的同余式对于所有的整数$x_1, x_2, \cdots, x_n$ 都成立,如若它变为零元,也就是新的同余式中的所有系数都同余于零. 拉格朗日定理告诉我们这样的同余式,x_1 的次数最多是$p-1$, 最多有$p-1$个解,除非它所有的系数都同余于零. 这些以$x_2, \cdots, x_n$为多项式的系数的最大值是$p-1$, 我们可以应用相同的论述于这些多项式. 一般的性质重复上述的论据即可.

Chevalley定理的证明根据同余式(2.15)得到,假若方程的解都是零元,否则不存在解,另一个同余式对于所有的解都满足. 这就是同余式

$$1 - [f(x_1, \cdots, f_n)]^{p-1} \equiv \left(1 - x_1^{p-1}\right) \cdots \left(1 - x_n^{p-1}\right) (\bmod\ p) \tag{2.16}$$

如若$x_1, \cdots, x_n$都是同余于零的数,那么两端都同余于1. 如若任意的$x_1, \cdots, x_n$中的一个不同余零,那么根据费马定理,左端就同余于零,右端也同余于零. 因而,猜想被否定,同余式(2.16)对于所有的整数都成立. 由上述可知,关系式会变成零元,如若写出所有的项,我们把每一个项的每一个未知数的指数变为$1, 2, \cdots, p-1$中的一个经由减去$p-1$的倍数. 在右端,没有这样的可能性,由于每个变量的指数最多为$p-1$. 在左端,这样的可能性是存在的. 但是左端每一项的次数根据猜想要小于$(p-1)n$, 次数的减少只会降低次数. 现在很显然这个关系式不能变成零元,由于左端没有项的次数比右端$x_1^{p-1} x_2^{p-1} \cdots x_n^{p-1}$ 的次数高. 这就证明了该定理. 作为一个简单例子,我们可取同余式

$$x^2 + y^2 + z^2 \equiv 0 (\bmod\ p).$$

左端是次数为2,且有三个变量x, y, z的同余式,没有常数项,那么条件是满足的. 我们可以得到同余式是可解的,其中x, y, z 不全同余于零. 这个例子在把整数表示成四个数的平方的关系式中很有用(参看第4 章4.4节),虽然其在需要时也可以很容易地被直接证明.

2.9 覆盖所有数的同余式

一个很有趣的问题是寻找一组同余式,它们有不同的模,而且每个数满足至少其中的一个同余式. 这样的一组同余式称之为一个**覆盖集**. 自然模 1 的同余式需要排除. 同余式

$$x \equiv 0 (\bmod\ 2),\ 0 (\bmod\ 3),\ 1 (\bmod\ 4),\ 1 (\bmod\ 6),\ 11 (\bmod\ 12)$$

组成了一个覆盖集. 对于前面两个,其覆盖了除去$1, 5, 7 \pmod{12}$的所有数. 在这其中,1,5 被$x \equiv 1 \pmod 4$覆盖,7 被$x \equiv 1 \pmod 6$ 覆盖,11被最后一个同余式覆盖.

Erdös提出了这样的问题:任意给定一个数N, 是否存在一个覆盖集的同余式,且它们的模都大于N?这可能是正确,但是给出一个证明并不容易. Erdös本人给出了一个覆盖集,没有用到模2, 它们的模是120的不同因子. Churchhouse 给出了一个覆盖集的最小模是9; 这里的模是604,800 的不同因子. Choi 证明了有一个覆盖集的最小模20,Gibson 证明了有最小模为25 的覆盖集. 是否有覆盖集的模都是奇数的问题仍然没有解决.

注记

2.3节. 通用的术语是x**属于相对于模**m**的指数为**l, 但是在这里不那么必要.

2.4节. 引进数$[\alpha, \beta]$来表示同余方程组(2.7)的解,其可以用下面的公式来表示:需要给出a',b'满足$aa' \equiv 1 \pmod b$和$bb' \equiv 1 \pmod a$,那么$[\alpha, \beta] \equiv aa'\beta + bb'\alpha \pmod{ab}$.

2.5节. 威尔逊定理可以拓展到合数模的情况;参见Hardy和Wright所著参考资料[4].

性质$S_k \equiv 0 \pmod p$的通常证明方法需要用原根证明,就如同Hardy和Wright所著参考资料[4],但是更直接的方法也可以给出. 对于$1, 2, \cdots, p-1$ 的对称函数更进一步的文献,可以参见Dickson的*History*,vol.1,ch.3.

2.7节. 所有类型域的完整的确定是美国数学家E.H.Moore 在1893的一系列重要工作. 域的元素个数必须是素数幂p^n, 域要么是mod p的域(当$n = 1$的情况),要么是它的代数拓张(Algebraic extension). 对于这部分理论,可以参见Dickson,*Linear Group*(Teubner),ch.1,或者MacDuffee,*Introduction to Abstract Algebra*(Wiley),pp.174-180,或者Birkhoff,Maclane,*Survey of Modern Algebra*(Macmillan,New York), pp.428-431. 对于前面四个素数模的不可约多项式的表格,可以参见R.Church,*Annals of Math.*, 36(1935), 198-209.

2.8节. 对于Chevalley的定理,参见*Abhandlungen Math.Seminar Hamburg*11(1936), 73-75. Chevalley 证明了更一般的几个同余式方程组,它们的变量都是零的情况下满足,会有另外的解当它们次数的和要小于变量的个数. 跟随Chevalley文章的观点,E.Warning证明了在相同的条件下解的总个数被p 整除.

2.9节. 覆盖同余式集更进一步的工作,可参看后文参考资料[3]. Choi的构造方法参见*Math. Comput.*,25(1971), 885-895, 以及Gibson的博士论文(U.Illinois at Urbana-Champaign,2006).

第3章 二次剩余

3.1 原根

在本章中,我们探究关于素数模的代数同余式,这个同余式仅含有两个项,常数项和另一个含变量的项. 这样的二元的同余式可以写成

$$ax^k \equiv b(\bmod\ p)$$

其中k是同余式的次数,是一个正整数. 如若a' 代表a相对于模p 的逆元,那么

$$aa' \equiv 1(\bmod\ p)$$

我们把上述同余式同乘以a',得到

$$x^k \equiv a'b(\bmod\ p).$$

我们可以把任意一个二项同余式简化成形式

$$x^k \equiv c(\bmod\ p) \tag{3.1}$$

一个数c满足同余式(3.1)是可解的,称为相对于**模p的k次幂的二次剩余**. 类似的,如若c对于同余式不可解,称为**k 次幂的二次非剩余**. (通常的,把数c同余于$0(\bmod\ p)$ 的数不作为k次幂剩余,虽然同余式是可解的.) 如若k等于2, 我们有二次剩余和非剩余,在这类情况下这个理论可以被进一步延伸,我们在后面主要讨论这类情况.

为了阐释这个定义,我们取p等于13,k等于2或者3. x^2 和x^3 同余模13的值在下面的表3.1给出:

表3.1

x:	1	2	3	4	5	6	7	8	9	10	11	12
x^2:	1	4	9	3	12	10	10	12	3	9	4	1
x^3:	1	8	1	12	8	8	5	5	1	12	5	12

这样,对于模13而言,数$1, 3, 4, 9, 10, 12$是二次剩余,剩下的数$2, 5, 6, 7, 8, 11$ 是二次非剩余,数$1, 5, 8, 12$ 是三次剩余,剩下的数$2, 3, 4, 6, 7, 9, 10, 11$ 是三次非剩余.

k次幂的剩余和非剩余理论与相对于模p的阶的概念联系在一起,就如第2 章2.3 节定义的那样. 任何数a 的阶,假若不是同余于0,就是最小的自然数且满足$a^l \equiv 1(\bmod\ p)$. 我们证明l 总是$p-1$ 的因子,其中的一个例子是$p = 11$,我们发现2的阶实际上等于$p-1$. 欧

拉是第一个发现**对于任意素数**p**都存在一个数的阶恰好等于**$p-1$, 这个称之为素数p的原根. 但是他的关于原根存在性的证明是有缺陷的,第一个正确的证明是勒让德给出的. 我们现在给出勒让德的证明:

证明的第一步是建立两个数乘积的阶的一般性法则. 如若a 的阶为l,b 的阶为k,那么数ab的阶是lk, 其中l,k 是互素的. 当然数ab 的幂次为lk 时,得到$1(\mathrm{mod}\ p)$, 即

$$(ab)^{lk} \equiv (a^l)^k (b^k)^l \equiv 1(\mathrm{mod}\ p),$$

这是由于$a^l \equiv 1$和$b^k \equiv 1$. 这个事实不是依赖于l,k 互素的条件,而是表明ab 的阶是lk的因子. 有一种可能性就是它可能是lk的真因子,我们需要排除这种情况. 假若ab的阶是l_1k_1, 其中l_1是l 的因子以及k_1是k的因子. 那么得到

$$a^{l_1k_1} b^{l_1k_1} \equiv 1(\mathrm{mod}\ p).$$

两个的幂次同时提升l_2, 其中$l_1l_2 = l$. 由于$a^l \equiv 1$, 我们得到$b^{lk_1} \equiv 1$. 这样意味着lk_1是b的阶的倍数,也就是k的倍数. 由于l和k 是互素的,那么k_1是k的倍数. 又由于它是k的因子,则得到$k = k_1$.类似的,可得到$l_1 = l$,那么ab的阶就是lk.

上面的法则给出了我们可以一步步地构造原根的方法. 令$p-1$ 可以分解成素数的幂次,比如

$$p - 1 = q_1^{a_1} q_2^{a_2} \cdots, \tag{3.2}$$

如若我们可以找到一个数x_1的阶是$q_1^{a_1}$, 一个数x_2 的阶为$q_2^{a_2}$,……, 那么重复这个过程得到所有这些数的乘积的阶是$p-1$, 这就是原根. 从而我们只需要证明**如若**q^a **是组成**$p-1$**的一个素数幂次,那么存在一个数的阶**$(\mathrm{mod}\ p)$**恰好等于**q^a**.**

一个数的阶为q^a必须满足同余式

$$x^{q^a} \equiv 1(\mathrm{mod}\ p). \tag{3.3}$$

但是一个数满足同余式不一定有阶 q^a; 它的阶可能是 q^a 的任何因子, 它可能是 1, q, q^2,…,直到q^{a-1}.然而,如若它的阶不是q^a, 那么它的阶就会是q^{a-1}的因子,而且这个数会满足同余式

$$x^{q^{a-1}} \equiv 1(\mathrm{mod}\ p). \tag{3.4}$$

因而我们需要一个数满足同余式(3.3),但是不满足同余式(3.4).

我们可以找到这样一个数经由寻找同余式的解的个数. 当然,根据拉格朗日定理,我们知道同余式(3.3)最多有q^a个解,同余式(3.4)最多有q^{a-1}个解. 这本身不会有所帮助,但是幸运的是我们可以证明这些同余式恰好有q^a和q^{a-1}个解. 那么有$q^a - q^{a-1}$ 个数满足同余式(3.3), 但不满足同余式(3.4), 由于$q^a > q^{a-1}$, 我们就完成了证明.

我们考虑更一般的同余式

$$x^d \equiv 1 (\mathrm{mod}\ p),$$

其中d是$p-1$的任何一个因子. 根据拉格朗日定理,这个同余最多有d 个解,我们证明它恰好有d个解. 这个证明依赖于多项式x^d-1是多项式$x^{p-1}-1$的因子. 如若我们用y来替换x^d,令

$$p-1=de,$$

那么

$$x^{p-1}-1=y^e-1=(y-1)(y^{e-1}+y^{e-2}+\cdots+1).$$

由于$y-1=x^d-1$,这样就给出了恒等式

$$x^{p-1}-1=(x^d-1)f(x),$$

其中$f(x)$是一个x的次数为$p-1-d$的特定的多项式. 现在同余式

$$x^{p-1}-1 \equiv 0 (\mathrm{mod}\ p)$$

有$p-1$个解,所有的x不同余于零的数都满足(第2章2.3节). 所有的$p-1$个解满足

$$\text{要么}\quad x^d-1 \equiv 0 (\mathrm{mod}\ p) \quad \text{要么}\quad f(x) \equiv 0 (\mathrm{mod}\ p).$$

根据拉格朗日定理后面的同余式最多有$p-1-d$个解,那么前面的同余式至少有d 个解,这样就恰好有d个解. 取d为q^a 或者q^{a-1},这就得到了证明.

我们取$p=19$作为例子. 这里$p-1=2\times 3^2$. 我们首先取x_1 的阶为2, 也就是满足 $x^2\equiv 1, x\not\equiv 1$ 的数. 显然,x_1 必须为-1, 或者18(它们实际上是相同的). 接下来需要数x_2 的阶为9,也就是一个数满足$x^9\equiv 1, x^3\not\equiv 1$. 容易发现$x^9\equiv 1 (\mathrm{mod}\ 19)$ 的根是 $1,4,5,6,7,9,11,16,17$. 在这些数中,数$1,7,11$是需要去除的,由于它们满足$x^3\equiv 1$.这样剩下x_2 的六个可选择的数,对应于q^a-q^{a-1} 个解. 同乘以x_1,我们得到原根$-4,-5,-6,-9,-16,-17$, 或者说$2,3,10,13,14,15$. 为了验证2 是原根,我们注意到2 的连续幂次相对于模19分别为$2,4,8,16,13,7,14,9,18,17,15,11,3,6,12,5,10,1$, 第一个模19 同余于1 的幂次是18.上面的方法对于寻找原根并不实用;用连续的数$2,3,\cdots$ 依次地来尝试更容易找到. 但是这样不会找到原根的存在性的一般性证明.

接下来的构造性证明经由把所有可能的$x_1,x_2,\cdots$的值相乘,给出

$$(q_1^{a_1}-q_1^{a_1-1})(q_2^{a_2}-q_1^{a_2-1})\cdots$$

个原根. 这样方式得到的原根实际上都不相同,它们组成了所有的原根,但我们不会在这里证明. 原根的个数由上面的乘积给出[①], 它的值是$\phi(p-1)$,根据第2章的公式(2.8). 比如当$p=19$时,有$\phi(18)=6$ 个原根.

① 参见本书“练习题”中的3.10.

3.2 指标

原根的存在性不仅有理论的作用,而且在素数模p的计算中提供了新的工具. 这个工具和普通算术中对数的地位很相似.

令g为mod p的原根. 由于g^{p-1}是使g的幂次同余于1的第一个数,那么数

$$g, g^2, g^3, \cdots, g^{p-1} \tag{3.5}$$

都不同余. 显然这些数都不同余零. 因而它们以一定的次序同余于数$1, 2, \cdots, p-1$. 上一节中的例子阐释了这个法则;2的幂次从2 到$2^{18}(\equiv 1)$ 相对于模18 以一定的次序同余于$1, 2, \cdots, 18$.

任何不同余0(mod p)的数都同余于序列(3.5)中的一个数. 如若$a \equiv g^{\alpha} (\text{mod } p)$, 那么我们就说$\alpha$ **是a的指标**(相对于原根g 而言). 当a 是给定的数时,这就唯一地定义了α为 $1, 2, \cdots, p-1$中的一个. 但是没有必要限制α为这些值. 如若α'为其他任意的值且满足$a \equiv g^{\alpha'}$, 那么我们可以经由加上或者减去$p-1$的倍数来限制集合,这不会改变$g^{\alpha'}$, 因为$g^{p-1} \equiv 1$. 改变后的α'在一定意义下为α,因而

$$\alpha' \equiv \alpha (\text{mod } p-1).$$

如若$p = 19, g = 2$,那么数$1, \cdots, 18$的指标为下表3.2, 3.3 :

表3.2

数字 :	1	2	3	4	5	6	7	8	9
指标 :	18	1	13	2	16	14	6	3	8

表3.3

数字 :	10	11	12	13	14	15	16	17	18
指标 :	17	12	15	5	7	11	4	10	9

为了构造这样一个表格,我们把指数1放在原根的下面(在这里是2), 把指数2放在原根的平方下面(在这里是4),等等,计算原根的幂次直到模p(在这里是19).一个所有素数小于1 000的指标表由雅可比(Jacobi,1804—1851) 在1839 年发表,专著的名称是*Canon Arithmeticus*.

经由指标我们可以把(mod p)的乘法转换为加法的运算,如同对数的运算可以把普通乘法转换为加法的运算(前提是正数的运算在其中). 如若a, b 是给定的两个数,α, β是它们的指标,那么$a \equiv g^{\alpha}$, $b \equiv g^{\beta}$, 因而$ab \equiv g^{\alpha+\beta}$, 所有这些同余式是相对于模$p$而言的. 乘积$ab$的指标要么是$\alpha + \beta$要么和是这个数$p-1$ 的倍数. 这样两个数相乘,我们需要

在表格中看它们的指标,把它们相加,有必要时把它们的值减去$p-1$的倍数,使它们限制在$1,2,\cdots,p-1$的范围内;然后就可以找到这个指标. 例如,寻找值$10\times 12(\bmod\ 19)$ 的指标,我们知道这两个数在上面的指标表中分别对应17和15;它们的和为32,它们在减去18之后相对应于$14(18=p-1)$;指标14对应数6, 那么这就是答案. 我们可以在$(\bmod\ p)$ 的意义下操作除法,如同乘法一样,我们在指标上用减法而不是加法.

指标的运用可以让我们探究k次幂$(\bmod\ p)$的剩余和非剩余. 我们希望决定同余式

$$x^k\equiv a(\bmod\ p) \tag{3.6}$$

的可解性. 如若x的指标为ξ,那么x^k的指标就是$k\xi$,或者和这个数相差$p-1$.因而上面的同余式等价于

$$k\xi\equiv\alpha(\bmod\ p-1) \tag{3.7}$$

其中α是a的指标. 这是一个以ξ为未知数模为$p-1$ 的线性同余式.

如若k和$p-1$互素,那么性质就非常简单:线性同余式(3.7)对于ξ 有且仅有一个解,因而同余式(3.6)对于x 有且仅有一个解. 每个数都是k 次幂的剩余,而且方式唯一. 换言之,如若k 和$p-1$ 互素,那么数

$$1^k,\quad 2^k,\quad 3^k,\quad \cdots,\quad (p-1)^k.$$

以一定的次序同余于数$1,2,\cdots,p-1$. 例如,如若$p=19,\ k=5$, 那么数$1^5,2^5,\cdots,18^5$同余于$(\bmod\ 19)$

$$1,\ 13,\ 15,\ 17,\ 9,\ 5,\ 11,\ 12,\ 16,\ 3,\ 7,\ 8,\ 14,\ 10,\ 2,\ 4,\ 6,\ 18$$

如若k和$p-1$有公共的因子,那么性质会完全不同. 我们首先看一个特例,比如$p=19,\ k=3$. 同余式(3.7) 等价于

$$3\xi\equiv\alpha(\bmod\ 18)$$

这个同余式当且仅当α被3整除才有解. 如若α可以被3整除,比如$\alpha=3\beta$, 那么同余式转换为$\xi\equiv\beta(\bmod\ 6)$. 这就给出了模6的一个解ξ, 但是相对于模18 的三个解,这就是$\beta,\ \beta+6,\ \beta+12$,如若$\beta$是那个唯一解. 如若$\alpha$ 可以被3 整除,那么a就同余于三个不同的立方数. 观察模19的指标表,我们发现数的指标可以被3整除的有$1,7,8,11,12,18$. 如若a是这其中的一个数,那么同余式$x^3\equiv a(\bmod\ p)$恰好有三个解. 这些数是模19 的三次剩余,剩下的12 个数是三次非剩余.

一般的情况也可以用同样的方法. 令K 表示k和$p-1$ 的最大公约数. 同余式(3.7)对于ξ 是不可解的,如若α不是K 的倍数,由于k 和模都可被K 整除. 另一方面,同余式(3.7)对于ξ 是可解的,如若α 是K的倍数,恰好有K 个解. 因而k **次幂**$(\bmod\ p)$**的剩余仅包含**

的数的指标可以被K整除,其中K 表示k 和$p-1$的最大公约数. 如若a是k 次剩余,同余式 (3.6) 恰好有K个解. k次幂剩余的个数为$\frac{p-1}{K}$,由于可能的指标为数字$1,2,\cdots,p-1$,可以被K整除的数的比例为$\frac{1}{K}$.

最简单的情况就是$k=2$, 我们关注二次剩余和二次非剩余. 如若我们假定$p>2$,那么$p-1$就是偶数,得到2 和$p-1$ 的最大公约数是2. 结论是**二次剩余的数它们的指标都是偶数,二次非剩余的数它们的指标都是奇数. 它们有相同的个数,都为**$\frac{1}{2}(p-1)$. 如若a是任意一个二次剩余,二次剩余理论告诉我们仅有两个解. 很显然,如若$x\equiv x_1$是其中一个解,那么另一个解就是$x\equiv -x_1$.

如若$p=19$,那么二次剩余是

$$1,\ 4,\ 5,\ 6,\ 7,\ 9,\ 11,\ 16,\ 17,$$

二次非剩余是

$$2,\ 3,\ 8,\ 10,\ 12,\ 13,\ 14,\ 15,\ 18.$$

3.3 二次剩余

对于余下的小节,我们专注于研究二次剩余和二次非剩余的理论,在这种情况下可以更进一步讨论相对于一般的k 次幂的剩余. 我们假定p 是大于2 的素数.

就如我们看到的那样,数$1,2,\cdots,p-1$中有一半的数是二次剩余,另外的一半是二次非剩余. 二次剩余同余于数

$$1^2,2^2,\cdots,\left[\frac{1}{2}(p-1)\right]^2;$$

对于剩下的数从$\frac{1}{2}(p+1)$到$p-1$,当它们平方时都给出相同的数,因为$(p-x)^2\equiv x^2(\bmod\ p)$.

二次剩余和二次非剩余有一个简单的可乘性质:两个二次剩余和二次非剩余的乘积是一个二次剩余,然而一个二次剩余和一个二次非剩余的乘积是二次非剩余. 这立即可以得到二次剩余的指标为偶数而二次非剩余的指标为奇数:两个偶数指标的和或者两个奇数指标的和都是偶数,然而一个偶数指标和一个奇数指标的和为奇数. 这样,在本章3.2节的列表中对于模19的二次剩余和二次非剩余,从同一个列表中两个数的乘积同余于第一个列表中的数,从两个不同列表中的两个数的乘积同余于第二个列表中的数.

由于这个可乘的性质让勒让德引进了一个将a表示为相对于素数模p的二次特征. 勒让德的符号定义如下:

$$\left(\frac{a}{p}\right)=\begin{cases}1 & \text{如若}a\text{是}(\bmod\ p)\text{的二次剩余},\\ -1 & \text{如若}a\text{是}(\bmod\ p)\text{的二次非剩余}.\end{cases}$$

为了写作的方便我们也用符号$(a \mid p)$表示. 另外一种表示定义的方式是$(a \mid p) = (-1)^{\alpha}$,其中$\alpha$是$a$ 的指标. 可乘的性质表述为

$$\left(\frac{ab}{p}\right) = \left(\frac{a}{p}\right)\left(\frac{b}{p}\right).$$

每一个数a(不同余0)都满足费马定理. 由于$p-1$ 是偶数,这个同余式分解,我们令$p-1=2P$,我们可以认为每个数满足

$$\text{要么} a^P \equiv 1 \quad \text{或者} \quad a^P \equiv -1 (\text{mod } p).$$

欧拉是第一个证明了这两个性质分别对应于a是二次剩余或者二次非剩余. 从现在的观点来看,证明是显然的. 如若α是a的指标,那么$a^P \equiv g^P \alpha P (\text{mod } p)$. 如若$\alpha$ 是偶数,那么$a^P \equiv g^{\alpha P} (\text{mod } p)$. 如若$\alpha$ 是偶数,αP 是$p-1$ 的倍数,而且$g^{\alpha P} \equiv 1$;如若α是奇数,$\alpha P = \frac{1}{2}\alpha(p-1)$ 不是$p-1$ 的倍数,那么$g^{\alpha P}$ 不同余1,则一定同余于-1. 这个结论称为二次特征对于a 的**欧拉法则**. 就勒让德符号而言,它的形式为

$$\left(\frac{a}{p}\right) \equiv a^P (\text{mod } p), \text{其中} \quad P = \frac{1}{2}(p-1). \tag{3.8}$$

欧拉法则本身在探究二次剩余和二次非剩余的性质中作用并不大,但是它却给了我们判断-1是否为二次剩余的方法. $(-1)^P$的值是1或者-1,可根据P 是偶数还是奇数来判断,也就是p 是$4k+1$ 还是$4k+3$ 的形式. 因而-1**是素数模形式为**$4k+1$ **的二次剩余,是素数模形式为**$4k+3$**的二次非剩余.** 也就是素数模形式为$4k+1$的数,二次剩余和二次非剩余的表格是对称的,这就是$p-a$ 和a的性质相同. 对于$p-a \equiv -a$, 有$(-a \mid p) = (-1 \mid p)(a \mid p) = (a \mid p)$. 如若$p$是$4k+3$的形式,那么$p-a$ 的特征和a 的相反,就如$p=19$的例子(本章3.2节中的例子).

实际上同余式$x^2+1 \equiv 0 (\text{mod } p)$对于$4k+1$ 形式的素数模是可解的,对于$4k+3$形式的素数模是不可解的,这个事实费马已发现了. 这个结论是欧拉第一次证明的,在1749年的数次失败之后,直到1755 年他成功地证明了这个结论. 拉格朗日在1773 年指出在同余式有解时有一种简单的方式可以给出显性解. 如若$p=4k+1$, 那么威尔逊定理(第2章2.5 节)表述为

$$1 \cdot 2 \cdot 3 \cdot \cdots \cdot 4k \equiv -1 (\text{mod } p).$$

现在$4k \equiv -1$, $4k-1 \equiv -2$, 等等,直到$2k+1 \equiv 2k$. 代替这些值,我们得到

$$(1 \cdot 2 \cdot 3 \cdot \cdots \cdot 2k)^2 \equiv -1 (\text{mod } p).$$

由于负号的个数为$2k$,我们得到正的数.因而同余式$x^2 \equiv -1 (\text{mod } p)$的解为$x \equiv \pm(2k)!$,其中$p=4k+1$.例如,如若$p=13$, 那么$k=3$,解为

$$x \equiv \pm 6! \equiv \pm 720 \equiv 5 (\text{mod } 13).$$

显然,这个构造的方法在数值计算中用处不大,但给出存在性的解总是有趣和有意义的.

3.4 高斯引理

二次剩余和二次非剩余的更深的性质,特别是与二次互反律有关的(本章3.5 节), 是根据经验发现的,第一个证明用了相当复杂且间接的方法. 直到1808 年(《算术探索》发表七年之后)高斯发现了一个简单的引理,为证明二次互反律提供了一个简单初等的关键点.

高斯引理为数a(不同余于0)相对于模p的二次特征提供了一个判别准则. 通常的,我们假定$p > 2$, 取$P = \frac{1}{2}(p-1)$. 这个准则就是序列

$$a,\quad 2a,\quad 3a,\quad \cdots,\quad Pa \tag{3.9}$$

然后把每一个数限制在$-\frac{1}{2}p$和$\frac{1}{2}p$ 之间,每个数经由减去一个适当的p 的倍数. 令v为限制后的数为负数的个数. 那么$(a \mid p) = (-1)^v$,这就是**a是二次剩余,当v是偶数时;是二次非剩余,当v是奇数时.** 这个证明非常的简单. 这个准则需要我们把集合(3.9) 中的每个数同余于$\pm1, \pm2, \cdots, \pm P$ 中的某一个数,这是显然的. 当我们这样操作时,没有数在集合$\{1, 2, \cdots, P\}$中出现两次或者更多,不论是正号还是负号. 如若同一个数以相同的符号出现两次,这意味着集合(3.9) 的两个数同余于另一个数(mod p), 这种情况不会发生. 如若相同的数以相反的符号出现两次,这就意味着在集合(3.9)中两个数的和同余于零(mod p), 这也是不可能发生的情况. 那么得到的集合包含数字$\pm1, \pm2, \cdots, \pm P$, 每个数有一个确定的符号(正号或者负号).把这两个集合相乘,我们得到

$$(a)(2a)(3a)\cdots(Pa) \equiv (\pm1)(\pm2)(\pm3)\cdots(\pm P) \pmod{p}.$$

消去$2, 3, \cdots, P$,得到

$$a^P \equiv (\pm1)(\pm1)\cdots(\pm1) = (-1)^v$$

其中v是负号的个数. 根据欧拉法则(本章3.3节),这就证明了结论.

为了说明高斯引理,我们举例说明,取$p = 19, a = 5$. 这里$P = 5$,我们需要把数$5, 10, 15, \cdots, 45$限制在-9和9 之间(包含端点). 那么得到的数是

$$5,\ -9,\ -4,\ 1,\ 6,\ -8,\ -3,\ 2,\ 7$$

就如上述理论,这些数包含数字从1到9,每个数有一个特定的符号. 符号的数字有4个,由于这是偶数,5 就是(mod 19)的二次剩余,或者用符号:$(5 \mid 19) = 1$.

高斯引理允许我们给出2的二次特征的一个简单的判别法. 当$a = 2$ 时,序列(3.9)的数是

$$2,\ 4,\ 6,\ \cdots,\ 2P,$$

而且$2P = p - 1$. 我们需要确定这些数限制在$-\frac{1}{2}p$ 到$\frac{1}{2}p$ 之间有多少个数是负号. 由于所有的数都在0 至p之间,为负号的数是这些大于$\frac{1}{2}p$的数. 所以只需知道有多少个形如$2x$的数满足$\frac{1}{2}p < 2x < p$; 换言之,有多少个整数x满足$\frac{1}{4}p < x < \frac{1}{2}p$. 取$p = 8k + r$, 其中$r$等于1 或者3或者5或者7. 那么条件就是

$$2k + \frac{1}{4}r < x < 4k + \frac{1}{2}r,$$

我们需要知道满足这个条件的整数x的个数是奇数还是偶数. 数的奇偶性不会改变,如若我们从不等式的两边移去偶数$2k$和$4k$.那么只需要考虑不等式$\frac{1}{4}r < x < \frac{1}{2}r$,如若$r = 1$这个不等式无解,如若$r$等于3或者5有一个解,如若$r = 7$不等式有两个解. 因而2 在第一个和最后一个例子中是二次剩余,在中间两个例子中是二次非剩余. 那么判别准则就是**2对于素数模$8k \pm 1$是二次剩余,对于素数模$8k \pm 3$是二次非剩余.** 这个事实费马就已发现了,但是欧拉和拉格朗日历经巨大的困难,用了相当复杂的方法第一次给出了证明.

运用高斯引理可以计算出类似的判别法则,这个方法在下节会用来证明二次互反律. 我们来寻找什么样的素数模3是二次剩余或二次非剩余. 数$3, 6, 9, \cdots, 3P$ 都比$\frac{3}{2}p$要小,那么取负号的数是在$\frac{1}{2}p$ 到p之间的数,当我们把这些数限制在$-\frac{1}{2}p$ 和$\frac{1}{2}p$之间时. 我们需要数x满足$\frac{1}{2}p < x < p$,也就是$\frac{1}{6}p < x < \frac{1}{3}p$. 取$p = 12k + r$,其中$r$等于1 或者5 或者7或者11,(这是对于素数的唯一可能性,除了p等于2或者3,已排除这种可能性.)那么不等式是$2k + \frac{1}{6}r < x < 4k + \frac{1}{3}r$. 同样,我们可以消去偶数$2k$和$4k$而不改变它的奇偶性,就得到$\frac{1}{6}r < x < \frac{1}{3}r$.如若$r = 1$,则不等式没有解;若$r$等于5或者7,则有一个解;若$r$等于11,则有两个解. 因而**3是对于形如素数模$12k \pm 1$的二次剩余,对于形如素数模12 ± 5的二次非剩余.**

3.5 二次互反律

我们已经证明了2(mod p)的二次特征依赖于余数 r,当p可以表示成$8k + r$的形式;3(mod p)的二次特征依赖于余数r',当p可以表示成$12k + r'$的形式. 而且,在前一种情况下结论对于r和$8 - r$是相同的,在后一种情况下结论对于r'和$12 - r'$是相同的.

在大量数值证据的支持下,欧拉得出一般情况下结论也是成立的,虽然他不能给出证明. 令a是任意的自然数,表示p 为形式$4ak + r$,其中$0 < r < 4a$. 欧拉猜想a(mod p) **的二次特征对于所有有相同余数的素数模p都一样,而且对于r和$4a - r$的情况也一样.** 这个结论相当于二次互反律,在本节的后面会提到. 勒让德给出了一个不完整的证明,第一个完整的证明是高斯给出的(方法相当的复杂),他在十九岁那年发现了二次互反律.

经由高斯引理可以证明欧拉猜想,根据同样的论述就如a 等于2或者3 的情况. 我们需要考虑有多少数

$$a, 2a, 3a, \cdots, Pa, \quad 其中 \quad P = \frac{1}{2}(p-1),$$

落在$\frac{1}{2}p$和p之间,或者落在$\frac{3}{2}p$ 和$2p$ 之间,等等. 由于Pa 是a的最大倍数而且小于$\frac{1}{2}pa$,序列的最后一个区间是$(b-\frac{1}{2})p$到bp之间,其中b是$\frac{1}{2}a$到$\frac{1}{2}(a-1)$之间的,取其中的一个整数. 我们需要考虑有多少a的倍数在区间

$$\left(\frac{1}{2}p, p\right), \left(\frac{3}{2}p, 2p\right), \cdots, \left(\left(b-\frac{1}{2}p\right), bp\right).$$

端点的数都不是a的倍数,那么无需考虑区间的端点是否会被计数.

每一个都整除a,我们看到问题中的数是所有区间的整数个数

$$\left(\frac{p}{2a}, \frac{p}{a}\right), \left(\frac{3p}{2a}, \frac{2p}{a}\right), \cdots, \left(\frac{(2b-1)p}{2a}, \frac{bp}{a}\right).$$

现在取$p=4ak+r$.由于分母全都是a或者$2a$,我们无需任何计算,p用$4ak+r$ 来代替和p用r来代替的作用是一样的,除了特定的偶数加在不同区间的端点上. 就如前所述,我们可以忽略这些偶数. 如若v为在下述区间的整数个数

$$\left(\frac{r}{2a}, \frac{r}{a}\right), \left(\frac{3r}{2a}, \frac{2r}{a}\right), \cdots, \left(\frac{(2b-1)r}{2a}, \frac{br}{a}\right) \tag{3.10}$$

那么a是$(\bmod\ p)$的二次剩余或者二次非剩余取决于v 是偶数还是奇数. 数v 取决于r,不在于特定的素数p当被$4a$整除时有余数r.

现证明欧拉猜想的主要部分. 现在考虑把r改变成为$4a-r$的情况. 这样把序列(3.10)变为

$$\left(2-\frac{r}{2a}, 4-\frac{r}{a}\right), \left(6-\frac{3r}{2a}, 8-\frac{2r}{a}\right), \cdots, \left(4b-2-\frac{(2b-1)r}{2a}, 4b-\frac{br}{a}\right). \tag{3.11}$$

如若v'表示在这些区间整数的个数,我们需要证明v 和v' 的奇偶性相同. 事实上,只需要稍微考虑就得到区间$\left(2-\frac{r}{2a}, 4-\frac{r}{a}\right)$等价于$\left(\frac{r}{2a}, \frac{r}{a}\right)$,考虑到整数个数的奇偶性. 如若我们从两端同时减去4,那么前面一个区间变为$\left(\frac{r}{a}, 2+\frac{r}{2a}\right)$. 和后面一个区间$\left(\frac{r}{2a}, \frac{r}{a}\right)$ 相比较,恰好相差的区间长度是2, 这样的区间恰好包含两个整数. 同样的情况适用于序列(3.10) 和(3.11)的其他区间,那么$v+v'$是偶数,这样就证明了结论.

二次互反律是由勒让德在1785年第一次提出的. 它联系了两个不同的素数模p和q,给出了相对于二次特征$q(\bmod\ p)$而言,$p(\bmod\ q)$的二次特征. 判别法则是当p,q**都是形如**$4k+3$**的形式时,它们的二次特征符号相反,其他的情况符号相同.** 这个可以用公式表示

$$\left(\frac{p}{q}\right)\left(\frac{q}{p}\right) = (-1)^{\frac{p-1}{2}\cdot\frac{q-1}{2}}. \tag{3.12}$$

当p,q都是形如$4k+3$的形式时,式(3.12)右端的指数是-1, 这时的值为-1. 我们从上述结论中确定数a 的相对于不同素数模的二次特征可以推导出二次互反律.

假定$p \equiv q(\text{mod } 4)$. 我们用一般性的假设$p > q$, 可以写作$p-q=4a$.那么由$p=4a+q$,我们有

$$\left(\frac{p}{q}\right)=\left(\frac{4a+q}{q}\right)=\left(\frac{4a}{q}\right)=\left(\frac{a}{q}\right).$$

类似的,有

$$\left(\frac{q}{p}\right)=\left(\frac{p-4a}{p}\right)=\left(\frac{-4a}{p}\right)=\left(\frac{-1}{p}\right)\left(\frac{a}{p}\right).$$

现在$(\frac{a}{p})$和$(\frac{a}{q})$都相同,由于p 和q 除以$4a$ 的余数相同. 因而

$$\left(\frac{p}{q}\right)\left(\frac{q}{p}\right)=\left(\frac{-1}{p}\right),$$

如若p,q都有形式$4k+1$,那么得到1;如若p,q都形如$4k+3$,那么得到-1.

假若$p \not\equiv q(\text{mod } 4)$,在这种情况$p \not\equiv -q(\text{mod } 4)$. 可取$p+q=4a$. 那么如上所述, 我们得到

$$\left(\frac{p}{q}\right)=\left(\frac{4a-q}{q}\right)=\left(\frac{4a}{q}\right)=\left(\frac{a}{q}\right),$$

类似的,有$(\frac{q}{p})=(\frac{a}{p})$.同样的$(\frac{a}{p})$和$(\frac{a}{q})$ 都是相同的,由于p 和q 除以$4a$ 得到相反的余数. 这就完成了二次互反律的证明.

二次互反律是整个数论领域中最著名的定理. 它展示了同余式$x^2 \equiv q(\text{mod } p)$ 与$x^2 \equiv p(\text{mod } q)$可解性之间简单而又令人惊奇的关系,这种联系不是显然的. 发现定理背后的工作机制是很多数学家从事研究的重要动力,它引发了许多进一步的探索. 第一个严格的证明是高斯在他的专著《算术探索》中给出的,对于素数p 和q 运用数学归纳法,这样的证明困难而且不令人满意. 高斯本人一共给出了七个证明方法,运用了广泛而不同的方法,且展现了二次互反律和其他算术理论之间不同的联系.

二次互反律可以让我们计算$(a \mid p)$的值,而不需要考虑同余式的具体解的值. 比如, 我们计算$(34 \mid 97)$. 第一步是分解34 为2×17. 由于97 是$8k+1$形式的素数,我们有 $(2 \mid 97)=1$, 那么$(34 \mid 97)=(17 \mid 97)$. 由于17 和97都是素数,不都是$4k+3$的形式,二次互反律告诉我们$(17 \mid 97)=(97 \mid 17)$,或者$(12 \mid 17)$,由于$97 \equiv 12(\text{mod } 17)$. 现在$(12 \mid 17)=(3 \mid 17)=(17 \mid 3)$, 再次运用二次互反律. 由于$17 \equiv -1(\text{mod } 3)$, 则值的符号转换为$(-1 \mid 3)$, 或者$-1$.

对于三次或者更高次的没有如二次互反律这样简单的法则. 但是我们简单的提及高斯关于四次幂剩余的一个结论. 首先,我们回忆在本章3.1节的结论中,四次剩余理论仅对形如$4n+1$形式的素数模有重要意义. 如若p是$4n+3$的形式,那么4和$p-1$的最大公约

数是2,也就是本章3.1 节中的$K = 2$, 在这种情况下四次幂的剩余和二次剩余的原理相同. 如若p是$4n+1$的形式,那么有一半的二次剩余是四次幂剩余(也就是它们的指标可以被4整除的那些数),另外的一半和所有的二次非剩余都是四次幂非剩余. 高斯的结论是数字2是四次剩余$(\bmod\ p)$当且仅当素数p可以表示成x^2+64y^2.需要知道的是对于形如$4n+1$形式的素数p, 可以表示成a^2+b^2的形式(我们在第5章中会证明),显然a, b中一个为奇数一个为偶数. 那么高斯的条件是a, b 中偶数的那一个数可以被8整除. 比如,2 是模73的四次剩余,由于$73 = 3^2 + 64$.

3.6　二次剩余的分布

我们现在回到相对于单个素数模p的二次剩余和二次非剩余. 我们知道如下的数

$$1,\quad 2,\quad \cdots, p-1$$

有一半的数是二次剩余,另外的一半是二次非剩余. 一些简单的计算会发现若p 是很大的素数,则二次剩余和二次非剩余的分布相当的随机. 根据我们知道的法则,例如可乘性法则和任何完全平方数都是二次剩余.

有各种各样的问题可以提出来验证特征的随机分布. 我们提出这样的问题:二次剩余和非剩余在从0到p的一个子区间是如何分布的?假定α 和β是两个确定的真分数;当p很大的时候有一半的二次剩余在区间αp和βp之间吗?如若是这样的,那么我们说二次剩余是**均匀分布.** 这个性质实际上是正确的,但没有非常初等的证明.

一个稍微简单的问题是由高斯给出的,关于连续数的特征. 如若n和$n+1$ 是序列$1, 2, \cdots, p-1$中两个连续的数,那么它们有特定特征的可能性有多大？ 对于一组数可能的特征有RR, RN, NR, NN.如若我们认为二次剩余和二次非剩余是均匀分布的,我们期望这四类的可能性基本相同. 实际上也是这样,我们不难证明. 我们用(RR) 来表示数组$n, n+1$ 有特定的特征. 显然$(RR)+(RN)$表示数组满足n是二次特征. 这里n取值$1, 2, \cdots, p-2$. 在$1, 2, \cdots, p-1$ 二次剩余的个数是$\frac{1}{2}(p-1)$, 数$p-1$特征是-1, 或者$(-1)^{\frac{1}{2}(p-1)}$. 因而,

$$(RR)+(RN) = \frac{1}{2}(p-2-\varepsilon), \tag{3.13}$$

其中$\varepsilon = (-1)^{\frac{1}{2}(p-1)}$.类似的,我们有

$$(NR)+(NN) = \frac{1}{2}(p-2+\varepsilon), \tag{3.14}$$

$$(RR)+(NR) = \frac{1}{2}(p-1)-1, \tag{3.15}$$

$$(RN)+(NN)=\frac{1}{2}(p-1). \tag{3.16}$$

对于四个变量有四类关系,它们并不是相互独立的,前两个关系式的和与后两个关系式的和相同. 我们需要另一个关系式来确定这四个变量.

考虑勒让德符号$(n\mid p)$和$(n+1\mid p)$的乘积. 在RR 和NN 的情况下是+1,在RN和NR的情况下是-1. 因而

$$(RR)+(NN)-(RN)-(NR)$$

等于所有勒让德符号的和

$$\left(\frac{n(n+1)}{p}\right),$$

其中n可取$1,2,\cdots,p-2$. 任何整数n在这个集合中都有$(\bmod\ p)$ 的逆元,我们用m表示. 现在$n(n+1)\equiv n^2(1+m)(\bmod\ p)$, 因而

$$\left(\frac{n(n+1)}{p}\right)=\left(\frac{1+m}{p}\right).$$

当n取值$1,2,\cdots,p-2$,那么所有的值从1到$p-1$,除了$p-1$, 它们的逆元m 也取值从1 到$p-1$,除了$p-1$. 因而$1+m$取2到$p-1$中所有的值. 所有这些数的勒让德符号求和是

$$\left(\frac{2}{p}\right)+\left(\frac{3}{p}\right)+\cdots+\left(\frac{p-1}{p}\right).$$

现在

$$\left(\frac{1}{p}\right)+\left(\frac{2}{p}\right)+\left(\frac{3}{p}\right)+\cdots+\left(\frac{p-1}{p}\right)=0,$$

由于二次剩余和二次非剩余的个数相同. 因而我们需要的和为$-(1\mid p)$, 或者说-1. 这样

$$(RR)+(NN)-(RN)-(NR)=-1. \tag{3.17}$$

这个关系式结合前面加法和减法关系式,给出(RR)的值. 如若我们把式(3.17)和(3.13) 与(3.14)相加,则得到

$$(RR)+(NN)=\frac{1}{2}(p-3).$$

从式(3.15)中减去式(3.14),则得到

$$(RR)-(NN)=-\frac{1}{2}(1+\varepsilon).$$

因而

$$(RR) = \frac{1}{2}(p - 4 - \varepsilon),$$

类似的,我们得到其他三个关系式的数. 从结论中我们发现四个数,比如(RR), 介于$\frac{1}{4}(p-5)$和$\frac{1}{4}(p+1)$之间. 这样它们在p很大时大约都是$\frac{1}{4}p$的论述被证明了.

在证明的步骤中很重要的一步是勒让德符号$\left(\frac{n(n+1)}{p}\right)$ 的估计. 如若定义 $(0 \mid p) = 0$, 我们可以允许n取完全集$0, 1, \cdots, p-1$ 而不是$1, 2, \cdots, p-2$, 而不改变和的值. 因而结论可以表示为形式

$$\sum \left(\frac{n(n+1)}{p}\right) = -1 \tag{3.18}$$

其中$\sum$表示对n求$(\bmod\ p)$的完全剩余系. 这个结论可以被证明对于更一般的

$$\sum \left(\frac{n^2 + bn + c}{p}\right),$$

也是成立的. 二次多项式的最高系数是1,虽然不是用上面给出的方法. 有一个特例,如若多项式是一个完全平方. 对于更高次数的多项式的类似问题在最近的50 年里被更深层次地探索. 哈塞(Hasse,1898－)在1934 年运用非常困难和高等的方法证明了三次和

$$\sum \left(\frac{an^3 + bn^2 + cn + d}{p}\right) \tag{3.19}$$

取值在$-2\sqrt{p}$和$2\sqrt{p}$之间. 这个结论被进一步深化,参见A.Weil的第七章第5节.

注记

3.1节. 高斯有另一个原根存在性的证明. 但笔者更喜爱勒让德的证明,其具有构造性的属性.

为了和费马定理、欧拉定理(第2章2.3节)保持一致,一个数被认为是一般模m的原根,如若它的阶恰好是$\phi(m)$. 高斯证明了原根仅对于模$2, 4, p^n, 2p^n$ 存在,其中p是大于2的素数, n 是任意一个自然数.

3.2节. 在后文参考资料[13]Uspensky和Heaslet的著作中有一个素数模直到97 的指标表.

3.3节. 我们可以直接用二次剩余的定义证明可乘性质和欧拉判别法则,不需要用到指标,但证明缺乏启发性.

3.4节. 当 p 是形如 $4k+1$ 的素数时, 在 3.3 节中我们给出了拉格朗日对于 $x^2 \equiv -1 (\bmod\ p)$ 的显性解的构造方法. 类似的当p 是形如$8k+1$ 或者$8k-1$ 的素数时,我们可以给出 $x^2 \equiv 2 (\bmod\ p)$ 显性解的构造方法. 在第二种情况下有一个简单的答案,也就

是 $x = 2^{2k}$, 根据欧拉准则有$2^{4k-1} = 2^{\frac{1}{2}(p-1)} \equiv 1 \pmod{p}$. 在$p = 8k + 1$的情况下没有简单解.

3.5节. 在证明二次互反律的方法中,我运用了斯科茨著作*Einführung in die Zahlentheorie*的方法.

3.6节. 二次剩余和二次非剩余是均匀分布的,是根据波利亚(Pólya,1887—1985)在1917年和维诺格拉多夫在1918年独立发现的一个不等式得出的. 即勒让德符号$(n \mid p)$ 在任意连续的n的区间求和的绝对值小于$Cp^{\frac{1}{2}} \log p$,其中C是一个确定的常数.由于$p^{\frac{1}{2}} \log p$在p很大时和p相比要小,那么在αp 和βp 之间的区间有几乎相等的二次剩余和二次非剩余,其中α 和β 是固定的常数,而且p很大. 对于二次剩余和二次非剩余内容的进一步著作,参看D.A.Burgess,*Mathematika*, 4(1957), 106-112,或者后文参考资料[2]. 对于哈塞证明的初等的方法,也可参看后文参考资料[2].

第4章 连 分 数

4.1 导言

在第1章1.6节中我们讨论了运用欧几里得算法寻找两个给定数的最大公约数,还有另一个方法把算法表示为两个数的商为连分数. 这个方法可以从数值的例子看清楚.

我们运用欧几里得算法于数67和24. 这一系列步骤是

$$67 = 2 \times 24 + 19,$$

$$24 = 1 \times 19 + 5,$$

$$19 = 3 \times 5 + 4,$$

$$5 = 1 \times 4 + 1.$$

最后一个余数是1,这是显然的,由于67和24是互素的. 我们把方程的每个式子用分数表示

$$\frac{67}{24} = 2 + \frac{19}{24},$$

$$\frac{24}{19} = 1 + \frac{5}{19},$$

$$\frac{19}{5} = 3 + \frac{4}{5},$$

$$\frac{5}{4} = 1 + \frac{1}{4}.$$

每个方程的最后一个分数是下一个方程第一个分数的倒数. 我们可以消去所有中间的分数,把$\frac{67}{24}$表示成形式

$$2 + \frac{1}{1 + \frac{1}{3 + \frac{1}{1 + \frac{1}{4}}}}$$

这样一个分数称为**连分数**. 为写作和打印的方便起见,我们运用符号

$$2 + \frac{1}{1+}\frac{1}{3+}\frac{1}{1+}\frac{1}{4}.$$

数字$2, 1, 3, 1, 4$在这里称为相对于连分数的项,或者称为**部分商**,它们是欧几里得算法连续步骤中应用于原来分子和分母的部分商. **完整商**是数$\frac{67}{24}, \frac{24}{19}, \frac{19}{5}, \frac{5}{4}$. 这里的每一个数都有一个连分数,它们从后面一项开始,也就是

$$\frac{24}{19} = 1 + \frac{1}{3+}\frac{1}{1+}\frac{1}{4}, \quad \frac{19}{5} = 3 + \frac{1}{1+}\frac{1}{4}.$$

从上述的例子和欧几里得算法中很显然得到每个大于1 的有理数$\frac{a}{b}$ 都可以表示成连分数:

$$\frac{a}{b}=q+\frac{1}{r+}\frac{1}{s+}\cdots\frac{1}{w},$$

这里项$q,r,s,\cdots,w$都是自然数. 最后一项,也就是w, 一定比1要大,因为是欧几里得算法中的最后一个商.

容易证明对于给定的有理数有且只有一种连分数的表示方法. 假若

$$\frac{a}{b}=q+\frac{1}{r+}\frac{1}{s+}\cdots=q^{'}+\frac{1}{r'+}\frac{1}{s'+}\cdots,$$

这里$q^{'},r^{'},s^{'},\cdots$都是自然数,这其中的最后一个大于1. 左端加在q上的数要小于1,同样也有右端加在$q^{'}$上的数. 那么$q,q^{'}$都是有理数$\frac{a}{b}$ 的整数部分,所以相等. 消去$q,q^{'}$, 然后反转,我们得到

$$r+\frac{1}{s+}\cdots=r^{'}+\frac{1}{s'+}\cdots.$$

用相同的论据证明$r=r^{'}$,那么推而广之.

在更一步之前,对于连分数不熟悉的读者可以列举一些简单的有理数. 举例如下:

$$\frac{17}{11}=1+\frac{1}{1+}\frac{1}{1+}\frac{1}{5},\quad \frac{11}{31}=\frac{1}{2+}\frac{1}{1+}\frac{1}{4+}\frac{1}{2}.$$

在第二个例子中有理数小于1,第一个部分商是0,那么可以省略.

4.2 一般的连分数

连分数在数论中有重要的用途. 运用连分数可以给出一个问题的显性解,而其他的方法只能证明解的存在性.

我们把连分数写成一般的形式

$$q_0+\frac{1}{q_1+}\frac{1}{q_2+}\cdots\frac{1}{q_n}. \tag{4.1}$$

我们探究连分数的算术性质之前需要一些纯粹的代数关系. 这些关系式是恒等式,它们的有效性不依赖于$q_0,q_1,\cdots,q_n$的自然属性. 这样,我们把这些项看作变量,而不是自然数.

如若我们分步计算连分数(4.1),那么得到表达式为两个求和的商,每个求和都是$q_0,q_1,\cdots,q_n$不同项的乘积. 如若$n=1$, 我们有

$$q_0+\frac{1}{q_1}=\frac{q_0q_1+1}{q_1}.$$

如若$n=2$,我们有

$$q_0+\frac{1}{q_1+}\frac{1}{q_2}=q_0+\frac{q_2}{q_1q_2+1}=\frac{q_0q_1q_2+q_0+q_2}{q_1q_2+1},$$

其中中间的步骤我们引用了$q_0+\frac{1}{q_2}$ 的值,用q_1 和q_2替代q_0和q_1.类似的,当$n=3$,我们有

$$\begin{aligned} q_0+\frac{1}{q_1+}\frac{1}{q_2+}\frac{1}{q_3} &= q_0+\frac{q_2q_3+1}{q_1q_2q_3+q_1+q_3} \\ &= \frac{q_0q_1q_2q_3+q_0q_1+q_0q_3+q_2q_3+1}{q_1q_2q_3+q_1+q_3} \end{aligned} \tag{4.2}$$

很显然我们可以根据这个方式建立连分数的一般表达形式. 我们用符号表示连分数 (4.1) 的分子为

$$[q_0,q_1,\cdots,q_n].$$

这样

$$\begin{aligned} [q_0]=q_0, \qquad & [q_0,q_1]=q_0q_1+1, \\ [q_0,q_1,q_2] &= q_0q_1q_2+q_0+q_2, \\ [q_0,q_1,q_2,q_3] &= q_0q_1q_2q_3+q_0q_1+q_0q_3+q_2q_3+1. \end{aligned}$$

等等. 上述连分数的分母是

$$[q_1,q_2,\cdots,q_n].$$

如若我们观察上述(4.2)第三步,分母的答案来源于$q_1+\frac{1}{q_2+}\frac{1}{q_3}$的分子,那么有值

$$[q_1,q_2,q_3].$$

连分数的一般形式取值是

$$q_0+\frac{1}{q_1+}\cdots\frac{1}{q_n}=\frac{[q_0,q_1,\cdots,q_n]}{[q_1,q_2,\cdots,q_n]}. \tag{4.3}$$

容易从式(4.2)的计算推出函数$[q_0,q_1,q_2,q_3]$怎样建立在$[q_1,q_2,q_3]$和$[q_2,q_3]$ 之上. 计算表明

$$[q_0,q_1,q_2,q_3]=q_0[q_1,q_2,q_3]+[q_2,q_3].$$

对于一般的情况有

$$[q_0,q_1,\cdots,q_n]=q_0[q_1,q_2,\cdots,q_n]+[q_2,q_3,\cdots,q_n]. \tag{4.4}$$

这是一个**递推的关系式**,它定义了一个方括号层层递进的关系. 这个公式适用于大于$n=2$的情况. 有了这样的规定,公式转换为

$$[q_0,q_1]=q_0[q_1]+1=q_0q_1+1,$$

这个式子是正确的.

作为一个例子,我们运用这个法则于本章4.1节的结尾的最后一个例子. 我们有

$$[4,2]=4\times 2+1=9,$$

$$[1,4,2]=1\times[4,2]+[2]=9+2=11,$$
$$[2,1,4,2]=2[1,4,2]+[4,2]=2\times 11+9=31.$$

因而有

$$2+\frac{1}{1+}\frac{1}{4+}\frac{1}{2}=\frac{[2,1,4,2]}{[1,4,2]}=\frac{31}{11}.$$

有些点需要注意. 我们看到可以表示一般的连分数如式(4.3) 的形式,两个方括号是变量$q_0,q_1,\cdots,q_n$的不同的乘积的和. 我们还没有证明在这个表达式中没有可以从分子和分母中消去的项. 这实际上是正确的,这个正确性在两个方面,即代数和算术两个方面. 在前一个方面,分子和分母是变量$q_0,q_1,\cdots,q_n$的多项式,可以证明这些多项式是不可约的,也就是它们不可以分解成其他的多项式. 在后一方面,如若$q_0,q_1,\cdots,q_n$都是整数,那么分子和分母都是整数而且是互素的. 第二个方面会在本章4.4节中证明. 第一个方面很容易证明,但在数论中这样的证明没多大的意义.

4.3　欧拉准则

我们知道$[q_0,\cdots,q_n]$是变量$[q_0,\cdots,q_n]$的一些项的乘积的和组成的. 那么这些项具体是什么? 这个问题的答案是欧拉给出的,他首先给出了连分数的一般性理论. 我们首先取所有项的乘积, 然后取除去一对连续项的所有这样的乘积项, 接着取除去两对连续项的所有这样的乘积项,按这个程序一直进行直到取遍所有的可能性. 所有这样的乘积的求和给出值

$$[q_0,q_1,\cdots,q_n].$$

应当理解为$n+1$为偶数,我们把空集的乘积记为经由忽略所有的项,将这个数记作数1. 作为欧拉准则的一个例子:

$$[q_0,q_1,q_2,q_3]=q_0q_1q_2q_3+q_2q_3+q_0q_3+q_0q_1+1.$$

这里我们首先取所有项的乘积,然后取除去q_0, q_1 的项的乘积,取除去q_1, q_2的项的乘积,取除去q_2, q_3的项的乘积,最后取除去q_0, q_1 和q_2, q_3的项的乘积. 另一个例子,还多了一个项,也就是:

$$[q_0, q_1, q_2, q_3, q_4] = q_0q_1q_2q_3q_4 + q_2q_3q_4 + q_0q_3q_4 + q_0q_1q_4 + q_0q_1q_2 + q_4 + q_2 + q_0.$$

在第二行中,我们写出了除去一对连续项的所有的这样的乘积,在最后一行中我们写出了除去两对连续项的所有的这样的乘积,除去q_0, q_1和q_2, q_3 给出q_4.

经由验证法则可知对于前面几个方括号函数是正确的,我们经由递推关系用数学归纳法来证明更一般的情况. 假若法则对于式(4.4)右端的两个方括号函数是对的,则我们需要证明它对于左边的式子也是正确的. 表达式$[q_2, \cdots, q_n]$表示由$q_2, \cdots, q_n$的所有这样的乘积组成的项的和除去q_0, q_1.现在$q_0[q_1, \cdots, q_n]$表示$q_0, q_1, \cdots, q_n$所有项的乘积的和,其中q_0, q_1没有被消去;所有这样的项一定包括q_0, 如若这个项被消去我们得到变量$q_1, \cdots, q_n$的各种乘积的和,其中的任意连续数对被消去. 综上所述,我们得到了$q_0, q_1, \cdots, q_n$的各种适当乘积的和,那么法则对于函数$[q_0, q_1, \cdots, q_n]$是正确的. 这就用数学归纳法一般性地证明了定理.

我们立即从欧拉法则推出$[q_0, q_1, \cdots, q_n]$ **的值不会改变,如若我们把变量的次序反转:**

$$[q_0, q_1, \cdots, q_n] = [q_n, q_{n-1}, \cdots, q_0]$$

比如,

$$[2, 4, 1, 2] = [2, 1, 4, 2] = 31.$$

运用这个关系以及递推关系(4.4)有类似的关系来表示$[q_0, q_1, \cdots, q_n]$,其中的最后一项或者最后两项被消去. 这个关系式就是

$$[q_0, q_1, \cdots, q_n] = q_n[q_0, q_1, \cdots, q_{n-1}] + [q_0, q_1, \cdots, q_{n-2}]. \tag{4.5}$$

这就等价于关系式(4.4),由于我们把项的次序反转转换为

$$[q_n, q_{n-1}, \cdots, q_0] = q_n[q_{n-1}, \cdots, q_0] + [q_{n-2}, \cdots, q_0],$$

这仅仅是关系式(4.4)的用不同符号的重新陈述.

递推关系式(4.5)比起关系式(4.4) 更加方便. 比起首项所加项而言, 我们更加关心连分数在末尾所加的项. 关系式(4.5)可以让我们更了解连分数的工作原理.

4.4 连分数的渐近项

令

$$q_0+\frac{1}{q_1+}\cdots\frac{1}{q_n} \tag{4.6}$$

是任意的连分数. 我们在本节中假定项$q_0, q_1, \cdots, q_n$是自然数. 不同类型的连分数

$$q_0,\ q_0+\frac{1}{q_1},\ q_0+\frac{1}{q_1+}\frac{1}{q_2}, \cdots,$$

可以由在q_n更早的阶段停止得到,这些称之为连分数的**渐近项**. 为何有这个名称的原因,读者在后续会清晰.

一般的渐近项的值在q_m处停止,有

$$q_0+\frac{1}{q_1+}\cdots\frac{1}{q_m}=\frac{[q_0,\cdots,q_m]}{[q_1,\cdots,q_m]}.$$

为了有一个简单的符号,我们取

$$A_m=[q_0,\cdots,q_m], \quad B_m=[q_1,\cdots,q_m], \tag{4.7}$$

上述渐近项就是$\frac{A_m}{B_m}$. 第一个渐近项是$\frac{A_0}{B_0}=\frac{q_0}{1}$, 最后一个渐近项是$\frac{A_n}{B_n}$, 也就是连分数本身. 数字$A_0, B_0, A_1, B_1, \cdots$都是自然数,它们是根据欧拉准则$q$的乘积的求和得到的.

递推关系(4.5)现在有简单的形式

$$A_m=q_mA_{m-1}+A_{m-2}. \tag{4.8}$$

省略q_0的相同的递推关系式, 则

$$B_m=q_mB_{m-1}+B_{m-2}. \tag{4.9}$$

渐近项的分子和分母符合相同的准则. 这些法则对于数值计算是非常有益的,我们可以根据观察写出前面两个渐进项,后面的项运用同样的法则. 比如,对于$\frac{42}{31}$ 的连分数是

$$1+\frac{1}{2+}\frac{1}{1+}\frac{1}{4+}\frac{1}{2}.$$

前面两个渐近项显然是$\frac{1}{1}$和$\frac{3}{2}$. 由于下一个部分商是1,则下一个渐近项是$\frac{3+1}{2+1}=\frac{4}{3}$. 下一个部分商是4, 那么下一个渐近项是

$$\frac{4\times4+3}{4\times3+2}=\frac{19}{14}.$$

最后一个部分商是2,则最后一个渐近项就是

$$\frac{2 \times 19 + 4}{2 \times 14 + 3} = \frac{42}{31},$$

这就是原来的数.

任何两个连续的渐近项满足一个简单的关系,这个关系式相当的重要. 这个式子表述为

$$A_m B_{m-1} - B_m A_{m-1} = (-1)^{m-1}. \tag{4.10}$$

例如,如若m是1,我们有

$$A_0 = q_0,\ B_0 = 1,\ A_1 = q_0 q_1 + 1,\ B_1 = q_1,$$

那么

$$A_1 B_0 - B_1 A_0 = (q_0 q_1 + 1) - q_0 q_1 = 1. \tag{4.11}$$

为了一般性的证明式(4.10),我们在递推关系式(4.8) 和(4.9)中替换A_m, B_m,这样得到

$$\begin{aligned} & A_m B_{m-1} - B_m A_{m-1} \\ = \ & (q_m A_{m-1} + A_{m-2}) B_{m-1} - (q_m B_{m-1} + B_{m-2}) A_{m-1} \\ = \ & -(A_{m-1} B_{m-2} - B_{m-1} A_{m-2}). \end{aligned}$$

那么表达式(4.10)左端的Δ_m有性质

$$\Delta_m = -\Delta_{m-1}$$

因而

$$\Delta_m = -\Delta_{m-1} = +\Delta_{m-2} = \cdots = \pm\Delta_1.$$

最后一个符号是+1,如若m是奇数;是-1,如若m是偶数,那么可以表示为$(-1)^{m-1}$. 根据式(4.11)得到$\Delta_1 = 1$, 那么一般的结论(4.10)就得到了.

关系式(4.10)的一个推论就是A_m和B_m**总是互素的**,任何的公因子都是1. 这样分数$\frac{A_m}{B_m}$表示一般的渐近项是以它最低的项表示的. 特别的,取m为n, 前面的公式(4.3) 对于一般的连分数的值也是成立的. 这样我们证明了本章4.2节的结尾处的结论.

如若我们把有理数$\frac{a}{b}$转换为连分数,连分数的渐近项包含一系列的有理数,最后一个数是$\frac{a}{b}$ 本身. 这些数和$\frac{a}{b}$ 的大小之间的关系是怎样的? 很容易证明**渐近项或者比$\frac{a}{b}$要大,或者比$\frac{a}{b}$要小,符号依次改变.** 为了看清这个关系式,关系式(4.10)如下:

$$\frac{A_m}{B_m} - \frac{A_{m-1}}{B_{m-1}} = \frac{(-1)^{m-1}}{B_{m-1} B_m}. \tag{4.12}$$

这就证明了式子左端的差是正数,如若m是奇数;是负数,如若m是偶数. 由于数$B_0, B_1, B_2, \cdots$ 依次递增,关系式(4.12)的差当m增加时是依次递减的. 这样$\frac{A_1}{B_1}$要大于$\frac{A_0}{B_0}$,$\frac{A_2}{B_2}$要小于$\frac{A_1}{B_1}$但大于$\frac{A_0}{B_0}$,$\frac{A_3}{B_3}$要大于$\frac{A_2}{B_2}$但要小于$\frac{A_1}{B_1}$, 推而广之. 由于我们以$\frac{A_n}{B_n}=\frac{a}{b}$结尾,这样得到所有偶数渐近项$\frac{A_0}{B_0}, \frac{A_2}{B_2}, \cdots$ 要小于$\frac{a}{b}$, 所有的奇数渐近项要大于$\frac{a}{b}$.

可以证明**每一个渐近项依次序距离最后的有理数$\frac{a}{b}$ 都越来越近.** 这个证明不难,所以我们在这里省略. 另一个有趣的事实是在特定的意义下渐近项是和分数$\frac{a}{b}$的**最佳逼近**. 我们估计一个分数的复杂性用它的分母的大小. 任何分数比特定的渐近项$\frac{A_m}{B_m}$要更接近$\frac{a}{b}$ 一定有它的分母比B_m 要大.

可以举例说明渐近项的这些性质,取连分数为$\frac{42}{31}$,如前所述. 依次的渐近项是$\frac{1}{1}, \frac{3}{2}, \frac{4}{3}, \frac{19}{14}, \frac{42}{31}$. 当表示这些数为小数时,有

$$1, \quad 1.5, \quad 1.333\cdots, \quad 1.357\,1\cdots, \quad 1.354\,8\cdots,$$

我们可以看到这些数依次变换小于或者大于最后的数,而且越来越接近最后的数.

4.5 方程$ax-by=1$

在第1章1.8节中证明了如若a, b是任何互素的自然数,那么就可以找到自然数x, y满足方程$ax-by=1$. 这为把$\frac{a}{b}$转换成连分数的程序提供了一个方程显性解的构造方法. 假若连分数是

$$\frac{a}{b}=q_0+\frac{1}{q_1+}\cdots\frac{1}{q_n}.$$

那么最后一个渐近项$\frac{A_n}{B_n}$就是$\frac{a}{b}$ 本身. 前面的渐近项$\frac{A_{n-1}}{B_{n-1}}$满足

$$A_nB_{n-1}-B_nA_{n-1}=(-1)^{n-1}, \quad \text{或者} \quad aB_{n-1}-bA_{n-1}=(-1)^{n-1},$$

经由上节的公式(4.10)得到. 因而,如若我们取$x=B_{n-1}$和$y=A_{n-1}$,那么我们有方程$ax-by=(-1)^{n-1}$的自然数解. 如若n是奇数,那么这就得到方程的解. 如若n是偶数,那么$(-1)^{n-1}=-1$,我们仍然可以解右端+1的方程,经由两种方法(它们实际上是相同). 一种方法是取$x=b-B_{n-1}$和$y=a-A_{n-1}$,那么

$$ax-by=a(b-B_{n-1})-b(a-A_{n-1})=-aB_{n-1}+bA_{n-1}=1.$$

另一种方法是转换两分数的最后一项q_n为$(q_n-1)+\frac{1}{1}$. 新的连分数多了一项,那么它的连分数就可以得到右端+1的方程的解. 实际上,这和上面方法给出的解相同.

举一个简单的例子,假若我们想寻找自然数x和y满足

$$61x-48y=1.$$

$\frac{61}{48}$的连分数是

$$\frac{61}{48} = 1 + \frac{1}{3+}\frac{1}{1+}\frac{1}{2+}\frac{1}{4}.$$

渐近项是

$$\frac{1}{1}, \frac{4}{3}, \frac{5}{4}, \frac{14}{11}, \frac{61}{48}.$$

在这个例子中由于$n = 4$,数$x = 11$和$y = 14$满足方程$61x - 48y = -1$.为了解得上述方程,我们取$x = 48 - 11 = 37$, $y = 61 - 14 = 47$. 或者,我们把连分数转换成

$$1 + \frac{1}{3+}\frac{1}{1+}\frac{1}{2+}\frac{1}{3+}\frac{1}{1}.$$

得到渐近项为

$$\frac{1}{1}, \quad \frac{4}{3}, \quad \frac{5}{4}, \quad \frac{14}{11}, \quad \frac{47}{37}, \quad \frac{61}{48}.$$

倒数第二项也就是$\frac{47}{37}$提供了方程的解.

应当注意的是这个构造方法提供了方程的最小解,也就是x 要小于b,y 要小于a. 如若这个解表示为x_0, y_0,那么一般的解有

$$x = x_0 + bt, \quad y = y_0 + at$$

其中t是任意整数,正数或者零. 当t等于零时,x小于b,而y大于a.

4.6 无穷的连分数

目前为止,我们考虑有理数表示为连分数. 也可以把**无理数**表示成连分数的形式,但在这种情况下表达式无限进行下去而不是在某处停止.

令α是一个无理数. 令q_0是α的整数部分,也就是小于α的最大整数. 那么$\alpha = q_0 + \alpha'$,其中α' 是α 的分数部分,满足$0 < \alpha' < 1$.取$\alpha' = \frac{1}{\alpha_1}$,那么

$$\alpha = q_0 + \frac{1}{\alpha_1}, \quad \text{其中} \quad \alpha_1 > 1.$$

显然α_1同样是无理数,如若是有理数,那么α本身就会是有理数. 现在重复在α_1的操作,表示为

$$\alpha_1 = q_1 + \frac{1}{\alpha_2}, \quad \text{其中} \quad \alpha_2 > 1.$$

我们可以重复这个程序无限次,到达α_n,它也是一个大于1 的无理数,我们可以表示成

$$\alpha_n = q_n + \frac{1}{\alpha_{n+1}}, \quad \text{其中} \quad \alpha_{n+1} > 1,$$

其中q_n是一个自然数. 如若我们结合所有的方程,那么得到α 的表达式

$$\alpha = q_0 + \frac{1}{q_1+}\cdots\frac{1}{q_n+}\frac{1}{\alpha_{n+1}}. \tag{4.13}$$

所有的$q_1, \cdots, q_n$都是自然数,q_0是一个整数,可以为正数、负数,或者零. 如若$\alpha > 1$, 那么q_0是正数,则所有的项都是自然数. 数$q_0, q_1, \cdots$称之为连分数的**项**,或者**部分商**, α_n的**完整商**对应于q_n, 也就是$q_n + \frac{1}{\alpha_{n+1}}$.这个程序不会到达结尾,因为每一个完整商 $\alpha_1, \alpha_2, \cdots$都是无理数.

连分数的渐近项是

$$\frac{A_0}{B_0} = q_0, \quad \frac{A_1}{B_1} = q_0 + \frac{1}{q_1}, \quad \frac{A_2}{B_2} = q_0 + \frac{1}{q_1+}\frac{1}{q_2}, \quad \cdots,$$

它们一定组成连分数的无穷序列. 同样的,它们满足递推关系式(4.8) 和关系式(4.9), 它们是无穷连分数(4.13)的渐近项,前面的所有结论都可以应用. 我们看到在前面没有限制连分数的项都是自然数. 我们可以将结论应用于连分数(4.13), 这个包含无理数α_{n+1}.

方程(4.13)允许我们表示出α相对于α_{n+1} 和两个渐近项$\frac{A_n}{B_n}, \frac{A_{n-1}}{B_{n-1}}$. 实际上,根据原来的符号,连分数(4.13) 表示

$$\alpha = \frac{[q_0, q_1, \cdots, q_n, \alpha_{n+1}]}{[q_1, q_2, \cdots, \alpha_{n+1}]}.$$

现在,根据式(4.5),有

$$\begin{aligned}[q_0, q_1, \cdots, q_n, \alpha_{n+1}] &= \alpha_{n+1}[q_0, q_1, \cdots, q_n] + [q_0, q_1, \cdots, q_{n-1}] \\ &= \alpha_{n+1}A_{n+1} + A_{n-1}.\end{aligned}$$

类似的分母是$\alpha_{n+1}B_n + B_{n-1}$. 因而有

$$\alpha = \frac{\alpha_{n+1}A_n + A_{n-1}}{\alpha_{n+1}B_n + B_{n-1}}. \tag{4.14}$$

这个公式会是剩下章节中最有用的公式之一.

了解到连分数(4.13)对于每一个n都有效,不论为多大,我们习惯写作

$$\alpha = q_0 + \frac{1}{q_1+}\frac{1}{q_2+}\cdots. \tag{4.15}$$

在习惯于这种非常自然的写法之前,有必要了解这种写法的意义. 我们可以无限地在右端操作数的加法和除法,最后到达一个确定的数α.现在唯一的方法操作无限数就是运用极限的概念. 如若我们可以证明渐近项

$$\frac{A_0}{B_0}, \quad \frac{A_1}{B_1}, \quad \frac{A_2}{B_2}, \cdots,$$

其中

$$\frac{A_n}{B_n} = q_0 + \frac{1}{q_1+} \cdots \frac{1}{q_n},$$

当n无限增大时有一个确定的极限,那么我们可以解释式(4.15) 右端为这个值的极限. 如若这个值等于α, 那么式(4.15) 的意义就确定了.

不难证明$\frac{A_n}{B_n}$逼近极限α当n 无限增大时. 式子(4.14)给出

$$\begin{aligned} \alpha - \frac{A_n}{B_n} &= \frac{\alpha_{n+1}A_n + A_{n-1}}{\alpha_{n+1}B_n + B_{n-1}} - \frac{A_n}{B_n} \\ &= \frac{A_{n-1}B_n - B_{n-1}A_n}{B_n(\alpha_{n+1}B_n + B_{n-1})} \\ &= \frac{\pm 1}{B_n(\alpha_{n+1}B_n + B_{n-1})}, \end{aligned}$$

经由运用式(4.10).由于$\alpha_{n+1} > q_{n+1}$, 我们有

$$\mid \alpha - \frac{A_n}{B_n} \mid < \frac{1}{B_n B_{n+1}}. \tag{4.16}$$

数$B_0, B_1, B_2, \cdots$是严格递增的自然数,因而B_n 随着n 的增大而无限增大,因而式(4.16) 就证明了 $\frac{A_n}{B_n}$ 有极限α,当n无限增大时. 这个性质表明**渐近项**有合理的解释,$\frac{A_n}{B_n}$ 趋近于原来的值 α 如若n 无限增大.

无理数的无穷连分数表示方法也表明了另外一个问题——部分商$q_0, q_1, q_2, \cdots$ 是由数α决定的. 现在我们取**任意的**无穷序列$q_0, q_1, q_2, \cdots$,它们都是自然数除了第一个数,第一个数可能是任意整数. 我们如何赋予一个如下无限连分数,

$$q_0 + \frac{1}{q_1+} \frac{1}{q_2+} \cdots$$

使其有确定的意义呢?如若可以,这个数是无理数,还是这个连分数和前面所述的程序有相符合的地方呢?在我们解决这个问题之前,我们的理论还很不完善.

实际上,问题的答案相当的简单. 如若我们以q_0开端,对于任意的无限自然数序列$q_1, q_2, \cdots$组成的连分数,其对应的渐近项序列有一个极限. 或许最容易的证明就是考虑由偶数渐近项$\frac{A_0}{B_0}, \frac{A_2}{B_2}, \cdots$组成的序列. 这是一个递增的序列,有上界,由于所有的项都要小于(比如)$\frac{A_1}{B_1}$. 因而,根据极限的最基本理论知道,这个序列有一个极限. 类似的, 奇数项渐近项组成的序列也有一个极限. 而且两个极限相等,根据式(4.12)知道两个连续渐近项的差有极限为零. 这样我们可以赋予**任何**一个连分数确定的意义. 如若表示极限是α, 那么连分数就是把α写成连分数的形式,如同我们在本节开端操作的那样. 对于无限连分数的值

$$\frac{1}{q_1+} \frac{1}{q_2+} \cdots$$

处于0和1之间,因而q_0一定是α的整数部分. 如若$\alpha = q_0 + \frac{1}{\alpha_1}$, 我们发现$q_1$是$\alpha_1$ 的整数部分,等等. 换言之,连分数是**唯一确定的**. 特别的,无限连分数定义的数一定是无理数,有限连分数确定一个无理数.

无限连分数不但提供了无理数的表示方法,而且也是构造无理数的方法. 一种描述无理数的地位是它建立了一个一一对应的关系:(i)所有大于1 的无理数,(ii)所有的自然数无限序列$q_0, q_1, q_2, \cdots$.

4.7 丢番图逼近

连分数的程序为我们提供了一个逼近无理数α的有理数逼近方式,也就是渐近项. 关于它们以什么速度逼近α是由式(4.16)给出的. 这就意味着相对于α而言,如若$\frac{x}{y}$是渐近项的任何一个,那么

$$\mid \alpha - \frac{x}{y} \mid < \frac{1}{y^2}. \tag{4.17}$$

我们有丢番图逼近的分支学科:数学中的一个分支研究运用有理数来逼近无理数.

经由更加细致和困难的方法可以证明存在无限的有理数逼近满足更好的不等式. 首先,我们可以证明对于任意两个连续的渐近项,至少有一个满足

$$\mid \alpha - \frac{x}{y} \mid < \frac{1}{2y^2}.$$

这里存在无限的有理数满足不等式. 任意三个连续的渐近项至少有一个满足的更好不等式是

$$\mid \alpha - \frac{x}{y} \mid < \frac{1}{\sqrt{5}y^2}. \tag{4.18}$$

那么对于无理数α有无限的有理数逼近满足不等式(4.18), 这个结论是胡尔维茨(Hurwitz,1859—1919) 在1891年首先证明的. 更进一步的不等式解的可能性就会是有限的. 对于无理数的更进的不等式,比如

$$\mid \alpha - \frac{x}{y} \mid < \frac{1}{ky^2}, \quad 其中 \quad k > \sqrt{5}, \tag{4.19}$$

对于整数x, y而言只存在有限的解. 最简单的例子就是特殊的连分数

$$\theta = 1 + \frac{1}{1+}\frac{1}{1+}\frac{1}{1+}\cdots.$$

对于不等式(4.19)而言,这个数有这样的性质.用θ代替α,只有有限的解. 事实上θ的值可以从

$$\theta = 1 + \frac{1}{\theta}, \quad 或者 \quad \theta^2 - \theta - 1 = 0.$$

中得到. 解这个二次方程,我们得到$\theta = \frac{1}{2}(1+\sqrt{5})$,由于负的根需要舍去.

上述各种结论的证明都不是很困难,对于这些结论读者可以参考注记中的文献.

4.8 二次无理数

最简单和熟悉的无理数就是二次无理数,它们是整系数二次方程的解. 特别的,任何非完全平方数N的平方根都是二次无理数,由于它是$x^2 - N = 0$ 的解. 二次无理数的连分数有特别的性质,我们现在来研究这个问题.

我们现在用数值来举例说明. 首先取$\sqrt{2}$,一个非常简单的无理数. 由于$\sqrt{2}$的整数部分是1,连分数的首项q_0等于1,第一步就是

$$\sqrt{2} = 1 + \frac{1}{\alpha_1}.$$

这里

$$\alpha_1 = \frac{1}{\sqrt{2}-1} = \sqrt{2}+1.$$

α_1的整数部分是2,下一步就是

$$\alpha_1 = 2 + \frac{1}{\alpha_2}.$$

这里

$$\alpha_2 = \frac{1}{\alpha_1 - 2} = \frac{1}{\sqrt{2}-1} = \sqrt{2}-1.$$

由于α_2和α_1的操作方式相同,不需要更进一步的计算,那么后续的操作和上面的最后一步相同. 连分数后续所有的项都是2, 我们有

$$\sqrt{2} = 1 + \frac{1}{2+}\frac{1}{2+}\frac{1}{2+}\cdots.$$

其他的例子如下:

$$\sqrt{3} = 1 + \frac{1}{1+}\frac{1}{2+}\frac{1}{1+}\frac{1}{2+}\cdots,$$

$$\sqrt{5} = 2 + \frac{1}{4+}\frac{1}{4+}\frac{1}{4+}\cdots,$$

$$\sqrt{36} = 2 + \frac{1}{2+}\frac{1}{4+}\frac{1}{2+}\frac{1}{4+}\cdots.$$

有稍微复杂的例子,考虑数

$$\alpha = \frac{24-\sqrt{15}}{17}.$$

由于$\sqrt{15}$处于3和4之间,α的整数部分是1. 首先是

$$\alpha = 1 + \frac{1}{\alpha_1}.$$

这里,

$$\alpha_1=\frac{1}{\alpha-1}=\frac{17}{7-\sqrt{15}}=\frac{7+\sqrt{15}}{2}.$$

α_1的整数部分是5,那么

$$\alpha_1=5+\frac{1}{\alpha_2},$$

其中

$$\alpha_2=\frac{1}{\alpha_1-5}=\frac{2}{\sqrt{15}-3}=\frac{\sqrt{15}+3}{3}.$$

α_2的整数部分是2,那么

$$\alpha_2=2+\frac{1}{\alpha_3},$$

其中

$$\alpha_3=\frac{1}{\alpha_2-2}=\frac{3}{\sqrt{15}-3}=\frac{\sqrt{15}+3}{2}.$$

α_3的整数部分是3,那么

$$\alpha_3=3+\frac{1}{\alpha_4},$$

其中

$$\alpha_4=\frac{1}{\alpha_3-3}=\frac{2}{\sqrt{15}-3}=\frac{\sqrt{15}+3}{3}.$$

由于$\alpha_4=\alpha_2$,最后的两步会一再重复,那么连分数就是

$$\frac{24-\sqrt{15}}{17}=1+\frac{1}{5+}\frac{1}{2+}\frac{1}{3+}\frac{1}{2+}\frac{1}{3+}\cdots.$$

我们可以简化这个连分数为

$$1,5,\overline{2,3},$$

其中的横线表示周期,重复无限次. 有了这个符号,前面的例子有形式:

$$\sqrt{2}=1,\overline{2};\quad \sqrt{3}=1,\overline{1,2};\quad \sqrt{5}=2,\overline{4};\quad \sqrt{6}=2,\overline{2,4}.$$

在这些例子中,发现完整商α_n和前面的某个完整商α_m 相同. 从那个点向后,连分数是**周期的**. 项包含数字从q_m到q_{n-1}, 然后循环往复. 拉格朗日在1770年证明了一般性的定理:**任何二次无理数都有一个连分数在某一个点后循环**,虽然这个事实已被更早的数学家发现. 我们在本章4.10节中会证明这个定理,在本章4.9节中首先考虑**纯连分数**.

连分数$\sqrt{N}, N=2,3,\cdots,50$的表4.1在后文给出(不包含完全平方数). 为了简洁起见,横线在周期上省略了,它包含从第一项之后的所有项. 我们可以看到,所有的这些连分数都有一些共同的特征,这些特征的原因会在下节中解释.

为了数值计算的方便,上述例子中的计算仅关心其中的整数,而且用更简洁的方式组成.

4.9 纯周期连分数

在上述的数值例子中,连分数不是从开端就是周期的,而是在某一个点之后. 但是我们很容易给出纯周期的连分数,比如,如若我们在连分数$\sqrt{2}$ 上加1,那么我们得到

$$\sqrt{2}+1=2+\frac{1}{2+}\frac{1}{2+}\cdots,$$

这是纯周期的. 类似的

$$\sqrt{6}+2=4+\frac{1}{2+}\frac{1}{4+}\frac{1}{2+}\cdots.$$

可以用纯周期连分数表示的数是一种特殊的二次无理数,我们现在探究这些数怎样来描述.

我们以一个特别的例子开端. 考虑一个纯周期连分数,比如

$$\alpha=4+\frac{1}{1+}\frac{1}{3+}\frac{1}{4+}\frac{1}{1+}\frac{1}{3+}\cdots.$$

α的定义可以写为形式

$$\alpha=4+\frac{1}{1+}\frac{1}{3+}\frac{1}{\alpha}. \tag{4.20}$$

我们有α的方程,展开会是二次方程. 为了知道这是什么方程,与上述的式子(4.13)比较,有特殊的关系$\alpha_{n+1}=\alpha$. 那么从一般的形式(4.14)知道

$$\alpha=\frac{19\alpha+5}{4\alpha+1}, \tag{4.21}$$

由于在式(4.20)中$\frac{19}{4}$和$\frac{5}{1}$ 是紧邻$\frac{1}{\alpha}$的两个渐近项. 这样α满足的二次方程是

$$4\alpha^2-18\alpha-5=0. \tag{4.22}$$

和α一样可以考虑数β,定义为相同的方式,但是周期反转,也就是

$$\beta=3+\frac{1}{1+}\frac{1}{4+}\frac{1}{3+}\frac{1}{1+}\frac{1}{4+}\cdots.$$

得到类似于式(4.20)的关系式

$$\beta=3+\frac{1}{1+}\frac{1}{4+}\frac{1}{\beta}.$$

我们应用一般的法则(4.14),便得到

$$\beta = \frac{19\beta + 4}{5\beta + 1}. \tag{4.23}$$

由于两个渐近项是$\frac{19}{5}$和$\frac{4}{1}$. 因而β满足的二次方程是

$$5\beta^2 - 18\beta - 4 = 0. \tag{4.24}$$

这个方程和前面α的方程(4.22)紧密联系在一起. 事实上,取$-\frac{1}{\beta} = \alpha$, 方程(4.24)转换为方程(4.22). 它不可能是α本身,由于α和β 都是正数,$-\frac{1}{\beta}$是负数. 因而$-\frac{1}{\beta}$是方程(4.22) 的第二个解. 这第二个解称为α的**代数共轭**,或者简称为α的共轭. 用α'表示α 的共轭,我们有$\alpha' = -\frac{1}{\beta}$.

上面的论述可以推广到一般情况. 在纯周期连分数的情况下,比如

$$\alpha = q_0 + \frac{1}{q_1+} \cdots \frac{1}{q_n+} \frac{1}{\alpha},$$

方程对应于式(4.21)是

$$\alpha = \frac{A_n\alpha + A_{n-1}}{B_n\alpha + B_{n-1}}.$$

如若数β定义为周期反转,那么方程对应于式(4.23) 是

$$\beta = \frac{A_n\beta + B_n}{A_{n-1}\beta + B_{n-1}},$$

这是由于如若它的项次序反转(本章4.3 节),则$[q_0, \cdots, q_n]$ 的值不会改变. 上述的α和β的两个方程有联系,$-\frac{1}{\beta}$是α的共轭. 由于β是大于1的数,数$-\frac{1}{\beta}$位于-1和0之间. 因而**任意纯周期连分数表示一个大于1的二次无理数α,它的共轭位于-1到0之间. 这个共轭就是$-\frac{1}{\beta}$, 其中β定义为反转周期的连分数.**

这个简单的性质惊奇地描述了可以被纯周期连分数表示的数. 我们现在证明,任何二次无理数满足这个条件都有一个纯周期连分数的表示方法. 这是伽罗瓦(Galois, 1811—1832)在1828首次证明的,虽然这个结论曾在拉格朗日早期的工作中出现.

我们称二次无理数α是**退化的**,如若$\alpha > 1$,而且α 的共轭α'满足$-1 < \alpha' < 0$.我们的目标是证明连分数α 是纯周期的. 自然的证明要比上述的证明困难; 而且,证明不具备这样的属性可以用一个例子阐述.

我们从探究退化的二次无理数的形式开始. 我们知道α满足某个二次方程

$$a\alpha^2 + b\alpha + c = 0,$$

其中a, b, c都是整数. 解这个方程,我们表示α 为形式

$$\alpha = \frac{-b \pm \sqrt{b^2 - 4ac}}{2a} = \frac{P \pm \sqrt{D}}{Q},$$

其中 P , Q 都是整数, D 是正整数而且是非平方数. 我们假定“+”在$\sqrt{D}$ 前面,如若是“−”,那么我们可以把它转换为“+”,经由同时改变P, Q的符号. 这样

$$\alpha = \frac{P + \sqrt{D}}{Q}, \tag{4.25}$$

α的共轭α'是二次方程的另一个根,由

$$\alpha' = \frac{P - \sqrt{D}}{Q}$$

给出的. 我们注意到

$$\frac{P^2 - D}{Q} = \frac{b^2 - (b^2 - 4ac)}{2a} = 2c,$$

那么$P^2 - D$是Q的倍数.

由于α假定为**退化的**,我们有$\alpha > 1$ 和$-1 < -\alpha' < 0$. 这就蕴含着:

(i) $\alpha - \alpha' > 0$,也就是$\frac{\sqrt{D}}{Q} > 0$, 因而$Q > 0$.

(ii) $\alpha + \alpha' > 0$,也就是$\frac{P}{Q} > 0$, 因而$P > 0$.

(iii) $\alpha' < 0$,也就是$P < \sqrt{D}$.

(iv) $\alpha > 1$,也就是$Q < P + \sqrt{D} < 2\sqrt{D}$.

这样一个退化的二次无理数α就是式(4.25) 的形式,其中P, Q 表示自然数,满足

$$P < \sqrt{D}, \qquad Q < 2\sqrt{D}, \tag{4.26}$$

而且满足条件$P^2 - D$是Q的倍数.

现在令α转换成连分数的形式. 首先就是表示α 为形式

$$\alpha = q_0 + \frac{1}{\alpha_1}, \tag{4.27}$$

其中q_0是α的整数部分,而且$\alpha_1 > 1$. 容易知道α_1 也是一个退化的二次无理数,式子(4.27) 说明α和α_1 的共轭被类似的关系式描述

$$\alpha' = q_0 + \frac{1}{\alpha_1'}.$$

那么

$$\alpha_1' = -\frac{1}{q_0 - \alpha'},$$

由于α'是负数,q_0是自然数,我们知$q_0 - \alpha' > 1$, 因而α_1'位于-1 和0 之间. 类似的,后面所有完整商$\alpha_2, \alpha_3, \cdots$ 都是退化的二次无理数.

对于α_1的形式,我们有

$$\frac{1}{\alpha_1} = \alpha - q_0 = \frac{P + \sqrt{D}}{Q} - q_0 = \frac{P - Qq_0 + \sqrt{D}}{Q}.$$

令$P_1 = -P + Qq_0$. 那么

$$\alpha_1 = \frac{Q}{-P_1 + \sqrt{D}} = \frac{P_1 + \sqrt{D}}{Q_1},$$

其中Q_1定义为

$$D - P_1^2 = QQ_1. \tag{4.28}$$

注意到Q_1是一个整数,由于$P^2 - D$是Q的倍数而且$P_1 \equiv -P \pmod{Q}$,我们得到

$$\alpha_1 = \frac{P_1 + \sqrt{D}}{Q_1} \tag{4.29}$$

由于α_1是退化的,整数P_1和Q_1都是正数,而且满足式(4.26). 又$P_1^2 - D$ 是Q_1的倍数,经由式(4.28)得到.

现在我们看连分数程序怎样进行. 下一步我们从α_1开始而不是α,但是程序是一样的. 一般的,每一个完整商有形式

$$\alpha_n = \frac{P_n + \sqrt{D}}{Q_n},$$

其中P_n和Q_n表示满足式(4.26)的自然数,我们有性质$P_n^2 - D$是Q_n的倍数. 经由式(4.26)知P_n, Q_n 只有有限的取值,那么接下来又会得到前面出现的值. 这就是,我们又得到和前面相同的完整商,从这个点往后连分数是周期的.

我们还需要证明连分数是**纯周期的**,也就是周期从开端就有. 为了证明这个结论,我们证明如若$\alpha_n = \alpha_m$, 那么$\alpha_{n-1} = \alpha_{m-1}$,经由这种方式我们可以向前进行直到连分数的开端. 证明在于可以把q_n 和完整商α_n联系起来,而且和它们的共轭联系起来. 任意一个完整商和下一个完整商之间的关系是

$$\alpha_n = q_n + \frac{1}{\alpha_{n+1}}.$$

相同的式子有它们的共轭,也就是

$$\alpha_n' = q_n + \frac{1}{\alpha_{n+1}'}.$$

由于每一个共轭位于-1到0之间,我们现在介绍符号β_n表示$-\frac{1}{\alpha_n'}$. 那么每一个β_n都大于1.最后一个关系式有形式

$$-\frac{1}{\beta_n} = q_n - \beta_{n+1}, \quad 或者 \quad \beta_{n+1} = q_n + \frac{1}{\beta_n}.$$

从最后一个关系式可得q_n不但是α_n的整数部分,而且是β_{n+1}的整数部分.

现在假若α_n和α_m都是两个相等的完整商,其中$m < n$. 那么它们的共轭α_n'和α_m'也相等,因而$\beta_n = \beta_m$. 根据上面的结论,q_{n-1}是β_n的整数部分,q_{m-1}是β_m的整数部分. 因而

$$q_{n-1} = q_{m-1},$$

但是

$$\alpha_{n-1} = q_{n-1} + \frac{1}{\alpha_n}, \qquad \alpha_{m-1} = q_{m-1} + \frac{1}{\alpha_m}.$$

因而

$$\alpha_{n-1} = \alpha_{m-1}.$$

重复上面的论述,我们得到

$$\alpha_{n-2} = \alpha_{m-2},$$

直到我们得到α_{n-m}等于α本身. 取$n - m = r$, 我们有

$$\alpha = q_0 + \frac{1}{q_1+} \cdots \frac{1}{q_{r-1}+} \frac{1}{\alpha},$$

这就证明了α是纯周期连分数. 我们证明了本节的主要结论,也就是纯周期连分数恰好表示退化的二次无理数.

现在可以知道$\sqrt{N}$的连分数,其中N是一个自然数,不是完全平方数,都是我们在表中看到的类型. 连分数$\sqrt{N}$显然不是纯周期的,由于$\sqrt{N}$的共轭是$-\sqrt{N}$,这个数不在-1和0之间. 但是考虑数$\sqrt{N} + q_0$, 其中q_0是$\sqrt{N}$的整数部分. 这个数的共轭是$-\sqrt{N} + q_0$, 它在-1和0之间. 因而$\sqrt{N} + q_0$的连分数是纯周期的,由于它以$2q_0$开端,它的形式为

$$\sqrt{N} + q_0 = 2q_0 + \frac{1}{q_1+} \cdots \frac{1}{q_n+} \frac{1}{2q_0+} \cdots. \tag{4.30}$$

根据本节前面证明的结论,连分数有反转的周期,也就是

$$q_n + \frac{1}{q_{n-1}+} \cdots \frac{1}{q_1+} \frac{1}{2q_0+} \frac{1}{q_n} \cdots.$$

一定表示$-\frac{1}{\alpha'}$,其中$\alpha=\sqrt{N}+q_0$. 现在$\alpha'=-\sqrt{N}+q_0$,根据式(4.30) 有

$$-\frac{1}{\alpha'}=\frac{1}{\sqrt{N}-q_0}=q_1+\frac{1}{q_2+}\cdots\frac{1}{q_n+}\frac{1}{2q_0+}\cdots,$$

比较最后两个连分数(我们知道一个数的连分数是唯一的),我们得到

$$q_n=q_1,\quad q_{n-1}=q_2,\quad \cdots.$$

因而$\sqrt{N}$的连分数形如

$$q_0,\overline{q_1,q_2,\cdots,q_2,q_1,2q_0}.$$

在q_0为首项之后的周期开端,它包含$q_1,q_2,\cdots,q_2,q_1$ 的对称部分,紧接着有数$2q_0$. 对称部分可以有或者没有中间项,例如,

$$\sqrt{54}=7,\overline{2,1,6,1,2,14}$$

这里有中间,然而

$$\sqrt{53}=7,\overline{3,1,1,3,14}$$

没有中间项. 周期的对称部分也可能缺失,其中的周期退化为单个数$2q_0$, 比如$\sqrt{2}=1,\overline{2}$.

4.10 拉格朗日定理

我们现在可以证明一般的拉格朗日定理:任意二次无理数都有一个连分数从某一点之后是周期的. 只需证明任何二次无理数α转换成连分数,我们会到达一个完整商α_n,它是退化的二次无理数;从这个点之后连分数是周期的.

α和它的一个完整商是由式(4.14)给出的:

$$\alpha=\frac{\alpha_{n+1}A_n+A_{n-1}}{\alpha_{n+1}B_n+B_{n-1}}.$$

由于α和α_{n+1}都是二次无理数,A_n,B_n,A_{n-1},B_{n-1}都是整数(当然是自然数),相同的关系式在α'和α'_{n+1} 之间一定成立. 用α' 来表示α'_{n+1}, 我们得到

$$\alpha'_{n+1}=-\frac{B_{n-1}\alpha'-A_{n-1}}{B_n\alpha'-A_n}=-\frac{B_{n-1}}{B_n}\left(\frac{\alpha'-A_{n-1}/B_{n-1}}{\alpha'-A_n/B_n}\right).$$

这告诉我们,当n很大时,α'_{n+1}的大小怎样?当n无限增大时,$\frac{A_n}{B_n}$和$\frac{A_{n-1}}{B_{n-1}}$都趋近于极限α, 那么括号里的分数有极限1.由于B_{n-1}和B_n 都是正数,那么得到α'_{n+1}是负数. 而且,数$\frac{A_n}{B_n}$ 依次交替小于或者大于α(本章4.4 节),那么括号里的分数交替要稍微大于或者小于1. 如若

我们取一个n满足它的值要稍微小于1, 观察到$B_{n-1} < B_n$, 我们知道α'_{n+1}位于-1和0之间. 对于这个n的值,数α_{n+1}是一个退化的二次无理数. 那么连分数从这个点之后是纯周期的(或者更早的某个点开端). 这就证明了拉格朗日定理.

除了二次无理数,其他的无理数的连分数的规律并不常见. 其中的一个数是$\frac{e-1}{e+1}$, 其中e 是自然对数的基底:e= 2.718 28⋯.连分数是

$$\frac{e-1}{e+1} = \frac{1}{2+}\frac{1}{6+}\frac{1}{10+}\frac{1}{14+}\cdots,$$

这些项组成了一个算术级数. 更一般的,如若k是任意的正数,

$$\frac{e^{2/k}-1}{e^{2/k}-1} = \frac{1}{k+}\frac{1}{3k+}\frac{1}{5k+}\frac{1}{7k+}\cdots.$$

这些结论是欧拉在1737年发现的. e本身的连分数更复杂一些:

$$e = 2 + \frac{1}{1+}\frac{1}{2+}\frac{1}{1+}\frac{1}{1+}\frac{1}{4+}\frac{1}{1+}\frac{1}{1+}\frac{1}{6+}\cdots,$$

其中数2, 4, 6, ⋯每次被两个1隔开. 这也是欧拉发现的.

对于代数数的连分数知之甚少,除了二次无理数. 比如我们不知道$\sqrt[3]{2}$ 的项是否是有界的:

$$\sqrt[3]{2} = 1 + \frac{1}{3+}\frac{1}{1+}\frac{1}{5+}\frac{1}{1+}\frac{1}{1+}\frac{1}{4+}\frac{1}{1+}\cdots,$$

这些问题很难攻破. 代数数的丢番图逼近的一些结论在($V\Pi$.8)介绍,这些数的连分数的项增长速度不能大于一定的速度. 但是这些结论距离本质的原理还比较遥远.

4.11 佩尔方程(Pell方程)

方程形如

$$x^2 - Ny^2 = 1, \quad 或者 \quad x^2 = Ny^2 + 1, \tag{4.31}$$

其中N是一个自然数而且不是完全平方数. (当N是完全平方数时，方程没有意义,因为两个数的平方差不可能等于1,除去1^2-0^2的特例.)一个惊奇的结论是佩尔方程总是有自然数解x, y,而且有无穷多的自然数解.

佩尔方程的个例散落在数学发展的历史上. 最具有传奇色彩的就是阿基米德(Archimedes,前287—前212)的卡塔尔问题,是由Lessing 于1773 年在Wolfenbüttel图书馆的手稿上发表的. 这个问题是由阿基米德向Eratosthenes 提出的,大多数探究这个问题的专家认为是阿基米德提出的. 它包含八个未知数满足七个线性方程,以及两个条件满足特定的数是完全平方数. 经由一些初等的代数计算,问题转换为解方程

$$t^2 - 4\,729\,494u^2 = 1,$$

这个方程的最小解u是一个含有41个数字的数(由Amthor在1880年给出的). 原来问题的解含有成百上千的数字. 没有证据可以说明古人可以解决这些问题,但是他们可以提出这样的问题说明他们掌握了佩尔方程的一些知识.

在现代,解决佩尔方程第一个系统的方法是由Lord Brouncker 在1657 年给出的. 关键在于把$\sqrt{N}$转换为连分数,就如下面所述. 与此同时,Frénicle de Bessy列出了方程(4.31) 中N 直到150 的所有解的表,而且向Lord Brouncker提出解方程$x^2-313y^2=1$的要求. Brouncker在回复中给出了一个解(x有16 个数字),他宣称运用他的方法在一两个小时内解决了该问题. 瓦里斯阐述了Brouncker 的方法,费马评论了瓦里斯的工作,两者都认为这个方程总是可解的. 费马是第一个总结出该方程有无穷多个解的. 第一个正式发表的证明是由拉格朗日给出的,大约在1766 年出现. 用佩尔的名字命名是由于欧拉在误解中出现的; 他认为瓦里斯的解法属于同一时期的另外一位英国数学家约翰· 佩尔的.

佩尔方程的一个解很容易从$\sqrt{N}$的连分数中给出. 从本章4.9 节中我们知道这是形如

$$\sqrt{N}=q_0+\frac{1}{q_1+}\cdots\frac{1}{q_n+}\frac{1}{2q_0+}\frac{1}{q_1+}\cdots.$$

(我们知道$q_n=q_1$, 但在这并不重要.)现在令$\frac{A_{n-1}}{B_{n-1}}$和$\frac{A_n}{B_n}$ 为在项$2q_0$之前的两个渐近项,这就是

$$\frac{A_{n-1}}{B_{n-1}}=q_0+\frac{1}{q_1+}\cdots\frac{1}{q_{n-1}},\quad \frac{A_n}{B_n}=q_0+\frac{1}{q_1+}\cdots\frac{1}{q_n}.$$

经由公式(4.14),我们有

$$\sqrt{N}=\frac{\alpha_{n+1}A_n+A_{n-1}}{\alpha_{n+1}B_n+B_{n-1}},$$

其中α_{n+1}是在q_n之后的完整商,也就是

$$\alpha_{n+1}=2q_0+\frac{1}{q_1+}\cdots=\sqrt{N}+q_0.$$

替换这个值为α_{n+1}, 然后相乘,我们得到

$$\sqrt{N}(\sqrt{N}+q_0)B_n+\sqrt{N}B_{n-1}=(\sqrt{N}+q_0)A_n+A_{n-1}.$$

由于$\sqrt{N}$是无理数,所有其他的数都是整数,这个方程蕴含着

$$NB_n=q_0A_n+A_{n-1},$$

$$q_0B_n+B_{n-1}=A_n.$$

这个用A_n和B_n来表示A_{n-1}和B_{n-1}:

$$A_{n-1}=NB_n-q_0A_n,\qquad B_{n-1}=A_n-q_0B_n.$$

现在在式(4.10)中替换得到

$$A_n(A_n - q_0B_n) - B_n(NB_n - q_0A_n) = (-1)^{n-1},$$

或者

$$A_n^2 - NB_n^2 = (-1)^{n-1}. \tag{4.32}$$

这里$x = A_n$和$y = B_n$提供了方程

$$x^2 - Ny^2 = (-1)^{n-1}.$$

的一个解. 如若n是奇数,我们得到佩尔方程的一个解. 如若不是,那么相同的论述适用于下个周期结尾前的两个渐近项. 由于项q_n第二次出现时会是q_{2n+1},如若我们依次排序,我们需要在式(4.32)中把n 替换为$2n+1$,给出

$$A_{2n+1}^2 - NB_{2n+1}^2 = (-1)^{2n} = 1.$$

那么在任何情况下方程(4.31)都有自然数解x, y.

我们用两个数值的例子举例,第一个n是奇数而第二个n 是偶数. 首先取$N = 21$.那么连分数是(可参见下表4.1)

$$\sqrt{21} = 4, \overline{1, 1, 2, 1, 1, 1, 8},$$

而且$n = 5$. 渐近项是

$$\frac{4}{1}, \frac{5}{1}, \frac{9}{2}, \frac{23}{5}, \frac{32}{7}, \frac{55}{12}, \cdots,$$

那么$x = 55, y = 12$给出了方程

$$x^2 - 21y^2 = 1.$$

的一个解.

另一个例子取$N = 29$. 那么连分数是

$$\sqrt{29} = 5, \overline{2, 1, 1, 2, 10}.$$

而且$n = 4$. 渐近项是

$$\frac{5}{1}, \frac{11}{2}, \frac{16}{3}, \frac{27}{5}, \frac{70}{13}, \cdots,$$

那么$x = 70, y = 13$给出了方程

$$x^2 - 29y^2 = -1.$$

的一个解. 为了得到方程为1的解,而不是-1,我们继续渐近项序列直到$\frac{A_9}{B_9}$(由于$2n+1=9$.) 现在$\frac{A_4}{B_4}=\frac{70}{13}$,下几个渐近项是

$$\frac{727}{135},\frac{1\,524}{283},\frac{2\,251}{418},\frac{3\,775}{701},\frac{9\,801}{1\,820}.$$

那么$x=9\,801, y=1\,820$给出了方程

$$x^2-29y^2=1$$

的一个解.

表4.1

N	$\sqrt{N}$的连分数	x	y	x^2-Ny^2
2	$1;2$	1	1	-1
3	$1;1,2$	2	1	$+1$
5	$2;4$	2	1	-1
6	$2;2,4$	5	2	$+1$
7	$2;1,1,1,4$	8	3	$+1$
8	$2;1,4$	3	1	$+1$
10	$3;6$	3	1	-1
11	$3;3,6$	10	3	$+1$
12	$3;2,6$	7	2	$+1$
13	$3;1,1,1,1,6$	18	5	-1
14	$3;1,2,1,6$	15	4	$+1$
15	$3;1,6$	4	1	$+1$
17	$4;8$	4	1	-1
18	$4;4,8$	17	4	$+1$
19	$4;2,1,3,1,2,8$	170	39	$+1$
20	$4;2,8$	9	2	$+1$
21	$4;1,1,2,1,1,8$	55	12	$+1$
22	$4;1,2,4,2,1,8$	197	42	$+1$
23	$4;1,3,1,8$	24	5	$+1$
24	$4;1,8$	5	1	$+1$
26	$5;10$	5	1	-1
27	$5;5,10$	26	5	$+1$

续表4.1

N	$\sqrt{N}$的连分数	x	y	x^2-Ny^2
28	$5;3,2,3,10$	127	24	$+1$
29	$5;2,1,1,2,10$	70	13	-1
30	$5;2,10$	11	2	$+1$
31	$5;1,1,3,5,3,1,1,10$	1 520	273	$+1$
32	$5;1,1,1,10$	17	3	$+1$
33	$5;1,2,1,10$	23	4	$+1$
34	$5;1,4,1,10$	35	6	$+1$
35	$5;1,10$	6	1	$+1$
37	$6;12$	6	1	-1
38	$6;6,12$	37	6	$+1$
39	$6;4,12$	25	4	$+1$
40	$6;3,12$	19	3	$+1$
41	$6;2,2,12$	32	5	-1
42	$6;2,12$	13	2	$+1$
43	$6;1,1,3,1,5,1,3,1,1,12$	3 842	531	$+1$
44	$6;1,1,1,2,1,1,1,12$	199	30	$+1$
45	$6;1,2,2,2,1,12$	161	24	$+1$
46	$6;1,3,1,1,2,6,2,1,1,3,1,12$	24 335	3 588	$+1$
47	$6;1,5,1,12$	48	7	$+1$
48	$6;1,12$	7	1	$+1$
50	$7;14$	7	1	-1

可以证明上述程序给出佩尔方程的**最小解**. $x^2-Ny^2=\pm1$ 的最小解在表4.1中给出直到$N=50$的值.

关于佩尔方程有几个结论可以用本节的方法给出. 第一个结论就是方程有无穷多个解,这些解由在每一个周期结尾处的项q_n 对应的渐近项给出. 如若n是奇数,也就是连分数有中间项(比如例子中的$\sqrt{21}$), 那么所有的这些解都为$+1$.如若n是偶数,也就是没有中间项(比如例子中$\sqrt{29}$),那么渐近项给出的解为-1或者$+1$ 交替进行.

后面的解可以从第一个方程中得到经由直接的计算,而不需要进一步展开连分数.如若x_0,y_0是$x^2-Ny^2=\pm1$的最小解,由$\frac{A_n}{B_n}$ 给出,那么一般的解x,y由如下给出

$$x+y\sqrt{N}=(x_0+y_0\sqrt{N})^r,$$

其中$r=1,2,3,\cdots$.这样,在例子$\sqrt{29}$中会发现

$$9\,801+1\,820\sqrt{29}=(70+13\sqrt{29})^2.$$

当n是奇数还是偶数的区别在于没有完整的答案是已知的. 当n是偶数时，没有完全描述数N 的方法. 如若方程$x^2-Ny^2=-1$是可解的,同余式

$$x^2+1\equiv 0(\bmod\ N)$$

就是可解的. 这样N不可以被4整除,也不可以被形如$4k+3$的素数整除(第3章3.3节). 事实上,在后续会看到(第5章5.5节)可以表示u^2+v^2的形式,其中u和v 是互素的. 也就是这是 $x^2-Ny^2=-1$ 可解的必要条件,而不是充分条件; 比如例子中数$N=34$满足条件,但是方程$x^2-Ny^2=-1$ 是不可解的.

更一般的方程

$$x^2-Ny^2=\pm M,$$

的解,其中M是一个小于$\sqrt{N}$的正整数,也和连分数$\sqrt{N}$ 密切相关. 可以证明每**一个这样方程的解来源于$\sqrt{N}$的连分数的渐近项的一个值.**

4.12 连分数的几何解释

一个令人惊奇的有理数的连分数表示方法的几何解释是由克莱因在1895 年给出的. 假若α是一个无理数,为了简洁起见假定这个数为正数. 考虑平面上所有坐标是正整数的点,想象用图钉固定在这些点上. 那么直线$y=\alpha x$ 不会途经任何一个这样的点. 想象一根细线,一端固定在无穷远处,细线的另一端从原点出发向直线的一端拉直,细线会途径确定的图钉. 一个集合(在直线下方的)包含坐标为$(B_0,A_0),(B_2,A_2),\cdots$的图钉,对应于小于$\alpha$ 的渐近项. 另一个集合(在直线上方)包含坐标为$(B_1,A_1),(B_3,A_3),\cdots$ 的图钉,对应于大于α 的渐近项. 任意两个位置的细线都组成了一段折线,逼近直线$y=\alpha x$. 图4.1展现了

$$\alpha=\sqrt{3}=1+\frac{1}{1+}\frac{1}{2+}\frac{1}{1+}\frac{1}{2+}\cdots.$$

这里的渐近项是

$$\frac{1}{1},\quad\frac{2}{1},\quad\frac{5}{3},\quad\frac{7}{4},\quad\frac{19}{11},\quad\frac{26}{15},\quad\cdots.$$

直线下方的图钉坐标是

$$(1,1),\qquad(3,5),\qquad(11,19),\qquad\cdots,$$

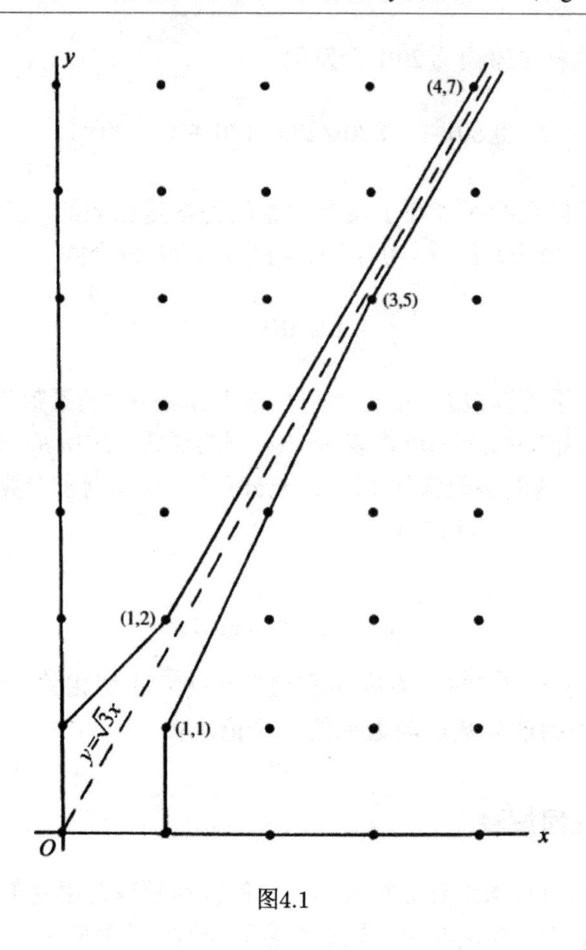

图4.1

直线上方的图钉坐标是

$$(1,2),\qquad (4,7),\qquad (15,26),\qquad \cdots.$$

大多数有关连分数的初等定理都有简单的几何解释. 如若P_n 表示一般的点(B_n, A_n),那么递推关系式(4.8)和(4.9) 表述为从P_{n-2} 到P_n的向量(一个折线上相邻两个点)是从原点O到P_{n-1} 向量的整数倍数. 关系式(4.10) 可以解释为$\triangle OP_{n-1}P_n$ 的面积总是$\frac{1}{2}$. 这个可以从上述的折线构造方法得出; 显然在$\triangle OP_{n-1}P_n$的内部不可能存在整点坐标,除三个顶点之外,容易证明任意具有这个性质的三角形的面积等于$\frac{1}{2}$.

注记

在英语中关于最好的连分数的专著是Chrystal 的*Algebra*, vol.Π,chs.32-34. 这个分支标准的专著是Perron的*Die Lehre von den Kettenbrüchen*(Teubner,1929). 本章中提及但没有证明的各种结论可以在Chrystal 或者Perron的专著中找到. 在丢番图逼近中,读者可以参考Perron 的*Irrationalzahlen*(Göschens Lehrbücherei,vol.1, 1947)或者Niven的 *Irrational Numbers* (Carus Math.Monographs no.11, 1956) 或者Cassels的*Introduction to Diophantine Approximation*(Cambridge Math.Tracts no.45, 1957).

4.1～4.6节. 实际上这个分支属于欧拉的.

4.7节. 参见后文参考资料[4]Hardy和Wright的著作中第十一章.

4.8节. 文中的表4.1可以在Perron的*Irrationalzahlen*中找到,或者Dickson的*History*, vol.Π, ch.12. 对于简略的计算二次无理数的连分数的方法, 可以参见 Dickson的*History*, vol.Π, p.372.

4.10节. 对于 e 的连分数的证明, 参见 Perron 的*Irrationalzahlen*, 或者 C.S.Davis 的评论*J.London Math.*Soc.,20(1945), 194-198.

4.11节. 对于卡塔尔问题,参见Thomas Heath 爵士的专著*Diophantus of Alexandria* (Cambridge,1910),pp.121-124, 以及Dickson 的*History*,vol.Π,pp.342-345.

4.12节. 参见克莱因的*Ausgewählte Kapitel der Zahlentheorie*(Teubner,1907) pp.17-25.这个想法属于H.J.S.Smith(参见*Collected Math.*Papers,vol.2, 146-147).

第5章　数表为平方数的和

5.1　数表为两个平方数的和

哪些数可以表示为两个平方数(这里的平方数都是整数)的和是一个很久远的问题,在《丢番图算术》(大约公元250 年)中就有关于这个问题的论述,但是他们的具体含义还不清楚. 第一个给出这个问题答案的是荷兰数学家吉拉德(Albert Girard,1595－1632)在1625年提出的,费马之后也给出了答案. 费马很可能有这个结论的证明,但是第一个公开发表的证明是欧拉在1749 年给出的.

很容易排除特定的数字不能表示为两个数的平方和. 首先,任何偶数的平方都同余于0(mod 4), 任何奇数的平方都同余于1(mod 4).因而任意两个数的和或者同余于$0+0 \pmod 4$, 或者同余于$0+1 \pmod 4$, 或者同余于$1+1 \pmod 4$, 也就是满足$0,1,2 \pmod 4$ 中的任意一类情况. 任何形如$4k+3$ 的数都不可以表示成两个数的平方和.

但是我们可以更进一步. 如若一个数N有素因子q形如$4k+3$, 那么方程$x^2+y^2=N$蕴含着同余式$x^2 \equiv -y^2 \pmod q$, 由于-1 是模q 的二次非剩余,则这个同余式可解当且$x \equiv 0, y \equiv 0 \pmod q$. 因而$x,y$可以被$q$ 整除,N可以被q^2整除,方程$x^2+y^2=N$ 可以被q^2的平方整除. 如若$N=q^2N_1$ 满足N_1可以被q 整除,那么同样的论述表明N_1 也可以被q^2 整除,等等,那么最后得到q 可以被N 整除的一定是偶次幂. 这样一个数可表为两个数的平方和,这个数的因式分解中包含形如$4k+3$的素数的偶次幂. 这样N满足形如$4k+3$ 的数和N 的因式分解中包含形如$4k+3$ 的素数的奇次幂的数都不可以表示成两个平方数的和.

如若我们排除这些满足不能表示为两个数的平方的数,剩下的数开端为:

$$1,2,4,5,8,9,10,13,16,17,18,20,\cdots,$$

读者可以尝试把这些数表示为两个整数的平方. 这个结论可以在一般性情况下成立,可表性的判别法则是**数N 的任何素因子如若有形如$4k+3$ 的素因子一定是偶次幂的**.

我们的目标是证明这个结论. 证明中一个重要部分是**任何两个平方数的和的乘积是两个平方数的和**. 这个恒等式是

$$(a^2+b^2)(c^2+d^2)=(ac+bd)^2+(ad-bc)^2 \tag{5.1}$$

这一般认为属于莱昂纳多·皮萨(也称之为斐波那契(Fibonacci,1170－1230)),他在1202年的专著*Liber Abaci*中给出的.

每个数满足可表性条件的数的因子乘积满足,每个因子要么是2, 要么是形如$4k+1$的素数,或者是$4k+3$的素因子的平方. 如若我们可以证明每个因子都可表为两个数的平方和,重复式(5.1) 的程序我们得到这个数可表示为两个数的平方和. 现在2显然可表示成1^2+1^2,如若q是形如$4k+3$ 的素数形式,那么q^2可表示为q^2+0^2.现在剩下证明**任何形如$4k+1$ 的素数可表示为x^2+y^2 的形式**,这个结论在下节中会证明. 一旦证明了这个结论,那么充要条件“对于一个数表为两个数的平方和”的结论就得到证明.

在现在的理论中表示x^2+y^2可以满足x,y有公约数(比如$q^2=q^2+0^2$).如若我们要求x,y 互素,那么结论就有所不同. 在第6 章6.5节中,这个问题是更宽泛的理论中的一个特例.

5.2　形如$4k+1$的素数

我们现在给出形如$4k+1$的素数可表示为两个数的平方的结论的证明,这个证明属于欧拉的. 这个证明分为两个阶段:第一个阶段是p的整数倍可表示为z^2+1 的形式,第二个阶段是从上面的结论推出p 可表示成x^2+y^2.

第一个阶段等价于证明同余式

$$z^2+1\equiv 0(\bmod\ p)$$

对于任意素数p形如$4k+1$都可解. 这个我们已经在第3 章3.3 节中得到,这个结论从一个数$(\bmod\ p)$的二次剩余的欧拉判别法则中得到.

第二个阶段的证明从上述的事实开端,这蕴含着

$$mp=z^2+1$$

对于某个自然数m成立. 我们假定z处于$-\frac{1}{2}p$ 和$\frac{1}{2}p$ 之间,由于这个可以从z减去p的适当倍数得到. 我们有

$$m=\frac{1}{p}(z^2+1)<\frac{1}{p}(\frac{1}{4}p^2+1)<p.$$

为了对一般形式的范围下适用,我们假定

$$mp=x^2+y^2 \tag{5.2}$$

对于某个整数x,y成立,其中m是小于p的自然数. 证明的想法是:如若$m>1$ 成立,那么自然数m'满足小于m也同样成立. 重复这个论述,那么最后一个数1有这个性质,换言之$p=x^2+y^2$.

论述如下:我们确定两个整数u,v满足位于$-\frac{1}{2}m$和$\frac{1}{2}m$ 之间(包含端点,如若m 是偶数),它们分别同余于x,y 在模m的情况下:

$$u\equiv x,\ v\equiv y(\bmod\ m), \tag{5.3}$$

那么

$$u^2+v^2 \equiv x^2+y^2 (\bmod\ m),$$

得到对于某个整数r满足

$$mr = u^2+v^2 \tag{5.4}$$

我们注意到r不可能为零,如若成立那么u, v都等于0, 这样x, y 都是m 的倍数,这样和式(5.2)矛盾,这样会蕴含着素数p是m的倍数. 现在估计r的大小,我们有

$$r = \frac{1}{m}(u^2+v^2) \leqslant \frac{1}{m}(\frac{1}{4}m^2+\frac{1}{4}m^2) < m.$$

把方程(5.2)和(5.3)相乘,然后应用等式(5.1) 得到

$$m^2rp = (x^2+y^2)(u^2+v^2) = (xu+yv)^2+(xv-yu)^2. \tag{5.5}$$

关键点在于两个数$xu+yv$和$xv-yu$都是m的倍数. 经由式(5.3) 得到

$$xu+yv \equiv x^2+y^2 \equiv 0 (\bmod\ m),$$

和

$$xv-yu \equiv xy-yx \equiv 0 (\bmod\ m).$$

因而方程(5.5)可以被m^2整除,得到

$$rp = X^2+Y^2$$

对于整数X, Y成立. 我们证明了存在自然数r小于m, 其中rp可表示为两个数的平方和. 如前所述,我们可以证明p本身有这样的表示方法.

为阐述证明的方法我们用一个数值的例子. 取$p=277$, 这个素数是形如$4k+1$ 的形式. 我们知道同余式$z^2+1 \equiv 0 (\bmod\ 277)$ 是可解的,这个解可以经由尝试或者指标表得到. 实际上,$z=60$是方程的解,由于

$$60^2+1 = 3\,601 = 277 \times 13.$$

这个证明的起点类似于式(5.2),即有

$$13 \times 277 = 60^2+1^2.$$

遵循这个证明的步骤,我们把数60和1同余于13得到-5和1. 方程类似于式(5.4)有

$$13 \times 2 = (-5)^2+1^2.$$

下一步是把两个方程相乘,运用恒等式(5.1),我们得到

$$\begin{aligned}13^2 \times 2 \times 277 &= (60^2+1^2)[(-5)^2+1^2] \\ &= [60\times(-5)+1\times 1]^2+[60\times 1-1\times(-5)]^2 \\ &= (-299)^2+65^2.\end{aligned}$$

右端可以被13整除,我们得到

$$2\times 277=(-23)^2+5^2.$$

现在我们重复这个程序. 转换-23和5模2,它们转换成1, 对应的方程是

$$2\times 1=1^2+1^2.$$

这个式子和前面的式子相乘,应用恒等式(5.1) 得到

$$\begin{aligned}2^2\times 277 &= (-23+5)^2+(-23-5)^2 \\ &= (-18)^2+(-28)^2.\end{aligned}$$

因而,得到

$$277=9^2+14^2.$$

与一般性定理有关,还有一个关键点需要提及,那就是p 表示为x^2+y^2 的表示方法是唯一的,除去交换x 和y的情况,以及改变它们符号的显然情况. 费马强调了这个事实,称之为“直角三角形的基本定理”,由于这个恰好表示有一个直角三角形的斜边等于$\sqrt{p}$,两条直角边都是自然数.

这个唯一性定理的证明并不困难. 假定

$$p=x^2+y^2=X^2+Y^2. \tag{5.6}$$

我们知道同余式$z^2+1\equiv 0 \pmod p$ 恰好有两个解,解的形式是$z\equiv \pm h \pmod p$. 因而有

$$x\equiv \pm hy \quad 和 \quad X\equiv \pm hY \pmod p.$$

由于x,y,X,Y的符号没有实质的作用,我们可以假定

$$x\equiv hy, \qquad X\equiv hY \pmod p. \tag{5.7}$$

把式(5.6)的两个方程相乘,应用恒等式(5.1), 我们得到

$$p^2=(x^2+y^2)(X^2+Y^2)=(xX+yY)^2+(xY-yX)^2.$$

根据式(5.7),有

$$xY - yX \equiv 0 (\mathrm{mod}\ p)$$

因而右端的数都是p 的倍数,方程可以被p^2整除. 那么方程转换为表示1 为两个平方数的和,唯一的可能性是$(\pm 1)^2 + 0^2$. 这样,在前面的方程中,$xX + yY, xY - yX$ 中的一个至少等于零. 如若$xY - yX = 0$, 由于$(x, y) = 1, (X, Y) = 1$, 那么得到$x = X, y = Y$或者$x = -X, y = -Y$.类似的,如若$xX + yY = 0$, 那么得到$x = Y, y = -X$或者$x = -Y, y = X$.在任何一种情况下,式(5.6) 的两个表示方法都实质上是相同的.

5.3 x, y的构造方法

我们知道任何形如$4k + 1$的素数都可唯一地表示成$x^2 + y^2$ 的形式,那么自然的数学家就会去寻找相对于p来构造x, y. 一个构造方法通常比仅仅存在性的证明由更大的心理满足感,虽然这之间的联系并不是毫无关联的. 四种x, y 的构造方法是已知的,它们分别属于勒让德(1808), 高斯(1825),塞列特(Serret,1819—1885)(1848)和Jacobsthal(1906),我们给出这些构造而不给出证明的细节. 这些构造方法源于他们在各种问题中用到的方法.

勒让德的构造方法基于$\sqrt{p}$的连分数. 这在第4 章4.9节中有

$$\sqrt{p} = q_0 + \frac{1}{q_1+}\frac{1}{q_2+}\cdots\frac{1}{q_2+}\frac{1}{q_1+}\frac{1}{2q_0+}\cdots,$$

周期由$q_1, q_2, \cdots, q_2, q_1$的对称部分紧跟$2q_0$组成. 这个并不依赖于$p$是形如$4k + 1$形式的素数,适用于任何不是完全平方的数. 我们知道(第4章4.11节)周期中对称部分没有中间项,那么方程$x^2 - py^2 = -1$ 就是可解的. 这个命题的逆命题也是正确的,虽然在第4章4.11节中没有证明. 勒让德运用相当初等的方法证明了如若p 形如$4k + 1$形式的素数,那么方程$x^2 - py^2 = -1$就是可解的. 这样,根据上述的逆定理有没有中间项,周期有形式

$$q_1, q_2, \cdots, q_m, q_m, \cdots, q_2, q_1, 2q_0.$$

现在令α为特定的从中间开端的完整商,也就是

$$\alpha = \alpha_m = q_m + \frac{1}{q_{m-1}+}\cdots\frac{1}{q_1+}\frac{1}{2q_0+}\frac{1}{q_1+}\cdots.$$

这是一个纯周期连分数,它的周期包含$q_m, \cdots, q_1, 2q_0, q_1, \cdots, q_m$.由于这个周期是对称的,我们有(如第4章4.9节)$\alpha' = -\frac{1}{\alpha}$, 其中$\alpha'$ 表示α 的共轭. 现在α的表示形式为

$$\alpha = \frac{P + \sqrt{p}}{Q},$$

其中P, Q都是整数. 那么方程$\alpha\alpha' = -1$ 给出

$$\frac{P+\sqrt{p}}{Q} \cdot \frac{P-\sqrt{p}}{Q} = -1,$$

或者有

$$p = P^2 + Q^2.$$

这就是勒让德的构造方法.

取$p = 29$,作为一个例子,其中$\sqrt{29}$的连分数构造程序是

$$\sqrt{29} = 5 + \frac{1}{\alpha_1},$$

$$\alpha_1 = \frac{1}{4}(5+\sqrt{29}) = 2 + \frac{1}{\alpha_2},$$

$$\alpha_2 = \frac{1}{5}(3+\sqrt{29}) = 1 + \frac{1}{\alpha_3},$$

$$\alpha_3 = \frac{1}{5}(2+\sqrt{29}) = 1 + \frac{1}{\alpha_4},$$

$$\alpha_4 = \frac{1}{4}(3+\sqrt{29}) = 2 + \frac{1}{\alpha_5},$$

$$\alpha_5 = 5 + \sqrt{29}.$$

连分数是$5, \overline{2, 1, 1, 2, 10}$. 适当的完整商是取$\alpha = \alpha_3$, 这样给出$P = 2$, $Q = 5$, 对应于$29 = 2^2 + 5^2$.

第二个构造方法属于高斯,这是所有方法中最初等的,虽然不会给出证明. 如若$p = 4k+1$,取

$$x \equiv \frac{(2k)!}{2(k!)^2} (\bmod\ p), \qquad y \equiv (2k)!x (\bmod\ p),$$

其中x, y的数值小于$\frac{1}{2}p$.那么

$$p = x^2 + y^2.$$

其中的一个证明由柯西给出,另外一个证明由Jacobsthal给出,但是两个证明的方法都不简单. 为了阐述这个构造方法,取$p = 29$,那么

$$x \equiv \frac{14!}{2(7!)^2} = 1716 \equiv 5 (\bmod\ 29),$$

$$y \equiv 14!x \equiv (14!) \times 5 \equiv 2 (\bmod\ 29).$$

这个构造方法显然不适用于数值计算的方便,虽然它的本质是初等的.

第三个构造方法属于塞列特. 这和拉格朗日的构造方法类似,运用了连分数,但是这里是有理数的连分数展开. 我们把$\frac{p}{h}$展开成连分数,其中h满足$h^2+1\equiv 0 \pmod{p}$和$0<h<\frac{1}{2}p$. 可以证明连分数的形式为

$$\frac{p}{h}=q_0+\frac{1}{q_1+}\cdots\frac{1}{q_m+}\frac{1}{q_m+}\cdots\frac{1}{q_0}, \tag{5.8}$$

这就是它们的项是对称的而且没有中间项. 根据第4 章的符号,令

$$x=[q_0,q_1,\cdots,q_m], \qquad y=[q_0,q_1,\cdots,q_{m-1}].$$

那么

$$p=x^2+y^2.$$

例如,如若$p=29$,我们可以找到$h=12$,由于

$$12^2+1=145=5\times 29.$$

连分数就是

$$\frac{29}{12}=2+\frac{1}{2+}\frac{1}{2+}\frac{1}{2+}.$$

因而有

$$x=[2,2]=5, \qquad y=[2]=2.$$

这个构造方法是由斯密思(H.J.S.Smith,1826—1883)在1855 年给出了一个稍微不同的形式. 他的目标是给出形如$4k+1$的素数可表示成两个数的平方和的简单而且直接的证明. 他避免了运用同余经由直接证明存在一个数h 满足$0<h<\frac{1}{2}p$ 而且$\frac{p}{h}$的连分数有形式(5.8).定义x,y 如上,他证明了和塞列特一样的结论$p=x^2+y^2$.

最后,我们论述Jaxobsthal的构造方法. 这个构造方法和第3章3.6节中二次剩余的分布类似. 我们考虑下述勒让德符号的和

$$S(a)=\sum_n\left(\frac{n(n^2-a)}{p}\right),$$

其中a是任何不同余0(mod p) 的数,求和遍历一个完全剩余系,比如$n=0,1,2,\cdots,p-1$.可以容易证明$|S(a)|$只有两个可能的值,其中一个是当a 是二次剩余,另一个是a是二次非剩余. 更进一步,每一个这样的值都是偶数,对于项$n=0$对求和的贡献等于0,两个项n 和$-n$ 贡献的和相等,由于$(-1\mid p)=1$. 取

$$x=\frac{1}{2}\mid S(R)\mid, \qquad y=\frac{1}{2}\mid S(N)\mid.$$

其中R是任何二次剩余,N是任何二次非剩余. 那么

$$p = x^2 + y^2.$$

这个证明不是很难,主要依赖于第三章(3.18) 的熟练运用.

作为一个例子,取$p = 29$. 对于R我们取1,对于N 我们取2,由于这是二次非剩余. 那么$n(n^2-1) \pmod{29}$包含0, 以及

$$0, 6, -5, 2, 4, 7, -12, 11, -5, 4, -14, 5, 9, 4$$

每个出现两次. 上述勒让德符号求和等于5,因而$x = 5$. $n(n^2-2) \pmod{29}$的值包含0以及数

$$-1, 4, -8, -2, -1, 1, 10, 3, -14, -6, 4, -7, -4, -10$$

每个出现两次. 这些数的勒让德符号求和等于2,因而$y = 2$.

5.4 数可表为四个数的平方和

吉拉德和费马都认为**每个自然数都可表示成四个整数的平方和**. 另一种表述方式为(允许存在等于零的数)**每个自然数都可表示为至多四个自然数的平方和**. 一些历史学家认为丢番图就知道这个事实,他没有给出一个数表示成四个平方数之和的限制条件,他意识到只有特定的数可以表示成两个数的平方和或者三个数的平方和.

欧拉对这个结论的证明尝试了多次,但都没有得到. 他没能证明的主要原因在于他试图表示给定的数为两个数的和,每个数都可以表示成两个数的平方和. 这样的方法不容易得到证明. 第一个证明是由拉格朗日在1770 年给出,他表示受益于欧拉的工作.

拉格朗日的证明类似于本章5.1节和本章5.2节中的数表为两个数的平方和,但稍微有一些复杂性. 有一个恒等式表示四个数的平方和的乘积仍然是四个数的平方和. 这个恒等式(归属于欧拉)如下:

$$\begin{aligned} &(a^2+b^2+c^2+d^2)(A^2+B^2+C^2+D^2) \\ = \;& (aA+bB+cC+dD)^2+(aB-bA-cD+dC)^2+ \\ & (aC+bD-cA-dB)^2+(aD-bC+cB-dA)^2 \end{aligned} \tag{5.9}$$

根据这个恒等式,只需证明每个**素数**都可表示为四个数的平方和,那么合数的表示方法可以经由恒等式的重复应用得到. 由于我们知道素数2 和所有形如$4k+1$的素数都可表示成两个数的平方,剩下需要证明**任何形如$4k+3$ 的素数都可表示为四个数的平方和**.

这个分为两个阶段,如同本章5.2节的那样:第一个阶段是证明p的倍数mp 可表示成四个数的平方和,其中$0 < m < p$;第二个阶段是从中推出p 本身的可表性.

对于第一个阶段只需证明同余式

$$x^2+y^2+1\equiv 0(\bmod\ p) \tag{5.10}$$

是可解的. 那么我们可取x,y的数值小于$\frac{1}{2}p$ 的解,我们有

$$mp=x^2+y^2+1^2+0^2,$$

满足

$$m<\frac{1}{p}(\frac{1}{4}p^2+\frac{1}{4}p^2+1)<p.$$

欧拉给出了一个简单的论述建立了同余式(5.10) 的可解性而不涉及任何计算. 我们转换同余式为

$$x^2+1\equiv -1(\bmod\ p).$$

任何二次非剩余(mod p)都可表示成同余数$-y^2$ 的形式,由于-1 是任何形如$4k+3$ 形式的素数的二次非剩余(参看第3章3.3 节). 这样,为满足上述的同余式,只需寻找一个二次剩余R 和一个二次非剩余N满足$R+1=N$.如若我们取N 是序列$1,2,3,\cdots$的第一个二次非剩余,则这个条件显然成立,那么同余式的可解性就得到.

我们注意到同余式(5.10)的可解性是Chevalley 定理的特殊情况(参见第2章2.8 节). 我们知道同余式

$$x^2+y^2+z^2\equiv 0(\bmod\ p)$$

是可解的,其中x,y,z不都同余于0.假若$z\not\equiv 0$, 然后确定X,Y 满足

$$x\equiv Xz, y\equiv Yz$$

我们得到

$$X^2+Y^2+1\equiv 0$$

我们现在进入证明的第二个阶段,有这样的事实

$$mp=a^2+b^2+c^2+d^2, \tag{5.11}$$

存在某个数m满足$0<m<p$. 我们证明和本章5.2节类似,有:如若$m>1$, 那么有一个数r满足$0<r<m$和m有同样的性质. 重复这个论述得到1有这个性质,因而p 本身可以表示成四个数的平方和.

我们以a,b,c,d相对于模m的限制,确定数A,B,C,D 分别同余于a,b,c,d 模m, 它们满足$-\frac{1}{2}m<A\leqslant\frac{1}{2}m$, 对于$B,C,D$ 也有同样的操作. 我们得到

$$mr=A^2+B^2+C^2+D^2 \tag{5.12}$$

对于整数r成立. 这个数r不可能等于零,那么A,B,C,D 都会等于零,a,b,c,d都会是m的倍数. 从式(5.11)中有mp可以被m^2 整除,或者p 被m 整除,而这是不可能的,因为p是素数而且m 大于1但是小于p.

对于r的大小估计,我们有

$$r=\frac{1}{m}(A^2+B^2+C^2+D^2)\leqslant\frac{1}{m}\left(\frac{1}{4}m^2+\frac{1}{4}m^2+\frac{1}{4}m^2+\frac{1}{4}m^2\right)=m.$$

这个结论不够精确,我们需要知道r**严格**小于m. 当A,B,C,D都等于$\frac{1}{2}m$时,$r=m$的可能性存在. 在这个情况下,m是偶数,A,B,C,D 都同余于$\frac{1}{2}m$模m.但是$a^2\equiv\frac{1}{4}m^2 \pmod{m^2}$,这对于$b,c,d$ 也成立. 那么式(5.11)给出$mp\equiv 0 \pmod{m^2}$,如前所示,这是不可能的. 那么式(5.12) 中r 满足$0<r<m$.

我们继续进行证明经由方程(5.11)和(5.12)相乘,应用恒等式(5.9)可以得到

$$m^2rp=x^2+y^2+z^2+w^2, \tag{5.13}$$

其中x,y,z,w都是式(5.9)右端的四个表达式. 所有的这些表达式表示的数都可以被m整除. 对于

$$x=aA+bB+cC+dD\equiv a^2+b^2+c^2+d^2\equiv 0 \pmod{m},$$

和

$$y=aB-bA-cD+dC\equiv ab-ba-cd+cd\equiv 0 \pmod{m},$$

对于z,w也有同样的结论. 我们消去方程(5.13) 两端的m^2, 得到rp可表示为四个数的平方和. 这就证明了结论.

上述的拉格朗日四平方数的证明要比拉格朗日原来给出的证明简单,这实际上是欧拉给出的. 虽然在证明的细节上可以有所改变,但是笔者不知道其他简单和初等的证明在本质上与这个方法不同.

5.5 数表为三个数的平方和

这是一个更困难的问题. 一个困难的原因在于没有类似(5.1)和(5.9)的恒等式. 实际上,很容易知道两个数的乘积,每个数可表示为三个平方数的和,不需要它本身是三个平方数的和. 比如,$3=1^2+1^2+1^2$ 和$5=2^2+1^2+0^2$, 但是15不可表示三个数的平方和.

如同本章5.1节,我们可以排除一些不可以表示成三个数的平方和的数. 任何平方数同余于0或者1 或者4模8,因而三个数的平方和不可能同余于7(mod 8),由于不可能从0, 1, 4三个项中组成7. 因而形如$8k+7$ 的数不可以表示成三个平方数的和.

更进一步,4的倍数,比如$4m$,有可表性当m有可表性时. 对于任何平方数同余于0 或者1(mod 4), 那么三个数的平方和可以被4 整除,当所有的数都是都是偶数. 因而形如$4(8k+7)$的数不具有可表性,形如$16(8k+7)$的数不具有可表性,等等. 一般的,我们有形如$4^l(8k+7)$的数不可以表示成三个数的平方和.

事实上每个数形式不是这类数都具有可表性. 第一个证明是勒让德试图给出的,但在证明的步骤中他需要假定任意算术级数$a, a+b, a+2b, \cdots$(其中a, b 是互素的)包含无穷多的素数. 这个**算术级数中的素数定理**是在勒让德的工作40年后由狄利克雷在1837年首次证明的. 高斯在他的名著《算术探索》给出了一个完整的证明,但是这个证明依赖于更困难和更广泛的涉及到二次型理论的内容. 其他的证明也有,但是没有一个是初等和简单的.

注记

5.1节. 对于熟悉复数的读者可以把恒等式(5.1) 等价于$|\ \alpha\beta\ |^2=|\ \alpha\ |^2|\ \beta\ |^2$, 其中$\alpha=a+\mathrm{i}b$, $\beta=c+\mathrm{i}d$. 形如$a+\mathrm{i}b$的数,其中a, b都是整数,称之为**高斯整数**,表n 为两个平方数的和等价于寻找高斯整数$a+\mathrm{i}b$, 使它的模a^2+b^2等于n.这个理论当用高斯整数表示时有更优美的形状.

5.3节. 对于参考书,参见Dickson的*History*,vol.Ⅱ,ch.6 和vol.Ⅲ,ch.2.其他各种构造方法不会给出x, y的正数解,虽然在$p=29$是给出正数解.

5.4节. 恒等式(5.9)与四元数的联系和恒等式(5.1) 与复数的联系类似(参见5.1节). 赫韦茨给出了数表为四个数平方和的方法经由四元数;对于这部分理论参见后文参考资料[4].

5.5节. 三平方数定理的证明,依赖于算术级数中的素数定理,是由朗道(Landau, 1877—1938)的专著 *Vorlesungenüber Zahlentheorie*,vol.I,pp.114-121. 给出的.

有理数平方　根据条件(本章5.1节)一个数表示为两个数的平方,若**一个整数可以表示成两个有理数的平方,那么这个数可表示为两个整数的平方**. 三平方数的类似结论,参见本章5.5节的条件.

数的表法个数　由于篇幅的限制,我们不会给出把数n 表示为两个数的平方和,或者四个数平方和的表法个数. 在这些公式中,表示方法的计数法是根据整数解的个数,这些解可能是正数,负数,或者零,两个表示方法不同当且它们不相等. 对于两个平方数的公式(归属于勒让德)如下:计算n的形如$4x+1$ 和$4x+3$ 的因子个数. 如若这两个数分别记为D_1和D_3, 那么表法个数等于$4(D_1-D_3)$. 对于四平方数,这个法则是由雅克比发现的,他从另外一个相等的无穷级数的恒等式中得到. 如若n是奇数,那么n表示为四个平方数的表法个数是$8\sigma(n)$;如若n 是偶数,取$n=2^r n'$, 其中n' 是奇数,那么n 的表法个数是$24\sigma(n')$. 这里$\sigma(n)$表示n的因子和,如第1章1.5节所示.对于这些结论的证明,参见后文参考资料[4]. 三个数平方的表示方法是一个更加深奥的问题,但是可以用特定的二次型的类数表示(第6章6.9节).

第6章 二 次 型

6.1 导言

在第5章中我们给出了一个数表示为两个平方数的和的充要条件,这个条件与数的素因子有关. 欧拉和18世纪的其他数学家们成功地找到了一个数表示为x^2+2y^2 或者x^2+3y^2 形式的充要条件,同样的这些和数的素因子有关. 自然的他们也试图寻找对于一般二次型的类似结论. 一个二次型的表达式有

$$ax^2+bxy+cy^2$$

这个是齐次的含有两个变量的二次多项式,系数a,b,c都是整数. 我们主要关注两个变量的二次型,或者称为二元二次型,虽然也有三个变量的二次型(三元二次型),或者任意变量的二次型.

二次型理论首先由拉格朗日在1773年发展起来的,许多关键想法都源于拉格朗日. 他的理论被勒让德拓展和精简,更进一步的理论被高斯深入研究,他引入了许多新的概念,运用它们证明了更深刻和更困难的结论,这超越了拉格朗日和勒让德的成就.

这个课题的基本问题是**表法问题**:给定一个二次型,什么样的数可以用这个二次型表示?对于特殊的二次型x^2+y^2或者x^2+2y^2 或者x^2+3y^2, 有简单的答案,但在一般的情况下没有这样简单的答案. 这个理论有一个看似简单却不同的问题:用一系列的二次型来表示数,而不是仅仅用一个二次型.

这个理论的基本想法是,都源于等价关系(参看本章6.2 节)这个概念,在更困难和高等的问题中有相当的重要性. 二次型的研究提供了一个自然的介绍方式,这会让读者在欣赏这些理论的时候熟悉它们.

6.2 等价的二次型

二次型和一个基本的概念紧密相连,那就是等价关系. 我们容易得到两个实质上是相同的二次型$2x^2+3y^2$和$3x^2+2y^2$,其中的一个从另一个得到仅仅是交换了变量,而二次型$2x^2+4xy+5y^2$ 和上述两个二次型相同就不是那么显然了. 然而,这个二次型可以写为如下形式

$$2(x+y)^2+3y^2,$$

当变量x,y取遍所有的整数,那么变量$x+y,y$也取遍所有的整数,反之也成立. 二次型$2x^2+3y^2$ 具有的一般属性对于二次型$2x^2+4xy+5y^2$ 也有. 当然这个属性在数的表示的性质中也是成立的:如若我们知道数可以表示为其中一个二次型,那么可以立即得到

这个数也可以表示为另一个二次型. 两个二次型被一个很简单的**替换**联系起来:如若我们取$x = X + Y, y = Y$,那么

$$2x^2 + 3y^2 = 2X^2 + 4XY + 5Y^2.$$

这个替换有性质如若x, y遍历所有的整数,那么X, Y 也遍历所有的整数,反之亦然.

我们问这样的问题:什么样形式的替换

$$x = pX + qY, \qquad y = rX + sY \tag{6.1}$$

有这样的性质,可建立起整数对x, y和整数对X, Y之间一一对应的关系?我们不给出系数p, q, r, s任何的限制条件,虽然它们显然都是整数,对于数值$x = p, y = r$ 对应于$X = 1, Y = 0$,数值$x = q, y = s$ 对应于$X = 0, Y = 1$. 如若所有的四个系数都是整数,那么无论我们赋予X, Y什么整数值,得到的x, y 的数值都是整数.

我们需要这个逆命题也是成立的. 最显然的方式就是根据x, y来表示X, Y. 如若我们把第一个方程乘以s 和第二个方程乘以q,然后相减,我们得到

$$sx - qy = (ps - qr)X,$$

类似的,有

$$-rx + py = (ps - qr)Y.$$

数$ps - qr$不能等于零,如若这样那么$sx - qy$和$-rx + py$ 都会等于零,因此变量x, y 就不会是独立的. 取$\Delta = ps - qr$,然后除以Δ,那么可以用x, y来表示X, Y的方程是

$$X = \frac{s}{\Delta}x - \frac{q}{\Delta}y, \qquad Y = -\frac{r}{\Delta} + \frac{p}{\Delta}y. \tag{6.2}$$

这四个系数都必须是整数. 这个显然正确,如若$\Delta = \pm 1$. 如若四个系数都是整数,那么也有

$$\frac{p}{\Delta}\frac{s}{\Delta} - \frac{q}{\Delta}\frac{r}{\Delta},$$

也是整数,当$\Delta = \pm 1$. 因而**替换的系数p, q, r, s 都是整数,$ps - qr$必须等于± 1.** 那么只有在这种情况下替换具有性质的所有的整数对x, y 对应于所有整数对X, Y,反之亦然.

表达式$ps - qr$称之为替换的**行列式**. 为避免后续理论的复杂性,习惯地限制替换的行列式为1,而不需要用到-1. 形式(6.1) 的整系数替换和满足行列式等于1称为**幺模替换**.

两个二次型经由一个幺模变换联系在一起称为**等价的**. 比如,如上所述,二次型$2x^2 + 3y^2$可以转换为二次型$2X^2 + 4XY + 5Y^2$经由替换

$$x = X + Y, \qquad y = Y,$$

这是一个幺模替换,那么得到两个二次型是等价的. 为避免变量的字母的变换,以及替换的字母的变换,我们可以表示二次型$ax^2+bxy+cy^2$为(a,b,c),表示等价的两个二次型运用符号

$$(2,0,3)\sim(2,4,5).$$

原来的例子是

$$(2,0,3)\sim(3,0,2),$$

但是这里需要评论一下. 交换变量的替换,替换$x=Y,y=X$ 不是一个幺模替换根据定义,由于它的行列式等于-1.然而,我们运用替换$x=Y,y=-X$是幺模替换,把二次型$(2,0,3)$转换为二次型$(3,0,2)$. 应用于一般的二次型,这个替换表明

$$(a,b,c)\sim(c,-b,a) \tag{6.3}$$

在运用术语"等价关系",我们默认两个二次型之间有特定的简单关系,如若不是这样,那么这个术语就容易误导. 这些性质是:(i)任何二次型等价于本身;(ii) 如若一个二次型等价于另一个二次型,那么后面的二次型等价于前面的二次型;(iii)两个二次型等价于同一个二次型,那么这两个二次型等价. 实际上,所有的这些性质从定义可以立即得到. 首先,任何二次型等价于它本身经由**恒等替换**$x=X,y=Y$. 其次,如若一个二次型经由替换式(6.1)转换成为另一个二次型,那么第二个二次型可以经由逆变换(6.2) 转换回来,其中$\Delta=1$. 最后,两个幺模变换的一次应用可以用一个幺模替换表示

$$x=pX+qY,\qquad y=rX+sY$$

根据

$$X=P\xi+Q\eta,\qquad Y=R\xi+S\eta,$$

最后的结论是

$$\begin{aligned} x &= p(P\xi+Q\eta)+q(R\xi+S\eta),\\ y &= r(P\xi+Q\eta)+s(R\xi+S\eta). \end{aligned}$$

这个最后的替换有整系数,它的行列式为

$$(pP+qR)(rQ+sS)-(pQ+qS)(rP+sR)=(ps-qr)(PS-QR),$$

那么得到1.

显然表法问题对于等价的二次型有同样的结论. 一个类似的方式也适用于修正的问题:也就是**真表示**的问题. 一个数n可以用二次型(a,b,c) **真表示**蕴含着如若$n=$

$ax^2+bxy+cy^2$, 其中x,y 是互素的整数. 一个幺模变换把互素的数对(x,y)转换成互素的数对(X,Y),反之也成立;如若X,Y 在式(6.1) 有公因子,那么x,y 也有同样的公因子. 如若两个二次型是等价的,那么一个数的两个二次型的真表示经由幺模变换从一个转换成另一个.

6.3 判别式

二元二次型(a,b,c)的判别式定义为b^2-4ac. 因而二次型$(2,0,3)$ 的判别式是-24, 二次型$(2,4,5)$ 的判别式也是$4^2-4\times2\times5=-24$.

一个重要的结论是**等价的二次型有相同的判别式**. 最简洁的证明方式就是直接验证. 我们应用替换式(6.1)于二次型$ax^2+bxy+cy^2$ 得到$AX^2+BXY+CY^2$, 其中

$$\begin{cases} A=ap^2+bpr+cr^2, \\ B=2apq+b(ps+qr)+2crs, \\ C=aq^2+bqs+cs^2 \end{cases} \tag{6.4}$$

那么可以直接验证

$$B^2-4AC=(b^2-4ac)(ps-qr)^2. \tag{6.5}$$

由于$ps-qr=1$, 两个二次型(a,b,c)和(A,B,C)有相同的判别式. 自然地,恒等式(6.5)不依赖于替换中系数p,q,r,s的属性. 这是一个纯粹的代数关系式,我们在这里给出了一个一般情况的特例. 一个以系数为变量的代数形式,比如这里的b^2-4ac, 经由用一个行列式为1 的线性替换作用于二次型而不改变这个值的大小,那么称之为这个二次型的**代数不变量**. 二元二次型的判别式就是这个不变量的一个简单的例子.

虽然等价的二次型有相同的判别式,然而有相同的判别式并不意味着两个二次型等价. 例如,二次型$(1,0,6)$和$(2,0,3)$有相同的判别式-24,但是它们不等价. 为了说明这一点,我们只需观察二次型x^2+6y^2 表示数1,也就是$x=1,y=0$, 然而二次型$2x^2+3y^2$ 显然不能表示数1.

二次型的判别式d是一个整数,它可能是正数,负数,或者零. 不是每一个数都可以表示为二次型的判别式. 对于$b^2-4ac\equiv b^2 \pmod 4$, 每一个平方数同余于0或者$1 \pmod 4$. 因而$d$ 一定同余于0 或者$1 \pmod 4$,那么可能的判别式有

$$\cdots,-11,-8,-7,-4,-3,0,1,4,5,8,9,\cdots$$

而且,每一个这样的数都至少是一个二次型的判别式. 对于d是给定的数同余于0或者$1 \pmod 4$, 那么可以得到满足方程$b^2-4ac=d$ 的取$a=1$,根据$d\equiv0$ 或者$1 \pmod 4$取

b等于0或者1. 那么c 就等于$-\frac{1}{4}d$ 或者$-\frac{1}{4}(d-1)$,根据不同的情况. 这就给出了判别式等于d的特殊二次型,也就是

$$\left(1,0,-\frac{1}{4}d\right), \quad \text{或者} \quad \left(1,1,-\frac{1}{4}(d-1)\right)$$

根据$d\equiv 0$或者$1 \pmod 4$. 这个称之为判别式为d 的**主支二次型**. 这样判别式等于-4 的主支二次型是$(1,0,1)$, 或者写为x^2+y^2;判别式等于5的主支二次型是$(1,1,-1)$, 或者写为x^2+xy-y^2.

判别式为正的二次型和判别式为负的二次型有一个显然的区别. (我们不考虑判别式为零的二次型,这样的二次型是一个线性形式的平方.)我们现在考虑判别式为负的二次型. 我们把二次型乘以$4a$然后操作"组成平方数"的程序如下:

$$\begin{aligned} 4a(ax^2+bxy+cy^2) &= 4a^2x^2+4abxy+4acy^2 \\ &= (2ax+by)^2+(4ac-b^2)y^2. \end{aligned}$$

这里$4ac-b^2$是正数. 这里的最后一个表达式总是正数不论x,y 取任何值,且等于0如若$x=0,y=0$. 用这个二次型表示的所有数都有相同的符号:它们都是正数如若a 是正数,它们都是负数如若a是负数. 这样的二次型称为 **有定二次型**,或者根据情况为**正定二次型**或者**负定二次型**. 我们可以转换一个负定二次型为正定二次型仅仅改变所有系数的符号,因而在考虑二次型时只需要考虑正定二次型. 正定二次型的例子有$(1,3,7)$,它的判别式等于-19;或者$(5,-7,5)$,它的判别式等于-51.

考虑判别式是正数的二次型. 上述表达式仍然有效,但是$4ac-b^2=-d$, 其中d是正数,我们可以分解它. 我们得到

$$\begin{aligned} 4a(ax^2+bxy+cy^2) &= (2ax+by+\sqrt{d}y)(2ax+by-\sqrt{d}y) \\ &= 4a^2(x-\theta y)(x-\phi y), \end{aligned}$$

其中θ和ϕ由下式给出

$$\frac{-b\pm\sqrt{d}}{2a}.$$

这里我们假定a不等于零. 数θ和ϕ都是实数,但不一定是有理数. 乘积$(x-\theta y)(x-\phi y)$的符号依赖于分数$\frac{x}{y}$ 位于θ 和ϕ 之间,还是在这两个数的外面. 由于有两种情况的分数,二次型可以取正值或者负值. 这称之为**不定二次型**. 当a等于零的情况更简单,二次型可以分解为$y(bx+cy)$, 显然可以取正值或者负值. 例子有判别式等于13的不定二次型$(3,1,-1)$, 判别式等于12的不定二次型$(1,4,1)$. 在后面一个例子中,所有系数为正数的二次型可能是不定二次型.

我们知道判别式为负数的二次型是有定二次型,判别式为正数的二次型为不定二次型. 理论的第一个阶段是表法问题转换为等价的问题,对于有定二次型和不定二次型都适用. 第二个阶段是两种不同类型的二次型有不同的性状,由于篇幅的限制,我们局限于讨论有定二次型.

6.4 二次型表示数

在讨论什么数可以由给定的二次型(a,b,c)表示,我们只考虑真表示. 当我们知道什么数可以真表示,那么我们可以得到任何数的表法经由两端同乘以平方数.

假若数n可以由二次型(a,b,c)真表示. 如若整数p,r 满足表法,那么

$$n=ap^2+bpr+cr^2, \tag{6.6}$$

其中p,r是互素的. 如若二次型是有定二次型,比如正定二次型,我们假定n 是正数,但n可以为正数或者负数如若二次型是不定二次型. 我们假定n不等于零,因为这种情况容易处理而且意义不大.

由于p,r是互素的,我们可以找到整数q,s满足$ps-qr=1$. 现在考虑应用幺模变换(6.1), 系数为p,q,r,s的作用于二次型(a,b,c). 比较式(6.6) 和(6.4) 中第一个公式,我们得到转换后的二次型第一个系数等于n.我们得到一个二次型(n,h,l)等价于二次型(a,b,c),n 作为它的第一个系数. 反之,如若存在这样一个二次型,那么n 可以用它真表示(也就是当$X=1,Y=0$), 那么可以用二次型(a,b,c) 真表示. 得到的结论是**可以用二次型(a,b,c)真表示的数是与之等价的二次型的第一个系数**.

有一个简单但是重要的推论可以从上述的一般准则中得到. 二次型(n,l,h) 和给定的二次型(a,b,c) 等价当且仅当两个二次型有相同的判别式,也就是

$$h^2-4nl=d, \tag{6.7}$$

其中$d=b^2-4ac$是给定二次型的判别式. 换言之,一定存在一个数h满足h^2-d 是$4n$的倍数. 这就是同余式

$$h^2\equiv d(\bmod\ 4n'),\quad 其中\quad n'=|\, n\,|, \tag{6.8}$$

一定可解. (我们取$4n'$作为同余式的模,这是由于n'可能是负数.)反之,这个论题在一定程度上成立. 同余式(6.8)如若是可解,那么有一个二次型(n,h,l)的判别式等于d,但是不一定等价于(a,b,c). 得到的结论是**如若n可以被任何判别式等于d 二次型真表示,同余式(6.8) 就是可解的. 反之,如若同余式是可解的,那么n可以被一个判别式等于d的二次型真表示.**

在几个简单的例子中所有判别式等于d的二次型都是相互等价的. 在这种情况下,同余式可解的充要条件是n 可以被一个给定的同余式真表示. 在下节中,我们应用上述准则于三个这样的例子.

在我们进一步讨论之前,有一些点需要注意. 上述的一般性准则需要我们求解同余式(6.8),然后决定得到的二次型(n,h,l)是否等价于给定的二次型(a,b,c), 其中l从$h^2-4nl=d$ 得到. 这样做会有无限的试验次数,我们寻找满足式(6.8)的数h. 事实上,我们只需要考虑h满足

$$0 \leqslant h < 2n'. \tag{6.9}$$

如若h是同余式的任何一个解,那么(n,h,l)就是对应的二次型,我们可以应用特殊的替换

$$x = X + uY, \qquad y = Y,$$

其中u是任意整数. 这样得到二次型

$$n(X+uY)^2 + H(X+uY)Y + lY^2.$$

第一个系数仍然等于n, 但是第二个系数等于$n+2un$ 而不是h. 这样两个二次型的第一个系数等于n,而第二个系数相差$2n$的倍数是等价的. 所以只需要考虑二次型,其中h满足不等式(6.9)而且满足同余式(6.8).

6.5 三个例子

首先考虑判别式等于-4的二次型x^2+y^2. 在本章6.7 节中会证明所有判别式等于-4的二次型都相互等价. 假定这个事实,那么一般性准则告诉我们一个正整数n 可以由x^2+y^2真表示当且仅当同余式

$$h^2 \equiv -4 (\bmod\ 4n)$$

可解. 由于h满足同余式必须是偶数,我们可以除以4, 考虑同余式

$$h^2 \equiv -1 (\bmod\ n) \tag{6.10}$$

这样一个同余式的可解性当然和二次剩余理论联系在一起. 首先,根据模为合数的同余式的准则(2.6), 只需要考虑

$$h^2 \equiv -1 (\bmod\ p^r) \tag{6.11}$$

的可解性,其中对于每个素数幂次p^r出现在n的因式分解.

同余式(6.11)是不可解的如若p为形式$4k+3$, 由于-1 是这样模二次非剩余(参看第3 章3.3节).如若p 是形如$4k+1$的素数,那么同余式是可解的如若$r=1$, 由于-1是这样模的二次非剩余. 经由数学归纳法容易证明对于任意的指数r 都是可解的. 例如,如若$r=2$, 我们取一个数h_1 满足$h_1\equiv -1(\bmod\ p)$,然后试图满足$h^2\equiv -1(\bmod\ p^2)$ 经由取h等于h_1+tp, 其中t 是一个未知数. 有了h 的值,

$$h^2+1=h_1^2+1+2th_1p+t^2p^2.$$

那么可以被p^2整除如若

$$\frac{1}{p}(h_1^2+1)+2th_1\equiv 0(\bmod\ p),$$

根据题意其中第一个项是整数. 这是一个对于t的线性同余式,由于$2h_1$不同余于$0(\bmod\ p)$得到同余式是可解的. 相同的论述适用于更高的幂次. 为解得$r=3$时的同余式,我们取数h_2满足$h_2^2\equiv -1(\bmod\ p^2)$, 然后取$h=h_2+tp^2$,得到对于$t$模$p$线性同余式.

这样就得到了同余式(6.11)对于素数模形如$4k+1$和$4k+3$ 的可解性问题. 剩下的是素数模为2 的问题. 这里当$r=1$ 时同余式显然是可解的(有一个解是$h=1$). 当$r\geqslant 2$同余式是不可解的,任何平方数同余于0或者$1(\bmod\ 4)$, 那么$r\geqslant 2$时不可能同余$-1(\bmod\ 2^r)$.

那么有结论同余式(6.10)是可解的当且仅当n **没有形如$4k+3$ 形式的素因子而且不能被4整除**. 这就是n 可以被真表示为x^2+y^2形式的充要条件. 如若我们允许两端乘以任何平方数,我们得到在第5 章中一个数可表为两个平方数的和的条件.

第二个例子是判别式等于-7的二次型$x^2+xy+2y^2$, 这是一个正定二次型. 在本章6.7 节会证明判别式等于-7的二次型都是相互等价的. 假定这个事实,我们需要知道什么形式的n 对于同余式

$$h^2\equiv -1(\bmod\ 4n) \tag{6.12}$$

是可解的. 为简洁起见,我们假若n是奇数,那么4和n 是互素的. 同余式$h^2\equiv -7(\bmod\ 4)$ 当然是可解的, 也就是 $h=1$. 同余式 $h^2\equiv -7(\bmod\ p)$ 对于素数 p 是可解的当 -7 是$(\bmod\ p)$ 的二次剩余. 二次互反律(第3章3.5 节)告诉我们什么形式的素数有这样的性质. 只要$p\neq 7$, 我们有

$$\left(\frac{-7}{p}\right)=\left(\frac{-1}{p}\right)\left(\frac{7}{p}\right)=\left(\frac{-1}{p}\right)(-1)^{\frac{1}{2}(p-1)}\left(\frac{p}{7}\right)=\left(\frac{p}{7}\right),$$

这个式子等于$+1$如若p形如$7k+1$或者$7k+2$或者$7k+4$,等于-1 如若p 形如$7k+3$或者$7k+5$ 或者$7k+6$. 如前所述,如若同余式对于素数模是可解的,那么对于任意的素数模的幂次也是可解的. 现在剩下$p=7$ 的情况. 同余式$h^2\equiv -7(\bmod\ 7)$ 显然是可解的($h=0$), 但是同余式$h^2\equiv -7(\bmod\ 7^2)$ 是不可解的. 得到结论是同余式(6.12) 是可解

的当且仅当n**没有形如**$7k+3$**或者**$7k+5$ **或者**$7k+6$**的素因子,而且不被**49 **整除**. 这就是对于一个奇数n可以被真表示为$x^2+xy+2y^2$的充要条件.

作为最后一个例子,我们取不定二次型x^2-2y^2, 二次型的判别式等于8. 有同样的结论所有判别式等于8 的二次型都相互等价,虽然我们不会给出证明. 同余式是

$$h^2 \equiv 8(\bmod\ 4n'), \quad 其中 \quad n' = |\, n\, |,$$

这个同余式等价于

$$h^2 \equiv 2(\bmod\ n').$$

我们知道同余式$h^2 \equiv 2(\bmod\ p^r)$是可解的当且仅当p是形如$8k+1$或者$8k-1$形式的素数,但是如若p是形如$8k+3$ 或者$8k-3$ 形式的素数,那么同余式就不是可解的. 如若p 等于2, 同余式是可解的如若$r=1$, 是不可解的如若$r \geqslant 2$. 结论就是**对于一个数**n**(不论是正数还是负数)可以真表示为**x^2-2y^2 **的形式,判别准则是**$|\, n\, |$**没有形如**$8k+3$ **或者**$8k-3$**形式的素因子,而且不可以被**4 **整除**.

当然,用不定二次型的形式表示不仅会涉及$|\, n\, |$, 对于n 和$-n$ 是一样的. 原因在于x^2-2y^2等价于$-x^2+2y^2$, 这是显然的,由于所有判别式等于8 的二次型都是等价的.

6.6 正定二次型的约化

对于给定的判别式d, 所有无穷的二次型都可以分类经由把两个等价的二次型放在同一个类别中. 如若这样,两个判别式等于d 的二次型是等价的当它们属于同一个类别中. 我们会证明只有有限个这样的类别.

给定一个二次型,我们显然需要找到所有和这个二次型等价的二次型之中"最简单"的一个,用"简单"这个词在后面会解释. 由于有定二次型和不定二次型有不同的性状,我们限定范围在有定二次型. 不定二次型的约化理论更加困难,由于篇幅的限制我们不会提及不定二次型.

正定二次型的约化理论归属于拉格朗日. 我们观察到对于这样一个二次型a, c 都是正数,而b可以是正数也可以是负数. 我们集中于注意在a和$|\, b\, |$ 上,考虑等价关系的两种操作,这样可以减小其中的一个数而保持其他的数不变. 这样的操作是:

(i) 如若$c<a$,替换(a,b,c)为等价二次型$(c,-b,a)$;

(ii) 如若$|\, b\, |>a$,替换(a,b,c) 为等价二次型(a,b_1,c_1), 其中$b_1=b+2ua$, 整数u满足$|\, b_1\, | \leqslant a$,c_1可以从$b_1-4ac_1=d$中得到.

等价关系(i)运用替换$x=Y, y=-X$,等价关系(ii)运用替换$x=X+uY, y=Y$,像在本章6.4 节结尾用到的那样.

在操作(i)中,我们减小a的值而不改变$|b|$的值,在操作(ii)中我们减小$|b|$的值而不改变a 的值. 给定任意一个二次型,我们可以依次运用这些操作直到这个二次型不满足任何一个(i)(ii),显然这样的二次型在有限的步骤内可以实现. 对于这样的二次型,我们有

$$c \geqslant a, \qquad |b| \leqslant a \tag{6.13}$$

我们证明了任意的正定二次型等价于满足条件(6.13) 的系数的二次型.

作为一个例子,我们应用程序于判别式等于-4的二次型$(10, 34, 29)$. 由于$b > a$,我们应用操作(ii)来减小b让之位于区间-10到10之间经由减去20 的适当倍数,在这个例子中是40. 这就给出了二次型$(10, -6, ?)$, 不定的系数可以由判别式得到. 如若c_1是新二次型的第三个系数,那么有$(-6)^2 - 40c_1 = -4$,因而得到$c_1 = 1$. 新的二次型是$(10, -6, 1)$,运用操作(i)于这个二次型得到$(1, 6, 10)$. 现在运用(ii),在这个例子中得到中间项的系数为0. 这就给出了二次型$(1, 0, ?)$,不定的第三个系数从判别式中得到等于1. 最后,我们证明了给定二次型等价于$(1, 0, 1)$.

在程序的开端,可能出现二次型的应用同时满足操作(i)(ii). 比如,如若给定的二次型为$(15, 17, 10)$, 我们应用操作(i)得到$(10, -17, 15)$,如若应用操作(ii)得到$(15, -13, 8)$.

回到不等式(6.13), 我们观察到有两种情况,我们可以应用其中一种操作得到这些情况. 首先,如若$b = -a$ 我们可以应用操作(ii),改变b 为$+a$. 其次,如若$c = a$ 我们可以应用操作(i)然后改变b 的符号,这样可以保证b为正数或者零. 当我们考虑这两类可能性,那么得到**任何正定二次型等价于系数满足其中的一个**

$$\begin{aligned} &(1) \quad c > a \quad \text{和} \quad -a < b \leqslant a, \\ &(2) \quad c = a \quad \text{和} \quad 0 \leqslant b \leqslant a. \end{aligned} \tag{6.14}$$

这样的二次型称为**约化二次型**.

一个惊异和重要的定理是有且只有一个约化的二次型等价于给定的二次型. 这个证明虽然不难,但是需要更加细致和考究的论述. 证明的关键在于寻找约化二次型的系数的不变量解释,这个阐述表明约化的二次型等价于给定的二次型是唯一的. 比如,可以证明约化二次型的第一个系数a是所有等价的二次型中可以真表示的最小的系数. 但是证明的细节需要一些空间,我们在这里就不给出了.

鉴于这个定理,那么两个给定的二次型是否等价就可以得到答案了,经由约化的二次型得到. 如若两个约化的二次型是相同的,那么给定的两个二次型就是等价的,反之亦然.

6.7 约化二次型

很容易从不等式(6.14)得到对于给定的负的判别式d 仅有有限的约化二次型.

取$d=-D$,那么D 就是正数而且

$$4ac-b^2=D. \tag{6.15}$$

根据式(6.14)得到

$$b^2\leqslant a^2\leqslant ac$$

我们有

$$3ac\leqslant D$$

那么仅有有限的正整数a,c 满足这个条件,根据(6.15) 对于a,c 的每个选择只有两种可能对于b. 因而得到结论. 约化二次型的个数当然和等价二次型的类别的个数相同,由于每个类别中仅有一个约化二次型. 这个数称之为判别式为d 的类数.

对于给定的判别式,为得到其约化的二次型,或许最快的方式就是源于

$$b^2\leqslant ac\leqslant \frac{1}{3}D$$

以及

$$4ac=D+b^2$$

如若$D\equiv 0 \pmod 4$,那么b 就是偶数;如若$D\equiv 3 \pmod 4$,得到b是奇数,对应于$d\equiv 1 \pmod 4$.我们得到b的奇偶性的值(可以整数也可以负数)直到$\sqrt{\frac{1}{3}D}$, 然后把$\frac{1}{4}(D+b^2)$分解成ac 经由每一种可能的方式,然后排除任何不满足式(6.14) 的集合a,b,c.

例如,如若$d=-4$,那么$D=4$,我们得到$|\ b\ |\leqslant\sqrt{\frac{4}{3}}$ 和b 是偶数,因而$b=0$. 现在$4ac=4$, 那么$a=c=1$. 现在仅有一个约化的二次型,即$(1,0,1)$.这是本章6.5节中的第一个例子.

给出第二个例子,假定$d=-7$,得到$D=7$. 那么$|\ b\ |\leqslant\sqrt{\frac{7}{3}}$和$b$是奇数,因而$b=1$或者$-1$. 现在$4ac=1+7=8$, 因而$a=1,c=2$. 那么$b=-1$的可能性排除,它和式(6.14) 不相容,我们剩下仅一个约化二次型$(1,1,2)$.这就是在本章6.5节的第二个例子.

运用这种方式,我们可以得到约化二次型的表. 表6.1 表示覆盖了判别式从-3到-83的二次型. 二次型有符号*表示非本原二次型,也就是这样的二次型(a,b,c) 有一个大于1的公因数. 这样的二次型是前面本原二次型的一个倍数.

给定判别式的约化二次型组成了一个**代表集**,由每个等价类的二次型中取出一个代表元. 4的理论给出了一个数可以被一个或其他约化二次型真表示的充要条件,这在1中提及到的结论. 由于仅有一个约化的二次型,那么表法问题就完全解决了. 那么一个约化二次型就是主支二次型,由于主支二次型满足在式(6.14)给出的约化条件.

如若有多余一个约化的二次型有可能解出表法问题. 考虑在表6.1中的第一个例子(排除非本原二次型),也就是$d=-15$. 这里有两个约化的二次型$(1,1,4)$ 和$(2,1,2)$. 假若一个数n可以被第一个二次型表示,那么

$$4n=(2x+y)^2+15y^2 \equiv (2x+y)^2 (\bmod\ 15).$$

假定n不可以被15整除,那么容易得到n同余$1,4,6,9,10(\bmod\ 15)$ 中的一个. 类似的,如若n可以被第二个二次型表示,那么n同余$2,3,5,8,12(\bmod\ 15)$中的一个. 我们可以判断数由两个二次型表示的不同之处,当且数除以15 得到的余数. **亏格(genus)**这个概念由高斯引进来表示这个不同点,上述的两个二次型可以被认为属于不同的亏格. 但是亏格这个理论太广泛和复杂,在这里就不详细论述了.

用两个不同的二次型表示同一个数,依赖于两个二次型表示数的相对于模满足不同的同余式(在上述例子是15). 当没有这样的模的情况(通常的是这类情况),那么用单个二次型表示的情况依然没有解释. 比如,我们可以找到用x^2+55y^2 或者$5x^2+11y^2$表示一个数的条件,但是没有简单的一般准则得到哪些二次型可以表示这个数.

表6.1　判别式为$-D$的约化正定二次型

D	a,b,c	D	a,b,c	D	a,b,c
3	$1,1,1$	43	$1,1,11$	64	$1,0,16$
4	$1,0,1$	44	$1,0,11$		$2,0,8^*$
7	$1,1,2$		$2,2,6^*$		$4,0,4^*$
8	$1,0,2$		$3,2,4$		$4,4,5$
11	$1,1,3$		$3,-2,4$	67	$1,1,17$
12	$1,0,3$	47	$1,1,12$	68	$1,0,17$
	$2,2,2^*$		$2,1,6$		$2,2,9$
15	$1,1,4$		$2,-1,6$		$3,2,6$
	$2,1,2$		$3,1,4$		$3,-2,6$
16	$1,0,4$		$3,-1,4$	71	$1,,1,18$
	$2,0,2^*$	48	$1,0,12$		$2,1,9$
19	$1,1,5$		$2,0,6^*$		$2,-1,9$
20	$1,0,5$		$3,0,4$		$3,1,6$
	$2,2,3$		$4,4,4^*$		$3,-1,6$

续表6.1

D	a,b,c	D	a,b,c	D	a,b,c
23	$1,1,6$	51	$1,1,13$		$4,3,5$
	$2,1,3$		$3,3,5$		$4,-3,5$
	$2,-1,3$	52	$1,0,13$	72	$1,0,18$
24	$1,0,6$		$2,2,7$		$2,0,9$
	$2,0,3$	55	$1,1,14$		$3,0,6^*$
27	$1,1,7$		$2,1,7$	75	$1,1,19$
	$3,3,3^*$		$2,-1,7$		$3,3,7$
28	$1,0,7$		$4,3,4$		$5,5,5^*$
	$2,2,4^*$	56	$1,0,14$	76	$1,0,19$
31	$1,1,8$		$2,0,7$		$2,2,10^*$
	$2,1,4$		$3,2,5$		$4,2,5$
	$2,-1,4$		$3,-2,5$		$4,-2,5$
32	$1,0,8$	59	$1,1,15$	79	$1,1,20$
	$2,0,4^*$		$3,1,5$		$2,1,10$
	$3,2,3$		$3,-1,5$		$2,-1,10$
35	$1,1,9$	60	$1,0,15$		$4,1,5$
	$3,1,3$		$3,0,5$		$4,-1,5$
36	$1,0,9$		$2,2,8^*$	80	$1,0,20$
	$2,2,5$		$4,2,4^*$		$2,0,10^*$
	$3,0,3^*$	63	$1,1,16$		$3,2,7$
39	$1,1,10$		$2,1,8$		$3,-2,7$
	$2,1,5$		$2,-1,8$		$4,0,5$
	$2,-1,5$		$4,1,4$		$4,4,6^*$
	$3,3,4$		$3,3,6^*$	83	$1,1,21$
40	$1,0,10$				$3,1,7$
	$2,0,5$				$3,-1,7$

6.8 表法个数问题

本章6.4节的理论给出了一个数可以被判别式为d的一个或者其他约化二次型表示的充要条件,这个条件就是同余式(6.8)的可解性问题. 这个理论可以被进一步深入,即研究n被判别式等于d 的所有约化二次型真表示的 **总个数**. 我们记这个总个数为$R(n)$. 如若对于判别式为d 的二次型只有一个约化二次型(比如当$d=-4$ 时有x^2+y^2),那么答案就是由这个特定的二次型的表法个数决定.

我们现在来描述确定$R(n)$的理论,我们会省略细节而不给出证明. 为简捷起见,我们假定n和d互素. 这就蕴含着任何判别式等于d的二次型表示n 都是本原的,如若a,b,c有一个公因数,那么这个公因数可以整除n 和d.

出发点和本章6.4节中的是一样的. 我们知道对于n的二次型(a,b,c) 的每个真表示,比如

$$n = ap^2 + bpr + cr^2, \tag{6.16}$$

对应于一个替换,它把二次型(a,b,c)转换为等价的二次型(n,h,l), 它的第一个系数为n和第二个系数满足同余式

$$h^2 \equiv d(\text{mod } 4n) \tag{6.17}$$

和不等式

$$0 \leqslant h < 2n. \tag{6.18}$$

为了计算$R(n)$的总表法个数,我们需要知道多少数h 满足式(6.17) 和(6.18), 然后计算对于同一个h 有多少表法个数对应于式(6.16).

我们现在来考虑后面的那个方面. 相同的数h不可能来源于两个不同的约化形式,这样这些二次型会等价于同一个二次型(n,h,l),这是不成立的. 如若用(a,b,c)表示n 的不同方法得到相同数h,那么对应的替换可以结合起来(先用第一个,然后用这个替换的逆元),这样得到的替换把(a,b,c)转换为本身. 实际上,容易有结论n的表法得到相同的h的个数等于幺模变换把(a,b,c)转换成它本身的个数.

这样我们考虑了前面没有提及的问题. 一个幺模变换把一个二次型转换成它本身称之为自同构变换,或者称之为二次型的**自守变换**. 总是有两个显然的自守变换,即恒等变换$x=X,y=Y$和负恒等变换$x=-X,y=-Y$.一般而言,这就是所有的自守变换,除去两个特例. 一个是二次型x^2+y^2,还有两个额外自守替换$x=Y,y=-X$以及$x=-Y,y=x$,一个有4 个自守变换. 二次型x^2+xy+y^2还有4 个额外的自守变换:

$$\begin{aligned}
&(\text{i})x = X+Y, \quad y=-X,\\
&(\text{ii})x = -X-Y, \quad y=X,\\
&(\text{iii})x = Y, \quad y=-X-Y,\\
&(\text{iv})x = -Y, \quad y=X+Y.
\end{aligned}$$

一共有6个自守变换. 可以证明这个表列就是这个二次型的所有自守变换. 如若我们用w表示自守变换的个数,那么$d=-3$是6;如若$d=-4$是4,其他的情况等于2. 这个仅涉及本原二次型,非本原二次型$2x^2+2y^2$和x^2+y^2有相同的自守变换.

得到的结论是**判别式等于d的所有约化二次型可以真表示n的总个数$R(n)$ 等于w乘以满足同余式(6.17)和不等式(6.18) 的h的个数**.

现在剩下的问题是寻找同余式(6.17)的解的个数问题,我们在这里仅给出$d=-4$的情况. 我们前面的条件是n和d互素蕴含着n是奇数. 从同余式(6.17) 消去因子4和不等式(6.18) 两端消去因子2,我们得到下述同余式的解的个数

$$h^2 \equiv -1 (\bmod\ n) \tag{6.19}$$

满足

$$0 \leqslant h < n. \tag{6.20}$$

根据一般性的准则第2章式(2.6),这等于同余式

$$h^2 \equiv -1 (\bmod\ p^r) \tag{6.21}$$

的解的个数的乘积,对于n的不同素数幂次p^r的因式分解组成.

同余式(6.21)是不可解的如若p是形如$4k+3$ 的素数,有两个解如若p是形如$4k+1$的素数以及$r=1$. 根据本章6.5节的方法,我们可以证明在后面一种情况$r>1$ 依然有两个解. 因而式(6.19) 的解的个数为0 如若n有形如$4k+3$的素因子,解的个数为2^s如若n 有s个不同的形如$4k+1$ 的素因子以及没有形如$4k+3$的素因子.

由于$w=4$对于二次型x^2+y^2,那么得到**奇数n 可以被二次型x^2+y^2真表示的个数等于$4\cdot 2^s$如若n有s 个形如$4k+1$ 的不同的素因子以及没有$4k+3$的素因子**. 如若n有形如$4k+3$ 的素因子那么n 没有二次型的真表示.

表法个数是一个8阶的群,如若可以由变换到另一个变换经由改变x,y的符号和交换x,y.那么本质上不同的表法个数(不考虑x,y的次序和符号),不等于上述的$4\cdot 2^s$,而是等于2^{s-1}. 那么这个值等于1 如若n 本身是形如$4k+1$ 的素数(在第5章5.2节中有证明),或者n 是这类形式的素数的幂次.

6.9　类数公式

我们用$C(d)$表示判别式等于d的二次型的类别个数,也就是判别式等于d 的约化二次型的个数. 为简捷起见,我们局限于对于判别式每个二次型都是本原的,这样的判别式称之为**基本的**. 一些从表6.1截取的例子如下所述:

$$C(-3)=1, \qquad C(-4)=1, \qquad C(-51)=2, \qquad C(-71)=7.$$

我们把$C(d)$也可以解释为整数a,b,c满足$b^2-4ac=d$ 而且有本章6.6 节中不等式(6.14)成立的个数.

对于$C(d)$有一个惊异的公式,这可以从二次型的其他方面来确定这个数. 这个公式当$d=-p$有简单的形式,其中p 是形如$4k+3$ 的素数,由于$d \equiv 0$ 或者$1 \pmod 4$. $p=3$ 的情况比较特殊,我们忽略这种情况. 所有二次剩余$(\text{mod}\ p)$的和记为A,所有二次非剩余的和记为B. 那么

$$C(-p)=\frac{B-A}{p}. \tag{6.22}$$

比如,如若$p=23$,那么二次剩余是

$$1,2,3,4,6,8,9,12,13,16,18, \quad \text{总和是 } 92.$$

二次非剩余是

$$5,7,10,11,14,15,17,19,20,21,22, \quad \text{总和是 } 162.$$

这个公式给出

$$C(-23)=\frac{161-92}{23}=3.$$

这个和前面的表6.1相符合.

发现这个惊异公式的荣耀属于雅克比,虽然高斯也独立发现了这个公式. 雅克比证明了数$\frac{B-A}{p}$和类数$C(-p)$ 有相像的性质,经由尝试了许多数值的例子,他得到结论两个式子总是相等. 这个结论是雅克比在1832 宣布的,但是他承认难以给出证明. 第一个公开发表的证明是狄利克雷在1838 年给出的,这个公式一般称为狄利克雷类数公式. 狄利克雷证明用到了无穷级数,最后联系到了他关于算术级数中的素数定理的证明. 自从狄利克雷的证明发表以来,数学家就在寻找一个类数公式的初等证明,也就是不包含极限概念的证明. 最后,在1978年,H.L.S.Orde 给出了判别式为负数的类数公式的证明.

事实上$B-A$是p的倍数,实际上A,B都是p的倍数,这个结论很简单. 二次剩余同余于$1^2,2^2,\cdots,(\frac{1}{2}(p-1))^2$, 很容易估计这个值的大小得到它是$p$的倍数. 由于$A$是$p$的倍数,以及$A+B=1+2+\cdots+(p-1)=\frac{1}{2}(p-1)p$, 得到$B$ 也是p 的倍数.

有几个和$C(-p)$等价的相对于(6.22)的公式,其中的一些更容易进行数值计算. 我们选择这个公式由于它容易表述,而且不需要分类讨论. 这个公式可以推广到d 不需要是$-p$的情况.

至于类数的大小,高斯从大量的数值证据中猜测当d 趋向于$-\infty$时,$C(d)$ 趋向于无穷大. 这个猜想是海尔布罗恩(Heilbronn,1908—1975) 在1934年第一次证明的,他的证明代表了解析数论领域一个重要的进步.

有一个很著名的结论: $C(d)=1$当$-d$有如下9个值:

$$3,4,7,8,11,19,43,67,163.$$

海尔布罗恩和Linfoot在1934年证明了至多还有一个负的判别式有这个性质. 大量的证据表明没有这“第十个判别式”,但是这个答案不尽让人满意,直到1966 年H.Stark给出了完整的证明. 另一个证明在同一时候被A.Baker得到. Deuring 和西格尔(Siegal, 1896 —)也得到了证明. 后来,K.Heegner 在1952年给出了一个证明,这个证明的有效性被质疑,随后被认为是一个正确的证明.

注记

6.1节. 习惯上在一般二次型的表示上有两个表示方法: 一个就是我们在正文中用到的符号$ax^2+bxy+cy^2$;另一个就是$ax^2+2bxy+cy^2$, 它假定中间项的系数是偶数. 后面的符号排除了形如x^2+xy+y^2 的二次型,虽然它的性质可以从$2x^2+2xy+2y^2$得到. 没有因子2的符号被拉格朗日,克罗内克和戴德金应用,有因子2的符号被勒让德,高斯和狄利克雷应用. 我们希望看到两端都有这些伟大的名字,两个符号都没有对于其中一个符号的优越性. 有些结论用第一个符号的形式要简洁一些,然而另一些情况用第二个符号要简捷一些.

这部分理论最常见的参考书是Mathew的*Theory of Numbers* 和Dickson的*Introduction to the Theory of Numbers* 或者*Modern Elementary Theory of Numbers*.Dickson运用了拉格朗日符号,就如正文中的那样,Mathews应用了高斯的符号. 我们需要提及Dickson 的 *Introduction* 介绍了本章中陈述的但没有给出证明的各种结论. 对于二次型的一般理论(不仅是二元二次型),参见B.W.Jones的*The Arithmetic Theory of Quadratic Forms*(Carus Monograph no.10, 1950),G.L.Watson的*Integral Quadratic Forms*(Cambridge Tracts,no.51, 1960) 或者O.T.O Meara 的*Introduction to Quadratic Forms*(Springer,1963).对于有理数域上的一般二次型有兴趣的读者,参见J.W.S.Cassels的*Rational Quadratic Forms*(Academic Press,London,1978).

6.2节. 二次型由行列式等于-1的替换联系在一起被称为非真的等价关系. 变换的行列式等于-1的应用会加大自守变换理论的复杂性,对于有定二次型和不定二次型都是这样.

6.8节. 对于数真表示为两个平方数的和,我们可以得到公式$4(D_1-D_3)$, 在第5章的注记中提及,对于所有的表法个数(真表示和非真表示),在这个公式中不要求n 是奇数.

6.9节. 对于雅克比的证明方法,参见Bachmann,*Die Lehre von der Kreisteilung*(Teubner , 1927) , p.292. 对于狄利克雷类数公式的证明, 参见 Landau 的 *Vorlesungen* , vol.I, PP.127-180, 或者Marhews,ch.8. 后面的专著用到了高斯符号,因而公式有一些不同.

Orde的初等证明可以在*J.London Math.*Soc.,(2)18(1978), 409-420.找到.

对于 Heilbronn 的工作, 以及 Heilbronn 和 Linfoot 的工作,参见*Quart. J. of Math.*,

5(1934), 150-160以及293-301.Stark的文章出现在*Michigan Math.J.*,14(1967), 1-27. 对于 Baker 的方法参见 *Mathematika* , 13(1966), 204-216(205). 对于 Deuring 的证明参见 *Inventiones Math.*,5(1968), 169-179. 对于Siegel的证明参见*ibid.*, 180-191. 对于Heegner的证明参见 *Mathematische Zeitschrift*, 56(1952), 227-253和 *J.Number Theory*, 1(1969), 16-27.

第7章 丢番图方程

7.1 导言

丢番图方程,或称不定方程,是未知数满足整数解的方程. 我们已知道了一些经典的丢番图方程,比如在第5章和第6章中的方程$x^2+y^2=n$, 以及在第4章中方程$x^2-Ny^2=1$.

或许数论中没有哪一个分支有丢番图理论呈现出来的巨大困难性. 只需看一下大量的丢番图方程文献就知道有许多各种各样的不相关的特殊方程,用相当独创性的方法求解,它们很难相容成为一个统一的理论. 每当一个方程被特殊的方法解得,一个相关的理论就围绕这个方程形成,这个理论有更广阔的前景以及更进一步的拓展. 由于这个课题的高度复杂性,对于任何的理论而言都很有局限. 每当一个特殊类型的丢番图方程扩展可以形成一般性的理论,比如二次型的理论,那么很快就认为这个理论有了独立的地位.

在本章中,我们会讨论一些可以用初等方法处理的丢番图方程,还会提及与之相关的一般性理论.

7.2 方程$x^2+y^2=z^2$

大量的数值解,比如$3^2+4^2=5^2$,在人类很早的时期就知道了. 公元前1700 年的巴比伦表就有大量的数值解,有些解的数字还相当的巨大. 这个方程当然也引起了古希腊数学家们的兴趣,由于这个方程和毕达哥拉斯定理的联系,一般解是欧几里得给出的(Book X, 性质29 的引理1.)

如若我们用z^2整除方程的两端,那么取

$$\frac{x}{z}=X, \frac{y}{z}=Y$$

得到

$$X^2+Y^2=1, \tag{7.1}$$

问题就转换为寻找X,Y的方程的有理数解. 一个合适的处理方法就是把方程写作

$$Y^2=1-X^2=(1-X)(1+X).$$

我们不可以相对于$(1-X)(1+X)$把X写作有理数的形式,但是可以相对于$(1-X)/(1+X)$写作有理数的形式. 我们两端整除$(1+X)^2$, 得到

$$\left(\frac{Y}{1+X}\right)^2=\frac{1-X}{1+X}.$$

如若我们取$t = Y/(1+X)$, 那么X, Y都可以表示成t 的有理式,则我们有

$$\frac{1-X}{1+X} = t^2,$$

因而

$$X = \frac{1-t^2}{1+t^2}, \qquad Y = \frac{2t}{1+t^2}. \tag{7.2}$$

对于每一个有理数t,这些公式给出了满足式(7.1) 的有理数解X, Y. 反之,式(7.1)的每个有理数解都是这样得到的,除去特殊解$X = -1, Y = 0$, 这样当t取任意大的时候可以无限地靠近但不可以用式(7.2)表示.

上述的论述也可以从集合的观点解释. 方程$X^2 + Y^2 = 1$ 表示一个圆,圆心在原点半径等于1. 在圆上取一个特殊点,比如$X = 1, Y = 0$. 一个变换的直线途径这个点会和圆交于另一个点(除去它是圆的切线),另一个点的坐标可以从圆和直线的方程中经由有理计算. 一个变换的直线途径点$(-1, 0)$ 有方程$Y = t(X+1)$, 公式(7.2) 可以表示关于t的交点坐标. 一个类似的方法可以应用于寻找二次曲线上的有理点,当二次曲线方程的系数是有理数时,我们可以在二次曲线上找到一个有理点. 这个不一定成立,比如,在圆$X^2 + Y^2 = 3$上没有有理点. 即便在二次曲线上有有理点,找到这个有理点也是一件困难的事.

公式(7.2)给出了方程$X^2 + Y^2 = 1$的一般有理解,其中t 是任意有理数,那么在原则上它们给出方程

$$x^2 + y^2 = z^2 \tag{7.3}$$

的一般的整数解. 但是从式(7.1)的有理解转换到式(7.3) 的整数解会产生一个问题,有时在其他问题中会有巨大的差异. 取$t = \frac{q}{p}$, 其中p, q 是互素的整数. 那么,根据式(7.2) 有

$$\frac{x}{z} = \frac{p^2 - q^2}{p^2 + q^2}, \qquad \frac{y}{z} = \frac{2pq}{p^2 + q^2}. \tag{7.4}$$

有可能取x, y, z等于$p^2 - q^2, 2pq, p^2 + q^2$, 或者是这些数的公共的倍数,那么就得到方程(7.3) 的整数解. 但是不确定x, y, z 可能会有公因数. 如若$p^2 - q^2, 2pq, p^2 + q^2$ 有大于1的公因数,我们可以除以这个公因数,依然得到式(7.3) 的整数解.

我们考虑对于p, q互素的整数的两种可能性. 首先,我们假定其中一个是偶数,另一个是奇数. 那么3 个数$p^2 - q^2, 2pq, p^2 + q^2$ 没有大于1的公因数,如若有这样的公因数那么必须是奇数(由于$p^2 - q^2$ 是奇数),而且可以整除$(p^2 - q^2) + (p^2 - q^2) = 2p^2$.类似的可以整除$2q^2$, 这是不可能的由于$p, q$互素. 因而,从式(7.4) 得到

$$x = m(p^2 - q^2), \quad y = 2mpq, \quad z = m(p^2 + q^2), \tag{7.5}$$

其中m是一个整数.

现在考虑p,q都是奇数的情况. 在这种情况下,取$p+q=2P, p-q=2Q$, 那么数P,Q是互素的整数. 其中一个是偶数,另一个是奇数,由于$P+Q=p$是奇数. 在式(7.4)中用P,Q替换p,q得到

$$\frac{x}{z}=\frac{2PQ}{P^2+Q^2}, \qquad \frac{y}{z}=\frac{P^2-Q^2}{P^2+Q^2}.$$

这个和上述的是一样的,除去x,y交换了位置,P,Q替换了p,q.

那么方程$x^2+y^2=z^2$的所有整数解都是由公式(7.5) 得到的,其中m,p,q都是整数,p,q 是互素的整数,其中一个是奇数另一个是偶数,除去交换x,y的可能性. 这些公式是欧几里得给出的. 最简单的非显然解是$x=3, y=4, z=5$, 经由取$m=1, p=2, q=1$. 前面几个本原解(解满足x,y,z是互素的,因而$m=1$) 是$(3,4,5),(5,12,13),(8,15,17),(7,24,25),(21,20,29),(9,40,41)$.

由于对于z的公式是(取$m=1$)$z=p^2+q^2$,我们可以取z 为一个完全平方数经由适当的取p,q,那么得到$x^2+y^2=z^4$的参数解. 重复上述程序得到$x^2+y^2=z^k$的解,其中k是2 的任何幂次. 反之亦然,这样方程的解可以从$x^2+y^2=z^2$的公式中得到经由运用第5章的恒等式(5.1).

7.3 方程$ax^2+by^2=z^2$

上述对于$x^2+y^2=z^2$的方法也适用于方程$ax^2+by^2=z^2$, 这样可以得到方程的一般解. 如前所述,这个方程有无穷个本原解. 但是这个方法不适用于更一般的方程

$$ax^2+by^2=z^2, \tag{7.6}$$

其中a,b都是自然数,而且都不是完全平方数.

事实上,稍微考虑一下就知道这样的方程可能是不可解的(除去$x=y=z=0$的解). 比如,方程

$$2x^2+3y^2=z^2$$

是不可解的. 我们可以假定x,y,z没有大于1的公因数,因而x,z 都不可以被3整除. 但是同余式$2x^2\equiv z^2 \pmod 3$是不可解的,由于2 是模3 的二次非剩余.

类似的考虑适用于一般的方程(7.6),给出方程可解需要满足的同余条件. 我们可以假定a,b 都是没有平方因子的数,平方因子在系数a,b 中的存在不影响方程的可解性.

如若方程(7.6)是可解的,我们可以除以x,y,z 的公因数得到a,y,z 的解满足没有大于1 的公因数. 方程蕴含着同余式$ax^2\equiv z^2 \pmod b$. 现在x,b是互素的,如若它们有一个

公共的素因子,这个素因子会整除x, z,那么它的平方会整除by^2,由于b 没有平方因子,这样会有素因子整除y,这是不可能的. 同余式两端乘以x'^2, 其中$xx' \equiv 1 (\bmod\ b)$, 我们得到同余式

$$a \equiv \alpha^2 (\bmod\ b), \tag{7.7}$$

其中

$$\alpha = x'z$$

类似的,有

$$b \equiv \beta^2 (\bmod\ a) \tag{7.8}$$

对于某个整数β. 这就是a必须是$(\bmod\ b)$二次剩余,b必须是$(\bmod\ a)$ 二次剩余. 这里我们运用二**次剩余**在第3章更广泛的意义下,由于模a, b 不一定是素数.

如若a, b的最大公约数大于1,那么有除了同余式(7.7) 和同余式(7.8)之外还有一个同余式需要满足有解如若方程(7.6) 是可解的. 取$a = ha_1, b = hb_1$, 那么a_1, b_1, h 是两两互素的. 在式(7.6)的任何解中,z 一定整除h,那么$a_1x^2 + b_1y^2$可以被h整除. 两端同乘以$b_1x'^2$,得到同余式

$$a_1b_1 \equiv -\gamma^2 (\bmod\ h). \tag{7.9}$$

实际上在a, b上的限制同余式(7.7)(7.8)(7.9) 可解是方程(7.6) 可解的必要条件. 然而如若有同余式可解得到方程可解,这个结论不是那么显然的. 我们会证明这是正确的,遵循勒让德的证明,我们建立了结论**方程**(7.6)**可解的充要条件是同余式**(7.7)(7.8)(7.9)**都是可解的,其中a, b都是没有平方因子的自然数.**

如若a或者b等于1,方程显然是可解的. 如若$a = b$, 那么同余条件(7.7)(7.8) 显然满足,同余式(7.9) 转换为$1 \equiv -\gamma^2 (\bmod\ a)$. 根据式(6.5), 这就蕴含$a$ 可以表示为$p^2 + q^2$, 这个方程有解$x = p, y = q, z = p^2 + q^2$.

我们可以假定$a > b > 1$. 证明的想法是从式(7.6)得到类似的方程有相同的b 但是a用A 来替换,其中$0 < A < a$,而且A, b满足和a, b相同的同余条件. 重复上述程序得到,方程要么一个系数等于1,要么两个相等. 就如我们所知,这样的方程是可解的.

根据假设,同余式(7.8)是可解的. 我们选取一个解β 满足$|\ \beta\ | \leqslant \frac{1}{2}a$. 由于$\beta^2 - b$是$a$的倍数,我们可以取

$$\beta^2 - b = aAk^2, \tag{7.10}$$

其中k, A是整数以及A是没有平方因子的(所有的平方因子都放进k^2). 我们注意到k和b互素,由于b 是没有平方因子的. 我们注意到A是正数,由于

$$aAk^2 = \beta^2 - b > -b > -a,$$

因而$Ak^2 \geqslant 0$, 那么$A > 0$,由于b不是完全平方数.

如若我们相对于y, z替换为新的变量[①]

$$z = bY + \beta Z, \quad y = \beta Y + Z, \tag{7.11}$$

我们得到

$$z^2 - by^2 = (\beta^2 - b)(Z^2 - bY^2).$$

鉴于公式(7.10),方程(7.6)转换为

$$ax^2 = aAk^2(Z^2 - bY^2).$$

取$x = kAX$, 新的方程是

$$AX^2 + bY^2 = Z^2.$$

如若方程式可解的,那么式(7.6)是可解的. 替换式(7.11) 和式子$x = kAX$,给出了不全为零的整数解,得到x, y, z 相对于X, Y, Z而言.

新的系数A是正数而且没有平方因子,满足

$$A = \frac{1}{ak^2}(\beta^2 - b) < \frac{\beta^2}{ak^2} \leqslant \frac{\beta^2}{a} \leqslant \frac{1}{4}a,$$

因而A要小于a.剩下的需要证明A, b满足类似于(7.7)(7.8)(7.9)的同余条件. 式(7.8) 是显然的,根据式(7.10)有

$$b \equiv \beta^2 (\bmod\ A)$$

为证明式(7.7)的类似关系式,我们观察到式(7.10)可以被h整除得到

$$h\beta_1^2 - b_1 = a_1 Ak^2.$$

而且有式(7.7)等价于$a_1 \equiv h\alpha_1 (\bmod\ b_1)$. 因而

$$h\beta_1^2 \equiv hA(\alpha_1 k)(\bmod\ b_1),$$

由于h, k, a_1都和b_1互素得到A同余于一个平方数$(\bmod\ b_1)$. 而且$-a_1Ak^2 \equiv b_1 (\bmod\ h)$,根据式(7.9) 和$k, a_1, b_1$ 都和h互素得到A 同余于$(\bmod\ h)$ 的一个平方数,因而同余于$(\bmod\ b)$,得到了式(7.7)的类似关系式.

---

① 替换式(7.11) 受到如下公式的启发

$$z - y\sqrt{b} = (\beta - \sqrt{b})(Z - Y\sqrt{b}).$$

为证明式(7.9)的类似关系式用A替换a,用H表示A, b的最大公因数,取

$$A = HA_2, b = Hb_2$$

方程(7.10)被H整除得到

$$H\beta_2^2 - b_2 = aA_2k^2.$$

因而

$$-A_2b_2 \equiv a(Ak)^2 (\text{mod } H).$$

根据式(7.7)有

$$a \equiv \alpha^2 (\text{mod } H)$$

那么$-A_2b_2$ 同余于(mod H)的一个平方数,这就得到了式(7.9)的类似关系式.

我们证明了在系数A, b上满足与a, b类似的关系式. 然后应用上述证明方法的想法,这就建立了方程(7.6) 的可解性.

为了阐述上面的证明,我们应用程序于下述方程

$$41x^2 + 31y^2 = z^2 \tag{7.12}$$

由于系数是互素的,那么需要满足两个同于条件

$$41 \equiv \alpha^2 (\text{mod } 31), \qquad 31 \equiv \beta^2 (\text{mod } 41).$$

这些同余式都是可解的,即

$$\alpha \equiv \pm 14 (\text{mod } 31), \qquad \beta \equiv \pm 20 (\text{mod } 41)$$

实际上,在这个例子中,一个同余式的可解性蕴含着另一个同余式的可解性根据二次互反律第3章中式(3.5),由于31, 41 都是素数而且不全是形如$4k+3$ 的形式.

根据上述的证明方法,我们取一个β的值,然后根据式(7.10) 确定A, k 的值. 在这个理论中,我们假定$|\ \beta\ | \leqslant \frac{1}{2}a$,那么我们取$\beta = 20$, 得到$\beta^2 - b = 400 - 31 = 9 \times 41$,因而有$k = 3, A = 1$.($A = 1$意味着程序不需要再进行.) 从式(7.12) 得到新的方程是$X^2 + 31Y^2 = Z^2$, 我们取显然的解$X = 1, Y = 0, Z = 1$. 那么x, y, z和X, Y, Z的关系是

$$z = 31X + 20Z, \quad y = 20Y + Z, \quad x = 3X.$$

这样就得到原方程(7.12)的解

$$x = 3, y = 1, z = 20$$

我们现在给出一般的理论. 我们证明了同余式(7.7)(7.8)(7.9)的可解性是方程(7.6)可解性的充要条件,在假定a, b都没有平方因子的情况下. 勒让德从这个结论中得到方程

$$ax^2 + by^2 = cz^2$$

可解性的充要条件,其中a, b, c是自然数. 假定a, b, c 都没有平方因子以及两两互素,那么条件是三个同余式

$$bc \equiv \alpha^2 (\text{mod } a), \quad ca \equiv \beta^2 (\text{mod } b), \quad ab \equiv \gamma^2 (\text{mod } c)$$

都是可解的.

我们以丢番图方程可解性需要的同余条件来小结本节. 任何丢番图方程满足任意我们选择的模的同余式,每一个同余式都是可解的如若方程是可解的. 通常关于同余方程的可解性有模的关于系数的有限个同余方程需要满足. 这个条件是方程可解性的必要条件. 这些条件不总是充分的,同余式的可解性和方程的可解性之间有微妙和深刻的关系. 如前所述,同余式条件是勒让德方程$ax^2 + by^2 = cz^2$ 可解性的充要条件. 如若我们允许a, b, c为正数或者负数,那么我们需要排除$a, b > 0$ 和$c < 0$的情况,这样可以转换为方程有实数解的情况. 这个结论是哈塞在1923年证明的,他还推广到任意个数的变量的齐次二次方程,这个结论称为哈塞准则.

我们在前面知道运用同余式可以证明方程不可解的例子. 有时可以证明方程的不可解经由**同余式依赖于方程未知数的模的情况**. 这个想法是勒贝格(V.A.Lebesgue, 1875—1941)在1869年证明如下方程

$$y^2 = x^3 + 7$$

没有整数解的例子. 首先,x必须是奇数,由于一个形如$8k + 7$的数不可能是平方数. 现在方程写作

$$y^2 + 1 = x^3 + 8 = (x + 2)(x^2 - 2x + 4).$$

那么数$x^2 - 2x + 4 = (x - 1)^2 + 3$是形如$4k + 3$的数. 这样式子有素因子$q$ 形如$4k + 3$的形式,由于同余式$y^2 + 1 \equiv 0 (\text{mod } q)$不可解,从而得到所给出的方程$y^2 = x^3 + 7$ 不可解.

7.4 椭圆方程和椭圆曲线

方程$y^2 = x^3 + 7$是更广泛的一类方程称之为椭圆方程的一个例子(这个方程和椭圆的标准几何定义有联系,但是解释这个定义会偏离正题). 椭圆方程的理论在本书第一版之后有了快速的发展,就如同本章前面提及的二次型理论,可以说形成了一个独立但是又有联系的理论. 最常见的椭圆方程是魏尔斯特拉斯方程,一般写为

$$y^2 + a_1xy + a_3y = x^3 + a_2x^2 + a_4x + a_6. \tag{7.13}$$

然而有可能把这个方程形式写得简洁一些. 首先,如若我们把y 用$\frac{1}{2}(y-a_1x-a_3)$替换,然后乘以4消去分母,方程转换为

$$y^2=4x^3+(a_1^2+4a_2)x^2+2(2a_4+a_1a_3)x+(a_3^2+4a_6). \tag{7.14}$$

如若我们把x用$(x-3(a_1^2+4a_2))/36$替换,把y 用$y/108$替换,然后乘以$108^2=36^3/4$消去分母,那么方程转换为形式

$$y^2=x^3-Ax-B \tag{7.15}$$

如若a_i是整数,那么A,B都是整数. 如若对于一个数n,有n^4 整除A和n^6整除B,那么这样我们可以用n^3y来替换y,用n^2x 来替换x,然后式子两端除以n^6.

我们观察到,从式(7.13)到(7.15) 的转换不一定会把整数解转换为整数解,由于因子2和3 在x,y的分母中可能出现. 然而,用很系统的理论讨论式(7.13)或者(7.15)的有理数解,而非整数解. 根据关于式(7.1)的论述,式子(7.15) 的有理数解和如下方程的整数解之间有很密切的关系(其中X,Y,Z之间的公因子等于1,X,Y,Z 不全为零)

$$Y^2Z=X^3-AXZ^2-BZ^3. \tag{7.16}$$

如若我们有式(7.15)的有理数解$x=n_x/d_x,y=n_y/d_y$, 其中n_x等都是整数,那么将这个解代入式(7.15),然后乘以$d_x^3d_y^3$消除分母,得到

$$n_y^2d_x^3d_y=n_x^3d_y^3-An_xd_x^2d_y^3-Bd_x^3d_y^3.$$

如若我们记

$$X=n_xd_y,Y=n_yd_x,Z=d_xd_y$$

便得到式(7.16), 其中X,Y,Z都是整数. 然而,X,Y,Z 有公因数,那么等于d_y^3,事实上d_x^3可以用来消除分母.

反之,如若给出式(7.16)的一个解,那么两端除以Z^3应用类似的替换,比如X用n_xy_d替换等等,我们便得到式 (7.15).当然,这个不适用当$Z=0$, 这样有解$X=0,Y=1,Z=0$,这个解不对应于式(7.15) 的有理数解,这个解称之为“无穷远点的解”.

我们在本章6.3节中知道在二次型中判别式$d=b^2-4ac$ 是一个很重要的量. 在椭圆方程中也有一个类似的量称之为**判别式**,记作Δ, 定义为$16(4A^3-27B^2)$. 方程有$\Delta=0$是一个特殊的例子,那么方程(7.15)右端可以分解成$(x-2\alpha)(x+\alpha)^2$(其中α 是$A/3$ 的平方根,由于$\Delta=0$,那么α也是$B/2$的立方根). 如若我们记$y'=y/(x+\alpha)$, 我们可以得到$y'^2=x-2\alpha$ 的解,对于任何一个y'都有一个对应的x. 在$\Delta=0,A\neq0$ 的情况称为**结点**,由于曲线本身相交,在$\Delta=A=0$(那么得到$B=0$) 的情况称为**尖点**,曲线的图形就是原点. 因而我们假定$\Delta\neq0$, 换言之方程是**非奇异的**.

椭圆方程有相当惊异的几何解释,称之为椭圆曲线,这个对于很多理论有基本的重要性,包括许多我们引用但没有证明的结论. 如若我们描绘式(7.15) 的图形,我们得到图7.1中的一个图形,依赖于Δ 的符号. 从几何上看每条直线(除去竖直的直线,在后面我们会提及)交曲线于两个点P,Q一定交曲线于第三个点R(这些点不一定需要不同). 更有趣的是,如若点P,Q有有理坐标,那么R 也有有理坐标. 如若点P,Q 有有理坐标,那么联结两点的直线方程有有理系数,比如$y = lx + m$. 把这个代入式(7.15) 得到关于x的三次有理方程. 但是我们知道这个方程有两个有理数解(来源于点P,Q),那么一定有第三个有理点,由于三个解的乘积是x^0的系数的相反数. 那么R 有有理的x坐标,又有直线的方程是有理数系数,得到点的y坐标也是有理数. 这样就从原来的有理点中得到新的有理点,这些是后续需要讨论的内容.

关于这个几何解释有两点需要注意. 我们前面排除了竖直的直线,由于这条直线不会与曲线交于第3个点,与“两条平行的直线交于无穷远点”类似,我们有竖直线交曲线于无穷远点. 对于(7.16)而言,这个点是“无穷远点”的解$X = 0, Y = 1, Z = 0$. 通常称这个点为O.我们知道对于一条竖直的直线,点P,Q一定有相同的x坐标,因而它们y 坐标的平方相等,得到一个点的y 坐标是另一个y坐标的相反数.

第二个点是关于$P = Q$的情况. 在这个情况下,“联结点P 和Q 的直线”的几何意义是“曲线在点P 的切线”. 有了这个解释,那么上述论述仍然成立,第三个点也有有理点坐标.

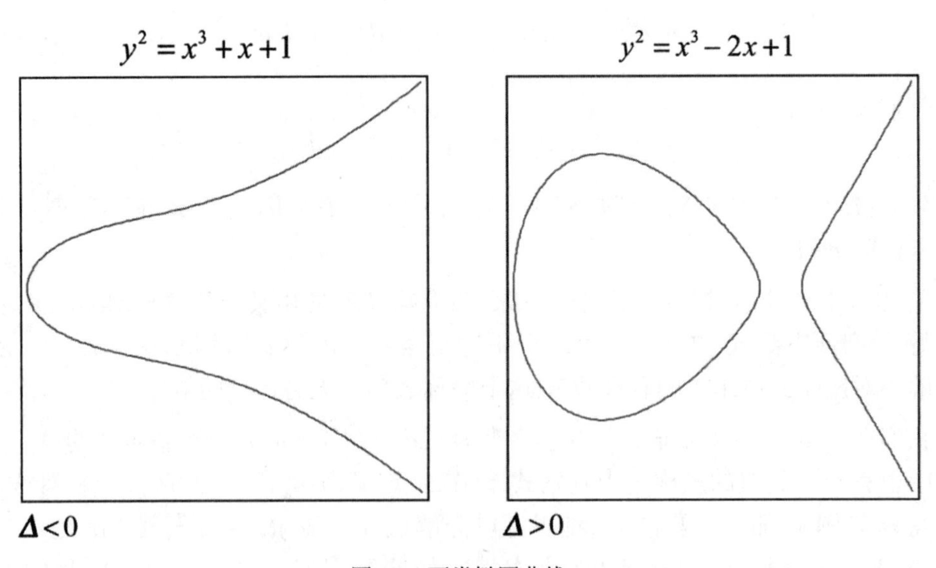

图7.1　两类椭圆曲线

我们现在定义一个运算,这个运算是椭圆曲线上点的运算,用+来表示这个运算. 如若点R是途径P,Q 的直线的第三个点,定义R'为与R相同的x坐标,但是y坐标相反的

点,那么

$$P+Q=R'. \tag{7.17}$$

如若我们假定$P=(x_1,y_1)$,$Q=(x_2,y_2)$ 以及$R'=(x_3,y_3)$,曲线是式(7.15)的形式,那么坐标给出

$$\begin{cases} x_3=\left(\frac{y_2-y_1}{x_2-x_1}\right)^2-x_1-x_2, \\ y_3=-\frac{y_2-y_1}{x_2-x_1}x_3-\frac{y_1x_2-y_2x_1}{x_2-x_1} \end{cases} \tag{7.17'}$$

其中x_1和x_2不同,以及

$$\begin{cases} x_3=\left(\frac{3x_1^2-A}{2y_1}\right)^2-x_1-x_2, \\ y_3=\frac{3x_1^2-A}{2y_1}(x_1-x_3)-y_1 \end{cases} \tag{7.17''}$$

如若$P=Q$. 当然,如若$P=Q'$得到答案是O.

从定义中得到$R+R'=O$, 如若我们把O视为加法运算中的0, 那么可以把R' 写为$-R$.从(7.17)的几何定义可知$P+Q=Q+P$, 也就是+ 在这个意义下是交换的(1.1). "+" 也是结合的,也就是$(P+Q)+R=P+(Q+R)$, 但是这需要式(7.17′)和(7.17″)繁复的运算,或者依赖于更高等的数学工具. 那么+有所有的一般的代数性质,我们写为$2P$而不是$P+P$,推而广之.

这不是意味着+的所有算术性质都可以在新的环境中成立. 比如,有可能P 与O不同,但是$2P$等于O. 其中的一个例子是曲线$y^2=x^3-63x-162$, 有3个这样的点P,也就是$(-6,0),(-3,0),(9,0)$. 从几何上容易知道在曲线(7.15) 上只有这样的点$y=0$满足,因而x 坐标一定是右端三次曲线的有理根,那么是$0,1,3$.这个结论对于任何椭圆曲线都成立,由于它们都可以转换成式(7.15)的形式.

然而,椭圆曲线上的点不一定必须是**扭点**,也就是这个点的倍数等于O. 比如,在曲线$y^2=x^3-2$上,有一个显然点$P=(3,5)$, 由于$5^2=3^3-2$. 我们可以计算

$$2P=\left(\frac{129}{100},\frac{-383}{1\,000}\right),$$

$$3P=\left(\frac{164\,323}{29\,241},\frac{-66\,234\,835}{5\,000\,211}\right),$$

$$4P=\left(\frac{2\,340\,922\,881}{58\,675\,600},\frac{113\,259\,286\,337\,279}{449\,455\,096\,000}\right),$$

可以证明这个序列无限而且不重复.

可以考虑曲线

$$y^2 = x^3 - 11, \tag{7.18}$$

那么有两个显然的点$P=(3,4)$和$Q=(15,58)$.P的倍数前面几个数是

$$\left(\frac{345}{64}, \frac{-6\,179}{512}\right), \left(\frac{861\,139}{23\,409}, \frac{799\,027\,820}{3\,581\,577}\right), 和 \left(\frac{22\,125\,642\,465}{9\,774\,090\,496}, \cdots\right),$$

Q的倍数前面几个是

$$\left(\frac{51\,945}{13\,456}, \frac{10\,647\,157}{1\,560\,896}\right), 和 \left(\frac{50\,491\,376\,191}{22\,468\,511\,025}, \frac{1\,987\,488\,229\,342\,114}{3\,367\,917\,460\,092\,375}\right),$$

实际上,可以证明P的所有倍数和Q的所有倍数都不相等,我们得到了一个曲线上二维的有理点集合 $\{aP+bQ\}$对于任意整数a, b,其中$a=b=0$给出无穷远点(在下节,我们会证明曲线没有**扭点**,没有其他相互独立的有理点,那么这就是方程有理点的全部组成的集合). Mestre 证明了

$$y^2 - 246xy + 36\,599\,029y = x^3 - 19\,339\,780x - 36\,239\,244$$

至少有12个相互独立的点. 他的工作被Nagao 和Fermigier 推广:他们找到了曲线上至少有22个相互独立的点. 在这个例子中,A有33 个数字B有50 个数字. 有一个广泛的猜想,对于任意的n, 我们可以找到一个椭圆曲线在曲线上至少有n 个相互独立的有理点. 莫德尔(Mordell,1888−1972)第一次证明了曲线上总是只有有限个相互独立的有理点,后来被外尔推广. 没有一个法则可以找到椭圆曲线上精确的有理点个数. 可以证明对于曲线有大量相互独立的有理点的个数的情况,找到精确的个数相当的困难.

上述的例子给读者的印象是在椭圆曲线上很容易找到有理点,至少在“简单”的椭圆曲线上,然而这不总是事实. 比如,Bremner 和Cassels 证明了在曲线$y^2 = x^3 + 877x$上最简单的有理点是(除去$(0,0)$ 点,这给出O)

$$\left(\frac{375\,494\,528\,127\,162\,193\,105\,504\,069\,942\,092\,792\,346\,201}{6\,215\,987\,776\,871\,505\,425\,463\,220\,780\,697\,238\,044\,100}, \right.$$
$$\left. \frac{256\,256\,267\,988\,926\,809\,388\,776\,834\,045\,513\,089\,648\,669\,153\,204\,356\,603\,464\,786\,949}{490\,078\,023\,219\,787\,588\,959\,802\,933\,995\,928\,925\,096\,061\,616\,470\,779\,979\,261\,000}\right).$$

我们知道在椭圆曲线上有两类性质不同的有理点:一类是它们的倍数为O, 另一类是没有一个倍数为O(除去0 本身). 第一类点称之为**扭点**. 根据Mazur定理,扭点(包含O)的个数t 等于集合$\{1,2,\cdots,10,12,16\}$中的一个,对于有理数域上的椭圆曲线. 而且,对于形如式(7.15) 的曲线A, B都是整数而言,一个扭点(x,y)必须有整点坐标,除去$y=0$的情况($2(x,y)=O$), y^2 必须整除Δ(这个定理称之为Lutz-Nagell 定理). 这让寻找扭点相对

直接,在下节中我们我们会有寻找可能存在有理点的进一步技巧. 在第2章式(2.3) 中,我们定义扭点P的**阶**为最小的正整数,满足$mP=O$, Mazur 定理的证明细节显示任何特定的有理数域上的有理点的阶至多是12.

我们在第2章中知道任意元素的阶(与n互素)整除$\phi(n)$. 类似的结论也是正确的,任何扭点的阶整除t. 这个结论显然是正确的如若点是O, 这个点的阶是1,取P是任何不同于O的扭点,这个点的阶为m. 考虑点的集合$P, 2P, \cdots, mP$. 这些点都是不同的,如若hP=kP满足$h<k$, 两端同时加上$-hP$得到$(k-h)P=O$, 和m的最小性相矛盾. 如若S是所有的扭点,那么就完成了. 要么就继续取扭点不在S中的点Q. 那么$Q+P, Q+2P, \cdots, Q+mP$ 都是互不相同的,由于$Q+hP=Q+kP$ 满足$h<k$,两端都加上$-Q-hP$, 得到和m的最小性矛盾. 而且,这些点都和S 中的点不相同,由于$Q+hP=kP$得到$Q=(k-h)P$,这和Q 不是P的倍数. 现在把这些点加入S,得到$2m$的集合. 如若还有其他扭点,我们继续程序的操作,得到$3m$ 的点,……,最后我们取完全部的扭点,得到t是m的倍数.

对于非扭点而言,如若有这样的点,那么就有无限个这样的点. 有趣的问题是有多少个相互独立的有理点,即确定整数r的值,其中r定义为椭圆曲线的 **秩**,曲线有r个相互独立的有理点,所有的有理点都是这些相互独立有理点的倍数和(有可能是扭点). Birch,Swinnerton-Dyer给出了计算r 上界的公式,这通常相当精确,就如我们在Bremmer和卡斯塞尔斯(Cassels)的例子中那样,但是要找到对应的点就相当的困难了.

7.5 素数模的椭圆曲线

如若有关于椭圆曲线的哈塞定理就好了,也就是方程模所有的素数(有可能是素数的幂次)以及所有的实数是方程有有理数解的充要条件. 这不总是正确的,但是还是有许多内容可以从解的素数模中得到方程有理数解的信息.

虽然几何的观点作图像的在这里不再适用(虽然代数几何的抽象理论依然有关联),但是我们仍然可以操作模素数p的代数,除去素数$2, 3$的情况,由于这个情况素数模从式(7.13)到(7.15) 的转换不再有效. 在本节中,我们假定p是不同于$2, 3$的素数. 我们注意到式(7.15)后面的评论,我们得到相同的椭圆曲线有很大的关联性如若n^4整除A,n^6 整除B,这样的除法对于任意n都成立(这个数和p互素). 我们可以考虑两个这样的椭圆曲线,比如 $y^2\equiv x^3+x+1 \pmod 5$和$y^2\equiv x^3+x+4 \pmod 5$(其中$n$ 可以是2或者3)是**等价**的就如同二次型的等价关系(第4章).

我们在寻找$y^2\equiv x^3-Ax-B \pmod p$的解. 比如$y^2\equiv x^3+x+2 \pmod{11}$的解是

$$(1, \pm 2), (2, \pm 1), (4, \pm 2), (5, 0), (6, \pm 2), (7, 0), (10, 0)$$

包括无穷远点在内共有12个点. 当然,可能存在的点是有限的,所有的点都是扭点. 在前面小节的证明中任意扭点的阶整除扭点的总个数(包括O) 在这里依然有效.

那么我们期望有多少个这样方程的解呢?x有p个不同的取值,那么至多给出x^3-Ax-B的p个不同的值,至少给出$p/3$个不同的值,由于根据方程(第2章2.6节)一个三次方程至多有三个解. 实际上,我们得到接近p 个不同的值x^3-Ax-B. 如若这些值是随机的,那么我们期望这些值中有一半是二次剩余的,给出y的两个可能的解,另一半是二次非剩余,y值没有解. 事实上,哈塞证明了有不等于$p+1$ 个数的点(包含无穷远点), 其中有小于$2\sqrt{p}$个数的点是二次剩余—— 参见第3章3.19节中关于方程的讨论.

在椭圆同余方程与前面提及的二次型理论有相当密切的联系,非奇异椭圆曲线不同等价类$p+1+t$的点模p的个数(计算椭圆曲线转换为其本身的变换个数经由非显然的n^4整除A 和n^6 整除B得到)等于克罗内克类数H有$4p-t^2$(克罗内克类数计算二次型转换成本身的个数经由非显然变换得到(参看第6章6.1节)). 大致的说,$H(4p-t^2)$ 是很大的当$|t|$ 很小时,但这个公式有很大的不规则性:McKee 探讨了这个分布的细节.

我们已知道了方程的很多信息经由考虑一个素数模的同余式,那么也期望这个同样适用于椭圆方程,实际上它也可以应用. 显然式(7.15)的任何整数解转换为下述同余式的模解

$$y^2 \equiv x^3 - Ax - B \pmod{p} \tag{7.19}$$

类似的,每个和素数p互素的数都有一个模p的逆元,有理数对x, y 的分母和p互素成为式(7.19) 的模解. 如若x, y的分母都和p 不互素那么会发生什么情况?这个可以从形如(7.16) 的椭圆曲线得到答案,其中Z 成为分母,转换成0模p,式(7.15)的有理解称为式(7.19) 在无穷远点的模解.

有一点需要注意. 在整数环上的椭圆曲线,那么$\Delta \neq 0$. 然而,最好有$\Delta \equiv 0 \pmod{p}$,这样模p 的椭圆曲线不是真正意义的椭圆曲线. 当p 整除Δ时有这样的情况,对于有限个素数模成立. 结点的情况($\Delta \equiv 0, A \not\equiv 0$) 称为**半稳定约化曲线**,尖点的情况($\Delta \equiv A \equiv 0$)称为**不稳定约化曲线**. 在$\Delta \not\equiv 0$ 的情况,也就是模p 的真椭圆曲线,称为**稳定**的或者**约化**的或者**好**的椭圆曲线,后面一般假定是这类情况. 一个椭圆曲线定义在有理数域上,而且是稳定的或者半稳定的对于所有的素数模,称之为半稳定曲线.

有理数域的椭圆曲线上的每一个点都成为一个扭点,也就是O,没有其他的可能性. 而且,一个阶为m的扭点P 成为阶可以整除m 的扭点,如若在整数环上有$mP = O$, 那么有$mP \equiv O \pmod{p}$. 如若m和p互素,那么更进一步有:P的阶恰好等于m. 这个很困难的结论是Mordell证明椭圆曲线秩的有限性的关键步骤.

我们应用这个结论可以证明$y^2 = x^3 - 11$在有理数域上没有扭点. 取模7, 那么对应

的同余式有13个解,即O和下述的点:

$$(1,\pm 2),(2,\pm 2),(3,\pm 3),(4,\pm 2),(5,\pm 3),(6,\pm 3).$$

因而任何阶与7互素的扭点都有阶可以整除13,即1 或者13. 素数11 是一个不有效的素数模(实际上曲线转换为$y^2 \equiv x^3 \pmod{11}$), 但是我们可以尝试模13.那么有19个点满足同余条件, 也就是 O 和下述的有限点 : $(1,\pm 4)$, $(2,\pm 6)$, $(3,\pm 4)$, $(4,\pm 1)$, $(5,\pm 6)$, $(6,\pm 6)$, $(9,\pm 4),(10,\pm 1),(12,\pm 1)$. 因而任何点的阶与13互素一定有阶整除19. 那么任何扭点的阶与7, 19 互素有阶整除13 和19, 得到这个点的阶等于1.任何点与19互素,但不是7,一定有阶整除19, 得到矛盾. 剩下的情况就是阶为13的点,在第二类计算中没有包含,在第一种情况下可能存在. 这个情况可以经由Mazure定理或者经由观察模5至多11 个点满足条件,那么阶等于13就不可能存在了.

一个关键的问题是有理数域上的椭圆曲线E是否是**模**的. 这是一个技术性的概念,与方程的模解的想法不相关. 这个可以从两方面来看:一方面,是否可以找到这个椭圆曲线是某个高度对称曲线(模曲线)的图像;另一方面,在E 上$\pmod p$的点的个数“很好”地依赖于p,比如在曲线$y^2 = x^3 - x$ 上,模p的点的个数恰好等于p如若$p \equiv 1 \pmod 4$. 这个特殊的结论相对而言比较容易证明(要比证明曲线是**模**的容易),但是知道一条曲线,或者一类曲线是**模**的是相当重要的. Taniyama-Shimura-Weil 猜想(参见下节结尾)表述为所有的有理曲线都是模的.

7.6 费马大定理

很多我们关于费马的发现都是在他关于丢番图的专著《算术》的页边空白处得到的. 在丢番图方程$x^2 + y^2 = z^2$的页边处,费马写下:“然而,不可能把一个立方数写成两个立方数的和,一个四次方数写成两个四次方数的和,一般而言,对于大于2的幂次都有相同的结论. 对于这个结论,我发现了一个真正巧妙的证明,但是这里的空白太小,写不下.”这就是著名的费马猜想,一般称为费马大定理,也就是方程

$$x^n + y^n = z^n \tag{7.20}$$

没有x, y, z的自然数解,如若n是大于2的整数. 在300 年里有许多的著名数学家作了巨大的努力,它的证明都没有得到直到怀尔斯在1993年给出了一个证明. 大多专家认为费马可能想错了.

这个问题的有趣之处在于它的方程相当简洁. 由于这个原因这个问题让很多业余数学工作者着迷,他们的信心远远大于他们的数学能力,这个算术问题有许多不正确的“证明”被给出.

任何试图证明费马猜想的新的数学工具和方法都会促进数论新的重要发展. 就如库尔默(1810 – 1893)对这个问题的重要工作. 库尔默认为他证明了费马猜想,但是狄利克雷指出了证明论述中的错误,库尔默试图修复这个错误这让他发展出了一套新的广泛的理论,也就是代数数域中的**理想**. 怀尔斯对于费马大定理的证明是椭圆曲线理论中的重要一步(参见本节后面).

在这样初等的课程中,我们仅能给出费马猜想对于特殊值n 的证明. 最简单的例子就是$n = 4$, 这个方程的不可解性是费马给出的.

费马证明了更广泛的方程

$$x^4 + y^4 = z^2 \tag{7.21}$$

没有自然数解. 他的证明是他“无穷递降法”的杰出的代表,这是另一种形式的数学归纳法. 假若方程有自然数解,费马得到了另一个解有更小的z 值. 重复这个程序得到矛盾,由于一个递减的自然数序列不可能无限进行下去. 这个原理和勒让德的方法(参看本章7.3节)相同,这里是证明方程的不可解性,而勒让德的方法是证明方程的可解性.

假定x, y, z都是满足式(7.21)的自然数解. 我们可以假定x, y 没有大于1的公因数,对于4次幂而言这个公因数可以从方程两端消去. 数x^2, y^2, z 组成了方程$X^2 + Y^2 = Z^2$的本原解,根据(参看本章7.2节)的结论得到

$$x^2 = p^2 - q^2,\ y^2 = 2pq,\ z = p^2 + q^2,$$

其中p, q是互素的自然数,其中一个是偶数,另一个是奇数. 观察第一个式子,由于任何平方数同余于0 或者1(mod 4),那么p一定是奇数,q是偶数. 取$q = 2r$, 我们有

$$x^2 = p^2 - (2r)^2,\ (\frac{1}{2}y)^2 = pr.$$

由于p, r是互素的,它们的乘积是一个完全平方数,那么它们都是完全平方数. 如若我们取$p = v^2, r = w^2$, 第一个方程转换成

$$x^2 + (2w^2)^2 = v^4.$$

这个方程和式(7.21)有类似的地方. 当应用类似的论据于新的方程时,得到与式(7.21)类似的方程. 最后一个方程蕴含着

$$x = P^2 - Q^2,\ 2w^2 = 2PQ,\ v^2 = P^2 + Q^2,$$

其中P, Q是互素的整数,其中一个是偶数,另一个是奇数. 由于$PQ = w^2$, 得到P, Q 是完全平方数. 取$P = X^2, Q = Y^2$,第3 个方程转换为

$$X^4 + Y^4 = v^2,$$

这个形式与式(7.21)类似. 在这个方程中,X, Y, v 是自然数以及

$$v^2 = p < \sqrt{z},$$

因而$v < z$.根据前面的论述,这就证明了方程(7.21)的不可解性.

直到20世纪80年代,费马问题的研究主要依赖于库尔默的工作. 证明的想法是如若n满足条件中的一个,那么方程(7.20)就是不可解的. 那么只需考虑n为大于2的素数,由于任何大于的数要么被大于2 的素数整除,要么被4整除;如若方程对于n是不可解的,那么对于n的倍数也是不可解的. 至今,能够达到的n值没有满足存在的准则,那么最好能找到能够应对幂次的准则.

在本章7.2节中,我们知道二次型$X^2 + Y^2 = 1$有无穷个有理点,如若我们可以在二次曲线上找到一个有理点,那么就可以得到无限个有理点. 这个结论对于某些椭圆曲线也是正确的：如若我们可以在椭圆曲线上找到一个**非扭有理点**,那么就可以得到曲线上无限个有理点. Mordell 猜想任何更复杂的曲线仅有有限个有理点. 这个结论是法尔廷斯在1983年证明了这个结论,他证明了对于$n > 3$,方程$X^n + Y^n = 1$ 只有有限个有理点,即对于确定的n,式(7.20) 只有有限个不相同的解(没有公因数的解).

Frey在1985年指出,$u^p + v^p = w^p$的非显然解的存在意味着**非模**的椭圆曲线存在,也就是$y^2 = x(x + u^p)(x - v^p)$,现在称为Farey曲线. 这个猜想在1986年被Ribet证明. 这个曲线是半稳定的,在1993 年怀尔斯证明了(随后被发现还需要一个关键要素,被怀尔斯和泰勒完善)每个半稳定椭圆曲线都是**模**的,以及Taniyama-Shimura-Weil猜想的半稳定情形. 因而得到$u^p + v^p = w^p$的非显然解不存在.

7.7 方程$x^3 + y^3 = z^3 + w^3$

虽然方程$x^3 + y^3 = z^3$(费马方程的特殊情形)是不可解的,方程$x^3 + y^3 = z^3 + w^3$有无限多个整数解,除去$x = z$或者$x = w$或者$x = -y$ 的显然情况. 方程解的公式是韦达(Vieta,1540－1603)在1591 年发现的,但是欧拉在1756～1760年得到的公式更具有一般性. 这些在1841 年被比内(Binet,1786－1856)改进.

为了确定

$$x^3 + y^3 = z^3 + w^3, \tag{7.22}$$

的解,我们取

$$x + y = X, x - y = Y, z + w = Z, z - w = W$$

方程转换为

$$X(X^2 + 3Y^2) = Z(Z^2 + 3W^2). \tag{7.23}$$

有一个与第5章式(5.1)类似的恒等式,它表示两个形如X^2+3Y^2 的数的乘积还是这种形式本身,也就是

$$(X^2+3Y^2)(Z^2+3W^2)=(XZ+3YW)^2+3(YZ-XW)^2.$$

如若我们把式(7.23)两端都乘以X^2+3Y^2,然后除以Z, 恒等式转换成

$$\frac{X}{Z}(X^2+3Y^2)^2=(XZ+3YW)^2+3(YZ-XW)^2.$$

这就证明了有理数$\frac{X}{Z}$有形式p^2+3q^2, 其中p,q 都是有理数,给出如下

$$p=\frac{XZ+3YW}{X^2+3Y^2},\quad q=\frac{YZ-XW}{X^2+3Y^2}. \tag{7.24}$$

为了式子简洁,我们取$Z=1$,然后考虑X,Y,W作为有理数. 根据式(7.24), 取值$Z=1$,得到

$$pX+3qY=1,\quad pY-qX=W.$$

这些公式可以允许我们相对于p,q,X表示Y,W,其中$X=p^2+3q^2$. 这样得到

$$3qY=1-pX,\quad 3qW=P-X^2.$$

如若回到原来的x,y,z,w消去显然的分母,得到

$$\begin{cases} x=1-(p-3q)(p^2+3q^2), \\ z=p+3q-(p^2+3q^2)^2, \end{cases}\qquad \begin{cases} y=-1+(p+3q)(p^2+3q^2), \\ w=-(p-3q)+(p^2+3q^2)^2. \end{cases} \tag{7.25}$$

这是欧拉和比内的公式. 对于任何有理数p,q,它们给出方程(7.22) 的有理数解x,y,z,w, 证明显示式(7.22) 的每个有理数解都是这些公式的解的比例(倍数).

如若我们给出p,q的整数值,我们得到式(7.22)的整数解,但是不是每个解都是由公式给出的. 一个特殊的例子,经由取$p=1,q=1$得到$x=9,y=15,z=-12,w=18$,对应于有趣的事实$3^3+4^3+5^3=6^3$. 值$p=4,q=1$对应于

$$3^3+60^3=22^3+59^3.$$

方程(7.22)满足x,y,z,w都是正数最简单的解是

$$1^3+12^3=9^3+10^3(=1\ 729).$$

数1 729是用两种不同的方法可以表示为两个正整数立方和的最小的数. footnote当哈代去帕特尼市看望正在生病的拉马努金,哈代看到车牌号是1 729 的数,他认为这个数很无趣,然而拉马努金立即认为这个数有这样的性质.

一个有趣的恒等式是马乐(Mahler,1903－)在1936年给出的,经由取$p = 3q$. 这个给出

$$x = 1, y = -1 + 72q^3, z = 6q - 144q^4, w = 144q^4$$

写作

$$2q = t$$

我们得到恒等式

$$(1 - 9t^3)^3 + (3t - 9t^4)^3 + (9t^4)^3 = 1.$$

这个式子有趣的地方在于数1可以无穷个方式表示为三个整数的立方和. 对于数2也有类似的式子. 笔者不知道对于数3是否有任何恒等式可以有无穷个方式写为三个整数立方的和,知道的方式仅有$1^3 + 1^3 + 1^3$ 和$4^3 + 4^3 + (-5)^3$.

这里有必要介绍一下另外一个未解决的问题. 不是每个数都可以表示成三个整数的立方和,实际上,同余于4或者5(mod 9) 的数都不可以有这样的表示方法. 很容易验证任何数的立方同余于0 或者-1或者1 模9,那么得到任何三个整数的立方一定同余于0 或者± 1或者± 2或者$\pm 3 \pmod 9$, 总是不可以同余± 4.有一个问题是:每个整数是否可以表示成4 个整数的立方和?虽然有很多尝试,但是这个问题还是没有得到解答.

有一个表达任何数是5整数立方和的简单方法. 我们有

$$(x + 1)^3 + (x - 1)^3 + (-x)^3 + (-x)^3 = 6x.$$

这样每个6的倍数可以表示成4个整数的立方和. 每个数经由减去一个适当的数可以转换为6的倍数. 实际上,容易知道$n - n^3$总是6 的倍数. 这个结论是Oltramere 在1894年首先证明的.

7.8 进一步的发展

许多关于丢番图的现代研究方法都是基于挪威数学家图耶(Axel Thue,1863—1922)在1908年发现的方法. 这个方法依赖于代数数的有理逼近,这里需要解释一些术语.

假定$f(x, y)$是以x, y为变量的次数为n的任意齐次多项式,比如

$$f(x, y) = a_0 x^n + a_1 x^{n-1} y + \cdots + a_n y^n,$$

其中$a_0, a_1, \cdots, a_n$是整数,n至少等于3. 我们假定这个多项式是不可约的,也就是不可以表示为另外两个有理系数多项式的乘积①. 根据代数基本定理,多项式可以写成

$$a_0(x - \theta_1 y)(x - \theta_2 y) \cdots (x - \theta_n y),$$

① 有理系数或者整系数没有区别,多项式分解成有理系数的多项式蕴含分解方式可以为整系数多项式.

其中$\theta_1, \theta_2, \cdots, \theta_n$都是无理数,它们是实数或者复数. 这些数是不可约代数方程的根

$$a_0\theta^n + a_1\theta^{n-1} + \cdots + a_n = 0$$

称之为次数为n的**代数数**.

不论我们赋予x, y任何整数值,$f(x,y)$的值都是整数. 因而,如若x, y 不都为零,我们有

$$| a_0(x-\theta_1 y)(x-\theta_2 y)\cdots(x-\theta_n y) | \geqslant 1.$$

现在假定$\frac{x}{y}$是θ_1的有理逼近,其中y 是一个很大的正整数. 那么所有的因子$x-\theta_2 y, \cdots$都小于y的常数倍,除以y^n 得到

$$| \frac{x}{y} | > \frac{K}{y^n}, \tag{7.26}$$

其中K是一个正常数,取决于特定的多项式f. 那么一个次数为n 的代数数不可能有一个有理逼近序列以很快的速度逼近代数数. 这个结论是刘维尔在1844 年发现的,这个结论被刘维尔用来构造非代数数.

图耶经由很长和复杂的论证证明了一个更好的不等式是正确的,也就是

$$| \frac{x}{y} - \theta_1 | > \frac{1}{y^v} \tag{7.27}$$

除去有限个有无限个θ_1的有理逼近,其中v 是任何大于$\frac{1}{2}n+1$ 的数. 数$\frac{1}{2}n+1$在1921年被西格尔改进为$2\sqrt{n}$,进一步被戴森和Gelfond 在1947年改进为$\sqrt{(2n)}$.

在1955年罗斯(Roth,1925－)证明了一个惊异的定理:如若v 是任何大于2 的数,不等式(7.27) 除去有限个有无限个θ_1的有理逼近. 这是这方面最佳的结论,在第4章4.7节中我们知道,不等式

$$| \frac{x}{y} - \theta_1 | < \frac{1}{y^2}$$

有无穷多个解,不论θ_1是否是代数数,只需这个数是无理数. 罗斯定理的证明自然相当的困难.

不等式(7.27)给出多项式$f(x,y)$的下界. 如若x, y 是任何很大的整数满足$| f(x,y) |$很小相对于$| y |^n$,那么$\frac{x}{y}$ 一定是根$\theta_1, \cdots, \theta_n$其中一个的有理逼近. 假若$\frac{x}{y}$是$\theta_1$的有理逼近,那么根据式(7.27) 得到

$$| f(x,y) | > K_1 y^{n-v},$$

其中K_1是一个正常数. 根据罗斯的结论,我们取v 是任意一个大于2的数. 因而任何丢番图方程满足$| f(x,y) |$ 小于$| y |$ 的一个幂次只有有限个数的解. 特别的,方程形如

$$f(x,y) = g(x,y)$$

其中$g(x,y)$是任何齐次或者非齐次,任何项的次数小于$n-2$的多项式,方程只有有限个数的解. 作为一个特殊的例子,$g(x,y)$ 为常数的情况. 当然n 的最小值至少取3. 我们知道,佩尔方程$x^2-Ny^2=1$的次数等于2, 有无穷个数的解.

作为一个例子,我们考虑方程形如

$$ax^4+bx^3y+cx^2y^2+dxy^3+ey^4=kx+ly+m.$$

这个方程只有有限个解,如若方程左端是不可约的. 对于右端的次数等于1, 满足$1<n-2$当$n=4$.

Thue-Siegel-Roth方法有特殊的性质. 虽然这个方法证明了以x,y为变量的各种方程解的个数只有有限个,但是没有给出具体的解x,y的取值范围. 方法失效的原因在于它基于**两个或者更多**的附加的对代数数的有理逼近. 如若这些条件“太好”就会得出矛盾. 一般而言,在特别的例子中,可以得到x,y 超出什么范围的值至多有一个解,或者至多有一个特定的解的个数,但是没有超出什么范围的值方程没有解的准则.

这是Thue-Siegel-Roth定理的很重要的限制,从寻找一个丢番图方程所有具体解的方面来观察. 我们得到方程解个数的估计,假若运气足够好那么得到方程解个数的精确值,我们不确定怎么找到一个方程的解,是否还有没有方程的解.

贝克(A.Baker,1939—)最近的工作很大程度上增加了我们在这方面的知识. 他找到了对于特定类型丢番图方程所有解的取值范围;这些方程类型,虽然比Thue-Siegel-Roth定理的适用方程的类型要小,但是包含所有下述的方程

$$f(x,y)=m,$$

其中f是次数等于3或者更高次的不可约多项式. 关于$|x|,|y|$一个显性的界是相对于m以及f的系数. 那么由有限次的尝试步骤(有可能这个次数是很大的),有可能找到所有特定方程的解经. 这个适用于形如$y^2=x^3+k$的方程,或者任何椭圆曲线. 对于椭圆曲线$Y^2=AX^3+BX^2+CX+D$ 的所有系数满足有界H,对于任意整数点$P=(x,y)$, 我们有

$$|x|,|y|\leqslant \exp((10^6H)^{10^6}). \tag{7.28}$$

这个工作代表了这方面的一个巨大的高度,很长一段时期这方面的很多努力都是徒劳. 这项工作自然很困难和复杂,不适合在这里讨论,但是有必要提及其对于丢番图方程的作用方法与基于Thue-Siegel-Roth 定理的方法不同. 不是运用代数数的丢番图逼近性质的方法,我们需要用到若干个代数数的对数的丢番图逼近性质.

注记

有关丢番图方程的一本很好的介绍性书籍是 L.J.Mordell 的*Diophantine Equations* (Academic Press, London,1969). 更多关于丢番图方程的书籍,参见 Nagell, 或者更高深的专著有 Th.Skolem 的*Diophantische Gleichungen*(Springer, 1937; 重印本Chelsea Publ.Co., New York, 1950) 或者有 Z.I.Borevich 和 I.R.Shafarevich 的 *Number Theory* (Academic Press, London,1966).

至今最为令人惊异的一般结论是西格尔证明的; 西格尔给出了方程$f(x,y)=0$ 有关于x,y的无穷个整数解的充要条件,其中f 是不可约的多项式.

7.3节. 对于方程$ax^2+by^2=cz^2$, 参见L.J.Mordell,*Monatshefte für Math.*,55(1951), 323-327.

迪克森(Dickson,1874—1954)有一个很著名的定理表述为:方程$ax^2+by^2=cz^2$ 如若是可解的,其中a,b,c是无平方因子的整数以及两两互素,那么每个整数都可以表示成形式$ax^2+by^2-cz^2$. 从而从正文中的例子可知每个整数都可以表示成形式$41x^2+31y^2-z^2$.

关于各种有趣的不同方法对于方程$y^2=x^3+k$, 参见L.J.Mordell,*A Chapter in the Theory of Numbers*(Cambridge,1947). 这类方程通常称为 Mordell 方程(或者曲线).

7.4节. 一本通俗的关于椭圆曲线的书,虽然它需要一些现代代数几何的知识,是属于J.H.Silverman 的*The Arithmetic of Elliptic Curves*(Springer,1986). 一本针对于本科生的书是J.H.Silverman和J.Tate的*Rational Points on Elliptic Curves*(Springer,1992).

对于Mordell定理, 参见*Proc. Cam. Phil Soc.* 21(1922)179-192, 以及外尔的工作,参见*Bull.Sci.Math.*54(1930)182-191.

Metres的工作出现在*C.R.Acad.Sci.Paris Sér.* I,295(1982)643-644; Nagao 的工作出现在*Proc. Japan Acad.Ser.A* 69(1993)291-293. 相互独立点(很大的秩)R 的稀缺性由Heath-Brown 给出(Duke Math.J.122(2004)591-623),更确切地说是密度的递减速度要大于R的指数.

对于 Bremner 和 Cassels 的工作, 参见*Math. Comp.* 42(1984)257-264. 这项工作被 Bremner 和Buell 拓展,参见*Math.Comp.*61(1993)11-115,他们证明了曲线$y^2=x^3+4\ 957x$上的最小点有126个数字. 对于Mazure 的定理,参见*J.für reine und angew. Math.*177(1937)238-247以及*Wid.Akad.Strifter Oslo*1(1935)No.1. 对于Birch和Swinnerton-Dyer 的算法,参见*J.für reine und angew. Math.*,212(1963)7-23. 一个现代算法的描述,参见Cremona 的*Algorithms for Modular Elliptic Curves*(2nd ed.,Cambridge,1997).

7.5节. Mckee的工作和椭圆曲线的因子分解算法密切相关,在第8章8.5节中有介绍,出现在他的博士学位论文中(Cambridge,1993), 以及*J.London Math.*Soc.(2)59(1999) 448-460.

7.6节. 对于费马大定理的专著参见L.J.Mordell 的*Three Lectures on Fermat's Last Theorem*(Cambridge,1921), H.M.Edwards 的*Fermat's Last Theorem:a Genetic Approach to Algebraic Number Theory*(Springer,1977) 以及P.Ribenboim,13 *Lectures on Fermat's Last Theorem*(Springer,1979). 对于数值方面的论证,参见S.S.Wagstaff,Jr,*Math. Comp.*,32(1978), 538-591.也可以参见Guy的文章以及这本书的参考文献.

真正更复杂和深入的文献,参见法尔廷斯的论文*Inventiones Math.*73(1983)349-366. 费勒的文章*Ann.Univ.Saraviensis* 1(1986)1-40. 里贝特的论文*Inventiones Marth.* 100(1990)431-476. 怀尔斯的证明*Annals of Math.*141(1995)443-551, 其中有一个关键点是R.Taylor和A.Wiles在页面553-572. 关于费马大定理一个非技术性的书籍是S.Singh的*Fermat's Last Theorem*(Fourth Estate,London,1997),一个涉及更多技巧性数学知识的是 P.Ribenboim 的 *Fermat's Last Theorem for Amateurs* (Springer-Verlag, New York,1999). 关于这个定理的基本数学知识参见I.N.Stewart 和 D.O.Tall 的 *Algebraic Number Theory and Fermat's Last Theorem*(第三版,A K Peters Ltd.,Natick,MA, 2002).

7.7节. 参见 Dickson 的*History*,vol.II, ch.21, 或者 K.Mahler, *J.London Math.*Soc., 11 (1936), 136-138. 对于拉马努金的轶事参见哈代的研究报告 *Collected Papers of S.Ramanujan* (Cambridge,1927), 或者*Proc. London Math.* Soc.(2), 19(1921), xl-lviii. 对于四立方数问题, 参见 W.Richmond, *Messenger of Math.*, 51(1922), 177-186, 以及 L.J.Mordell, *J.London Math.*Soc., 11(1936), 208-218. 对于最近的研究, 参见 V.A.Demjanenko 的评论 *Math.Reviews,* 34(1967), 445, 以及 Kawada 的论文 *ibid.*97m:11125,Ren 和 Tsang 的论文.

可能方程$x^3+y^3+z^3=3$只有有限个整数解. 知道的整数解仅有$1,1,1$ 和$4,4,-5$.

7.8节. Roth定理发表在*Mathematika*,2(1955), 1-20 以及168. 其他版本和拓展参见J.W.S.Cassels的*Introduction to Diophantine Approximation*(Cambridge Tracts, no. 45, 1957; 重印本Hafner Press,New York), 在LeVeque,vol.2 以及K.Mahler的*Lectures on Diophantine Approximations*(Univ.of Notre Dame,1961). 若干个代数数的联立逼近是W.M.Schmidt 给出的,*Acta Mathematica*,125(1970), 189-201. 对于Roth 定理和Schmidt 定理的系统的发展参见Schmidt的*Diophantine Approximation*(Springer,Lecture Notes in Math.,no.785, 1980). 这些结论应用于丢番图方程的各种应用在Schmidt的书中可以找到.

Baker的基础性工作参见*Phil.Trans.Roy.Soc. A* 263(1968), 173-191以及193-208. Baker工作的最基本的想法参见他的论文*Mathematika*,13(1966), 204-216. 应用Baker的方法解丢番图方程的一个例子参见A.Baker 和H.Davenport, *Quart.J.Math.*,(2)20(1969), 129-137.Baker 的结论被拓展和应用在很多的方面. 对于这方面的系统的专著,参

见Baker 的书*Transcendental Number Theory*(Cambridge, 1975) 以及 M.Waldschmidt, *Nombres transcendants*(Springer,1974). 这里引用的上界被许多研究者改进,比如Hadju和Herendi(J.Symbolic Computation 25(1998)361-366), 给出了式(7.28)的一个版本满足H指数是3 而不是10^6!

另外一个有用的工具计算方程$f(x, y) = 0$的解是 Runge 定理, 参见*Quart.J.Math.*, (2)12(1961), 304-312(310).

第8章　计算机与数论

在本章中,我们假定读者对于计算机有一些基本的熟悉,但是不要求读者懂得任何计算机语言或者工作原理. 我们简要地介绍了各种算法的运行时间,对于不熟悉算法和复杂性理论的读者可以暂放一边,对于比较熟悉的读者可以查看注记.

8.1　导言

电子计算机的快速发展意味着数值理论的计算在以前看来不可能或者极其困难,在现在而言可以在很普通的计算机上操作,甚至可以在家用计算机或者程序式计算器上操作. 高斯在少年时期取得的成就$1+2+\cdots+100$ 现在可以在毫秒内得到. 高斯的计算不是直接的,大多数人认为高斯实际上得到了前面n 个自然数相加的公式,即$\frac{n(n+1)}{2}$,然后替代$n=100$得到,这个是计算机很难发现的公式,虽然不是完全不可能.

电子计算机的设计者通常提供的计算机的操作次数有一个上限,即$2\,147\,483\,647=2^{31}-1$. 对于基本的计算,最近的数的分解有

$$
\begin{aligned}
2^{484}+1 &= 4994797680505587570210555676690660891977570282\\
&\ 6395384137465113540059478211162499219248976490 1\\
&\ 5871538557230897942505966327167610868612564900 6\\
&\ 42817\\
&= 17\times 353\times 209\,089\times 33\,186\,913\times 1\,251\,287\,173\times 2\,931\,542\,417\times\\
&\ 38\,608\,979\,869\,428\,210\,686\,559\,330\,362\,638\,245\,355\,335\,498\,797\,441\times\\
&\ 8\,469\,440\,919\,770\,514\,005\,769\,693\,908\,434\,732\,506\,225\,873\,994\,236\,08\\
&\ 5\,602\,665\,729,\\
10^{142}+1 &= 101\times 569\times 7\,669\times 380\,623\,849\,488\,714\,809\times\\
&\ 7\,716\,926\,518\,833\,508\,778\,689\,508\,504\,941\times\\
&\ 93\,611\,382\,287\,513\,950\,329\,431\,625\,811\,490\,669\times\\
&\ 82\,519\,882\,659\,061\,966\,708\,762\,483\,486\,719\,446\,639\,288\,430\,446\,081
\end{aligned}
$$

$$2^{463}+1=3\times 2\,356\,759\,188\,941\,953\times p_{23}\times p_{35}\times p_{66},$$

$$2^{512}+1=2\,424\,833\times p_{49}\times p_{99}$$

$$3^{349}-1=2\times p_{80}\times p_{87}$$

其中p_n表示有n个十进位的数字的素数. 每个因式分解的最后素因子分别有2 个素数的乘积有111 个数字,3 个素数的乘积有116个数字,2 个素数的乘积有101个数字,2个素数的乘积有148个数字和2 个素数的乘积有167个数字,很显然在第1章的想法,以及计算机的制造商对于整数范围的限制,这些都不够用.

如同我们可以在十进制的系统中操作大于9的数比如多位数(12或者561) 以及"长乘法"或者"长除法"的技巧,我们在计算机上也可以这样操作,如若计算机最大的操作次数是2 147 483 647,那么我们把大整数分成以10 000 个数字的数作为基底的数,然后操作长乘法或者长除法. 我们需要一个基底B 满足$(B-1)^2$可以在计算机上表示出来,由于两个"数字"的乘积接近$(B-1)^2$ 的大小. 这样可以让"数字"小于我们期望的,那么数就有更多的"数字". 幸运的是,许多计算机制造商提供把两个数相乘得到一个"两行长"的数字的指导,然后把"两行长"的数分成"一行长"的数,但是高等的计算机语言不会提供这些方式,通常需要借助于机器语言. 然而需要实质上的独创性确保细节的正确和程序运行足够快,这些方法的基本原理就如我们描述的那样.

还有其他的方法,计算机科学的一个快速发展的分支探索"两个大整数的乘积怎样计算速度最快". 然而,计算机中"大数"的含义不仅仅包含我们在上述写的数,计算机科学家把"大数"视作"兆级别"的数. Karatsuba 发明了一个两个整数相乘的精妙算法,基于下述恒等式的反复应用

$$(aB+b)(cB+d)=(ac)B^2+[(a+b)(c+d)-ac-bd]B+(bd),$$

只需要3次不同乘法,而不像普通长乘法需要4次,这个应用于我们讨论长度的数(比较大的数). 如若我们把长度为d 个数字的数相乘,普通的长乘法需要d^2 次乘法,但是Karatsuba的方法需要的次数大约是$d^{\log_2 3}\approx d^{1.585}$次乘法. 对于更大的数有更快的方法,需要大约$d$次,在后面称之为"快"乘法,虽然它们仅对于相当大的数速度很快.

计算机的发展不仅为数论提供了工具,计算机也为数论提供了应用,对于计算机科学家而言初等数论的知识是必备的. 有许多这样的应用,有一个显然的例子,我们知道在32位的计算机上355/113是很好的浮点数逼近π, 由于这个数的得到是

$$\pi=3+\frac{1}{7+}\frac{1}{15+}\frac{1}{1+}\frac{1}{292+}\cdots$$

第292项的截断,那么误差小于$1/(115^2\times 292)=1/3\ 861\ 700$——参见第4章4.5节和第6章6.7 节. 一个不太显然的应用是随机数生成器,在本章8.3节中提及. 同余对于哈希表的设计基本重要的,这是对于存储信息快速检索的最有效的方式之一.

计算数论中最重要的应用就是公钥密码体系,这可以让两个人分享秘密,或者一个确认另一个人的身份而不需事先准备码本(参见本章8.7 节和8.8 节). 由于计算机的日益普及,从银行到超市或者商店的电子交易,这样的技术可以打击可能的欺诈行为. 这些技术将在本章8.7节和8.8节中提到.

8.2 素性的检测

很多后面的内容需要用到大素数,或者大的“随机”素数:随机意味着这些数没有特定的结构,或者它们不容易被猜出,或者在标准的大素数表中得到. 素性问题有相当巨大的吸引力,高斯写到:“从合数分辨素数,或者把合数因式分解成素因子乘积是是算术中最重要和有用的问题. ”比如,比较容易得到一个很大的梅森数(形如2^n-1的数) 是否是素数:如若n是素数,那么Lucas-Lehmer 检测方法可以证明2^n-1 是否是素数. 迄今知道的相当大的素数(数的十进制位数在百万级别)都是梅森数的形式. 然而,这个让它们很容易判断是素数的特殊性质可以很容易攻破基于这类大素数的密码.

那么怎样得到一个大的随机数是素数?费马定理(第2章2.3节) 告诉我们有

$$x^{p-1}\equiv 1(\bmod\ p)$$

对于任何整数x不同余$0(\bmod\ p)$,可以证明一个数不是素数. 比如,我们可以证明10不是素数,经由观察

$$3^9\equiv 3^4\times 3^4\times 3\equiv 81\times 81\times 3\equiv 3(\bmod\ 10),$$

那么数对$x=3,p=10$会和费马定理矛盾,如若10为素数. 由于这个定理的存在,得到10不是素数. 这个方法容易应用,只需很少的运算时间就可证明有数百个数字的数不是素数. 为了实现这个目的,我们需要快速计算$x^{p-1}(\bmod\ p)$.一个前提的评论在这里给出,我们不是首先计算整数x^{p-1}, 然后同余于$(\bmod\ p)$, 这样的数远远超于计算的范围;我们在计算x^{p-1}的幂次程序中时依次取$(\bmod\ p)$. 对于$x^{p-1}(\bmod\ p)$ 的计算,或者更一般的任何$x^k(\bmod\ p)$,我们观察到如若k 是偶数,那么$x^k=(x^2)^{k/2}$, 然而如若k 是奇数,那么$k=2l+1$, 得到$x^k=x(x^2)^l$. 需要更多的一个或者两个乘法,我们把问题转换成计算$x^k(\bmod\ p)$,这样同样的问题的k 值为给定值的一半. 那么这种**依次平方**的方法需要的乘法个数位于$\log_2 k$ 与$2\log_2 k$ 之间.

然而,我们可以用这种方法证明一个数是素数吗?一般而言,得到的答案是“不”,但是在有限的情况下我们可以得到——参见本章“注记”. 然而,我们可以得到“很强的信号”一个数是素数. 我们从第2章中知道$\phi(n)$ 的定义——它是小于或者等于n 而且和n互素的数的个数. 欧拉定理(第2章2.3 节)显示$x^{\phi(n)}\equiv 1(\bmod\ n)$,如若$x$与$n$互素. 在第2章2.4 节中,我们证明了$\phi$ 是可乘函数,也就是

$$\phi(q_1^{a_1}q_2^{a_2}\cdots)=\phi(q_1^{a_1})\phi(q_2^{a_2})\cdots=q_1^{a_1-1}(q_1-1)q_2^{a_2-1}(q_2-1)\cdots.$$

定义$\hat{\phi}(q_1^{a_1}q_2^{a_2}\cdots)$ 是 $\phi(q_1^{a_1})=q_1^{a_1-1}(q_1-1),\phi(q_2^{a_2})=q_2^{a_2-1}(q_2-1),\cdots$ 的最小公倍数. 那么对于n的每个因子$q_i^{a_i}$ 以及x与n 互素,我们都有$x^{\phi(q_i^{a_i})}\equiv 1(\bmod\ q_i^{a_i})$, 那么得到$x^{\hat{\phi}(n)}\equiv 1(\bmod\ q_i^{a_i})$. 从而得到$x^{\hat{\phi}(n)}\equiv 1(\bmod\ n)$. $\hat{\phi}$称之为Carmichael函数,这可以与欧拉函数ϕ 相区别.

如若不够幸运取一个非素数的数n满足$\hat{\phi}(n)$ 整除$n-1$, 那么每个x 与n互素都有性质$x^{n-1}\equiv 1(\mathrm{mod}\ \ n)$, 如若我们足够幸运取一个值$x$与$n$ 有公因数,我们可以运用费马定理证明n 不是素数. 这样的数虽然稀少,但是存在,而且有无穷多个—这样的数称之为伪素数或者Carmichael数. 最小的伪素数是$561=3\times 11\times 17$, 那么

$$\hat{\phi}(561)=[31-,11-1,17-1]=[2,10,16]=80$$

(其中$[a,b]$ 表示a,b的最小公倍数),这个数整除560.$\phi(561)=2\times 10\times 16=320$, 这个数不整除560,那么显然$\hat{\phi}$ 在这里是一个关键的概念. 为了说明伪素数的存在,我们证明561不是素数经由观察$2^{560}(\mathrm{mod}\ \ 561)$. 我们有下述2 的幂次的表相对于模561而言,运用上述重复平方的方法得到:

$$\begin{aligned}
2^{35} &\equiv 263\\
2^{70} &\equiv 166\\
2^{140} &\equiv 67\\
2^{280} &\equiv 1\\
2^{560} &\equiv 1.
\end{aligned}$$

虽然用费马定理不能证明561不是素数,但是我们可以运用拉格朗日定理证明561不是素数,一个素数模的次数为n的多项式至多有n 个解(第2章2.7 节). 考虑多项式x^2-1,这个对于模561有显然的解$x\equiv 1$ 和$x\equiv -1$,但是从上述表中得到这个同余式还有解$x\equiv 2^{140}\equiv 67$.由于次数为2 的多项式有3个解,如若561是素数就会和拉格朗日定理矛盾,得到561 不是素数. 实际上,我们可以确定561 的因式分解:$(67-1,561)=33=3\times 11$,还有$(67+1,561)=17$. 这个方法适用,由于相对于任何模而言对于任何561的素因子,67是1 的平方根,那么得到一定同余1或者-1 对那个素数模.

Rabin运用了这个想法,我们看到应用于多项式x^2-1 与费马定理或者拉格朗日定理矛盾,根据一连串的程序,当给出一个素数,我们认为"可能是素数",当给出一个非素数,我们认为大约有$\frac{1}{4}$ 的概率"可能是素数",剩下的就是证明这个数是合数. 我们来研究Rabin 的方法,假定n 的素性是需要我们研究的问题. 如若n 是一个素数,那么$x^{n-1}\equiv 1(\mathrm{mod}\ \ n)$ 对于所有的非零x.选择一个非零的x(一般的避免$x\equiv\pm 1$):这个随机元素的选择隐含着前面提到的概率. 我们计算$x^{n-1}(\mathrm{mod}\ \ n)$ 经由重复平方,但是我们需要有一个次序. 记$n-1$是$2^l m$, 其中m 是奇数,然后计算x^{n-1} 经由$(x^m)^{2^l}$ 的方法,也就是首先计算x^m,然后平方l次,这样计算得到$x^{2m},x^{4m},\cdots,x^{2^l m}$,所有的数对于模$n$而言.

(a)如若$x^m\equiv 1(\mathrm{mod}\ \ n)$, 那么程序停止,得到"$n$ 可能是一个素数",由于不与费马定理或者拉格朗日定理相矛盾.

(b)如若$x^m, x^{2m}, x^{4m}, \cdots, x^{2^{l-1}m} \equiv -1$ 任意一个成立,然后程序停止,得到“n可能是一个素数”,缘由与前面的相似.

(c)如若任何$x^{2m}, x^{4m}, \cdots, x^{2^l m} \equiv 1$ 的任意一个成立,比如$x^{2^k m} \equiv 1$, 然后程序停止,我们得到“n一定不是素数”. 我们得到拉格朗日定理的反例,由于$x^{2^{k-1}m}$ 是单位元的平方根,它不等于1(如若这样会在性质(a)中得到,或者存在更小的k 值)或者-1, 这可以在性质(b) 中得到. 在这种情况下,就如前面的561,我们可以分解n经由观察$(x^{2^{k-1}m} \pm 1, n)$.

(d)如若我们计算$x^{2^l m}$而没有停止,那么得到“n 一定不是素数”,由于$x^{2^l m} \equiv 1$ 可以在前面的步骤中得到,$x^{2^l m} \neq 1$ 与费马定理矛盾. 然而,我们不能得到n的素因子的信息.

实际上,这样的算法可以在十进制有上千个数字的数上快速运算. 可能会有争论,但是答案“n一定不是素数”是正确的(虽然n的任何因子也给不出),这个可以很迅速地验证如若我们把x作为n非素性的“见证者”,答案“n 可能是素数”就不能确定了. 可能我们得到“n 可能是素数”对于10 个不同的x 有10 个答案,甚至对于n是非素数也是这样.

这个论述的依据是Rabin的下述定理给出的:**对于任何非素数n, 至多有25%概率的x 值会给出“n可能是一个素数”**. 对于$n = 9$,x 取值-1和1都会给出“9可能是一个素数”,但是其他的6 个数($x \equiv 0$需要排除)不会有这样的结论,那么25%的x给出错误的答案. 这意味着如若我们尝试10个不同的随机的x值,然后对于所有的数得到“n 可能是一个素数”,或者n是素数,或者我们得到百万分之一(精确值1/1 048 576) 的可能每次得到一个不正确的数. 如若这种确定性程度不足够好,那么20 个不同的x 值会有万亿分之一($1/10^{12}$)的可能性得到错误的答案,等等. 应该注意到对于大量的合数n, 只有很少的x会给出“n 可能是一个素数”. 实际上,对于一个随机的180个数字的数,合数运行这样一次程序的概率要小于$1/10^{22}$.这类方法称之为概率方法,计算机科学家区别这两类概率的方法是:**蒙特卡罗方法**,答案可能是错误的(这个例子中是“可能是素数”);**拉斯维加斯方法**,答案是正确的,但是需要运行时间超出我们的预期. 在两类方法中,我们需要知道不正确的概率,Rabin 的方法是$\frac{1}{4}$——属于蒙特卡罗方法.

我们不打算在细节上分析这些算法的运算时间,我们注意到Rabin 的算法一次运算需要$2\log_2 n$ 次乘法,所有的数都小于n,相对于模n 进行操作. 通常的“长乘法”进行这样的计算需要数的位数的平方次,由于每个乘数的数字和每个被乘数的数字都要运算. 由于数n 的二进制位数等于$\log_2 n$, 需要的运算量是$\log_2^3 n$. Karatsuba的乘法方法需要$\log_2^{2.585}$ 次. 更快的乘法运算方法是大约需要$\log_2 n$ 次,这些乘法的方法一般不用于密码级别的素数.

怎样证明一个数n是素数?最简单的方法就是找到一个数x满足$x^{n-1} \equiv 1(\text{mod } n)$,但是对于$n-1$ 的所有素因子d 都有$x^{(n-1)/d}\equiv 1(\mathrm{mod}\ n)$, 换言之就是找到模$n$ 的原根(参看第3章3.1节). 这就意味着所有的数$x, x^2, \cdots, x^{n-1}$相对于模n都不相同,由于这些数都与n互素,那么得到从1到$n-1$ 的数都与n互素,也就是n没有真因子. 这样的x, 以及$n-1$的因式分解,可以当作n 是素数的凭证,由于相关的证明很容易验证. $n-1$的因式分解需要验证所有的因子都是素数,等等. 这样的验证的困难性不在于寻找x的费力,有phi$(n-1)$个这样的x(参看第3章3.1节), 而在于$n-1$ 分解的困难性. 如若我们取本章开端的数

$$p = 77\,169\,265\,188\,335\,087\,786\,895\,084\,941$$

我们得到

$$p-1 = 2^2\times 3\times 5\times 7\times 71\times 8\,837\times 2\,345\,533\times 10\,457\,969\times 1\,193\,831\,333$$

(Pollard ρ算法,参见本章8.4节,可以在一秒内得到这个数的分解). 同样的,在一秒内,我们可以验证$2^{p-1}\equiv 1(\mathrm{mod}\ p)$,但是对于$p-1$ 的每一个素因子f有$2^{(p-1)/f}\not\equiv 1(\mathrm{mod}\ p)$, 那么2 和上述的分解是$p$ 为素数的凭证,如若:

(a)我们相信上述分解可以实现(这个可以用乘数的乘法检验);

(b)我们相信在因式分解中的因子是素数,可以用同样的方式验证. 取最后一个数,

$$p_2 = 1\,193\,831\,333\,,\quad 其中p_2-1 = 2^2\times 19^2\times 826\,753$$

同样的我们验证$2^{p_2-1}\equiv 1(\mathrm{mod}\ p_2)$ 以及$2^{(p_2-1)/f}\not\equiv 1(\mathrm{mod}\ p_2)$ 对于p_2-1的每个因子f,那么p_2 就一定是素数.

然而,我们尝试应用这个方法于

$$p = 38\,608\,979\,869\,428\,210\,686\,559\,330\,362\,638\,245\,355\,335\,498\,797\,441$$

我们很快得到$p-1$的小因子是$2^7\times 5\times 11^2$,剩下的是很难分解的大素因子. 如若这样的凭证可以得到,那么需要的次数是$\log^4 n$, 或者运用快速乘法方法,需要$\log^3 n$次.

有一类数是类似的,但是很容易判别数的素性,形如$N = h2^n+1$ 的数,其中h 是奇数而且要小于2^n. 如若我们可以找到一个a满足$a^{(N-1)/2} = a^{h2^{n-1}}\equiv -1(\mathrm{mod}\ N)$, 那么就得到$N$是素数——Proth定理. 从现在的观点来看,这个证明是相当简单的. 取$b = a^h$, 那么$b^{2^{n-1}}\equiv -1.b$ 相对于模N 的阶恰好等于2^n, 那么对于模N 的任何素因子p 也成立. 那么得到2^n整除$p-1$(参看第2章2.3 节),也就是对于某个整数g有$p = g2^n+1$.由于前提是p整除N,那么p整除$N-p = (h-g)2^n$, 得到p 整除$h-g$. 但是$2^n < p\leqslant h-gh < 2^n$, 那么就得到矛盾当$h = g$, 即$p = N$时. a是检验N 素性的凭证,在大约$\log^3 n$ 次数可以得到—— 比快速乘法方法要慢.

我们在本章8.5节的结尾回到数的素性凭证问题上,在8.9节给出数的素性检验.

8.3 “随机”数生成器

特定“随机”数的计算在许多方面有广泛的用途. 在前面的小节,我们想得到各种不同的“随机”的x来验证n是否是素数. 许多计算机的模拟依赖于随机数,就如同游戏依赖于硬币的投掷和骰子的抛掷. 对于应用,比如有奖债券或者彩票的金额,需要的数是不可预测的,这样就要求有不可预测的数值程序,而不是有算术规律. 这样的方法可能费用比较高或者运行时间长,通常程序有一个不可预测的运行点得到“新的数来源旧的数”.

由于这个缘由,完全的不可预测性是不必要的,只需随机数“不那么有规律”. 这就引入**伪随机数**的研究,其中每个数依赖于前面一个数,但是不会破坏序列的有用性质. 这样的数依赖于模n的数进行,就如同超出模6的数又会回来. 实际上,n通常取和字长相关的性质,这是在计算机上用到的. 当然需要设计一个方法,给定一个对于模n的x_1, 把x_1无序地转换成x_2, 然后由x_2无序地得到x_3, 以此类推.

要介绍的第一个方法是**中间平方**的方法. 这个需要取这个数的平方,然后取中间的一半作为下一个数平方的基. 如若$n = 1000$(可能在实际应用中太小,但是在这里举例可以),那么平方数的“中间一半”是经由去掉前面2个和后面2个数字,如若$x_1 = 4\,321$,我们有

$$x_1^2 = 4\,321^2 = 18\,671\,041, \quad 得到 \quad x_2 = 6\,710;$$

$$x_2^2 = 6\,710^2 = 45\,024\,100, \quad 得到 \quad x_3 = 241;$$

$$x_3^2 = 241^2 = 58\,081, \quad 得到 \quad x_4 = 580;$$

$$x_4^2 = 580^2 = 336\,400, \quad 得到 \quad x_5 = 3\,364;$$

$$x_5^2 = 3\,364^2 = 11\,316\,496, \quad 得到 \quad x_6 = 3\,164;$$

$$x_6^2 = 3\,164^2 = 1\,010\,896, \quad 得到 \quad x_7 = 108;$$

$$x_7^2 = 108^2 = 11\,664, \quad 得到 \quad x_8 = 116;$$

$$x_8^2 = 116^2 = 13\,456, \quad 得到 \quad x_9 = 134;$$

$$x_9^2 = 134^2 = 17\,956, \quad 得到 \quad x_{10} = 179;$$

$$x_{10}^2 = 179^2 = 32\,041, \quad 得到 \quad x_{11} = 320;$$

$$x_{11}^2 = 320^2 = 102\,400, \quad 得到 \quad x_{12} = 1\,024;$$

$$x_{12}^2 = 1\,024^2 = 1\,048\,576, \quad 得到 \quad x_{13} = 485.$$

那么一个数小的数紧跟另一个小的数. 可能会让系统在 0 陷入停摆, 或者有循环 6 100, 2 100, 4 100, 8 100, 6 100, ⋯, 在这个例子中有$x_{68} = 6\,100$. 实际上,这不让人惊异,由于这个“随机”方法不足够随机,在下述的例子中有说明.

有一个著名的“悖论”(作为一个例子概率不是我们期望的那样)是23 个人或更多的人在一个房间,那么存在两个人的生日在同一天的可能性要大于不在同一天的可能性. 这个证明比较简单如若我们不考虑闰年,若考虑闰年则要复杂一些. 如若没有两个人有同一天生日,那么第一个进入房间的人生日可以是任何一天(概率是365/365), 第二个人的生日不同于第一个人的生日的任何一天(概率是364/365), 第三个人的生日不同于前面两个人(概率是363/365),以此类推,得到房间里23 个人累计的概率是

$$\frac{365}{365} \times \frac{364}{365} \times \frac{363}{365} \times \cdots \times \frac{365-22}{365}$$

得到的答案是

$$\frac{36\,997\,978\,566\,217\,959\,340\,182\,499\,134\,166\,757\,044\,383\,351\,847\,256\,064}{75\,091\,883\,268\,515\,350\,125\,426\,207\,425\,223\,147\,563\,269\,805\,908\,203\,125},$$

这个数的大小约为0.492 7.因而存在两个人在同一天的生日概率是0.507 3, 要大于1/2.这个现象类似于不论在一年中选取多少天数(或者从一些物体中选取其中的物体). 实际上,概率论告诉我们,如若我们从N 个物体中选取,那么期望依次选取$\sqrt{\pi N/2}$次,对于$N = 365$ 需要23.94 次,这和上述给出的例子相当符合. 对于$N = 10\,000$,就如上述中间平方的随机数生成器例子,我们期望依次选取个数在125以内,得到$x_{72} = x_{68} = 6\,100$.

我们需要考虑选取的方法,而不是随意选取一个. 那么随机选择序列的要求有哪些呢?

- 我们需要一个长周期的序列. 实际上,如若序列的形式为$x_{i+1} = f(x_i) \pmod{n}$,那么我们在重复之前需要$x_i$取遍所有的模$n$的值.

- 我们需要序列“看起来随机”. 依次的小的数中间平方当然不足够随机. 序列$x_{i+1} = 1 + x_i \pmod{n}$满足遍历每个值,但是没有人会认为这是随机的.

第一个准则需要满足算术要求,第二个准则需要有得到确切公式的统计方法,当然需要算术的要求. 我们集中于第一个准则,但是读者知道第一个准则是生成好的随机数的必要条件,它不是充分条件. 在本节的结尾我们一些可能的方法满足准则一和准则二.

一个生成这样伪随机数的广泛方法是*线性同余式方法*:

$$x_{i+1} \equiv (ax_i + c) \pmod{n} \tag{8.1}$$

其中x_{i+1}满足相对于x_i的线性同余式. 我们总是假定a, c 有这样的形式,通常用b代表$a-1$.如若我们替换式(8.1) 得到类似的方程,从而得到x_{i+2}相对于x_{i+1},有

$$\begin{aligned} x_{i+2} &\equiv (ax_{i+1}+c)(\text{mod } n) \\ &\equiv (a(ax_i+c)+c) \\ &= a^2x_i+(a+1)c(\text{mod } n). \end{aligned}$$

这个程序可以继续进行,表示x_{i+3}相对于x_i, 推而广之. 如若我们运用恒等式

$$a^{j-1}+a^{j-2}+\cdots+a+1=\frac{a^j-1}{a-1}=\frac{a^j-1}{b}$$

我们得到简捷的表达式

$$x_{x+j} \equiv (a^jx_i+(a^j-1)c/b)(\text{mod } n) \tag{8.2}$$

这个与式(8.1)的形式类似,但是用a^j替代a, 用$(a^j-1)c/b$ 替代c.有一些程序员认为,他们把序列“两次随机”经由每个元素交替的取值,这个观点是很荒谬的——同样的序列可以选取不同的a, c 得到. 在后面可以看到,操作这个变换的作用不大.

现在我们来研究基本的算术问题,就是选取好的线性同余式的随机数生成器:

什么样的x_1, a, c和n给出随机数生成器的最大周期,也就是在序列循环之前取遍模n的每一个数呢?

结论是x_1的选取不是特别重要. 考虑一个类似的序列,从0 开端满足$c=1$:

$$y_1=0 \quad 以及 \quad y_{i+1} \equiv (ay_i+1)\ (\text{mod } n). \tag{8.3}$$

就如上述的式(8.2)所示,

$$y_k \equiv (a^{k-1}-1)/b(\text{mod } n)$$

因而

$$\begin{aligned} x_k &\equiv a^{k-1}x_1+c(a^{k-1}-1)/b(\text{mod } n) \\ &\equiv (by_k+1)x_1+cy_k(\text{mod } n) \\ &\equiv (x_1b+c)y_k+x_1(\text{mod } n). \end{aligned}$$

如若x_1b+c与n互素,那么x_i与y_i有同样的周期. 如若x_1b+c不与n互素,那么x_i 的周期要小于y_i的周期,y_i 取值的个数是$n/(n, x_1b+c)$ 与x_i的周期相同.

我们现在需要一个技术性的结论,可以视作费马定理(参看第2章2.3节)的推广. 取p是一个素数,e是满足$p^e>2$的自然数(我们排除$p=2, e=1$的情况). 假若

$$x \equiv 1(\text{mod } p^e) \quad 以及 \quad x \not\equiv 1(\text{mod } p^{e+1}). \tag{8.4}$$

那么得到

$$x^p \equiv 1 (\bmod\ p^{e+1}) \quad \text{以及} \quad x^p \not\equiv 1 (\bmod\ p^{e+2}). \tag{8.5}$$

我们注意到$p^e = 2$和$x = 3$的情况蕴含着$p^e = 2$ 需要排除. 证明与费马定理的莱布尼茨证明(参看第2章2.3节)类似. 我们可以写作

$$x \equiv 1 + pq^e (\bmod\ p^{e+1})$$

其中$q \not\equiv 0 (\bmod\ p)$. 现在把$(1 + qp^e)^p$根据二项式定理乘开,得到

$$1^p + p1^{p-1}qp^e + \frac{p(p-1)}{2}1^{p-2}(qp^e)^2 + \underbrace{\frac{p(p-1)(p-2)}{6}1^{p-3}(qp^e)^3 + \cdots}_{\text{可以被}p^{e+2}\text{整除}}$$

如若p不等于2,我们知道$\frac{p(p-1)}{2}1^{p-2}(qp^e)^2$ 可以被p^{e+2} 整除,二项式因子$\frac{p(p-1)}{2}$得到p以及从因子p^{2e} 得到p^{e+1}.如若$p = 2$,那么有$e > 1$,这样p^{2e} 至少贡献p^{e+2}.在任何一种情况下,所有的项除去前两项都可以被p^{e+2}整除. 因而$x^p \equiv 1 + qp^{e+1} (\bmod\ p^{e+2})$, 这样就证明了式(8.5).

我们考虑特殊的生成器的模$n = p^e.n = 2$的情况是显然的,序列的最大值就是$0, 1, 0, 1, \cdots$. 这就相当于"随机投掷硬币". 对于模2 而言:我们需要一个更大的随机数生成器模n,随机数生成器的模越大越好. 然而,这不是一个好的想法相对于模2经由计算序列(mod n) 的余数用来除以2. 如若n 是奇数,我们偏向于0;如若n是偶数,我们有一个相对于模2的有效序列,周期至多是2.对于偶数n正确的方法是把序列分成(mod n)的$n/2$个子序列,考虑它们的商. 这样如若幸运那么子序列有与原来序列相同的周期. 对于奇数n,我们把它分成$(n-1)/2$ 个子序列,然后取商如若它是0或者1, 如若为2我们取下一个子序列,把它分成$(n-1)/2$ 个序列.

我们证明序列有最大的周期长度当且仅当下面的三个条件满足:

(i) p整除b;

(ii) 如若$p = 2$,那么4整除b;

(iii) p不整除c.

如若x_i需要有最大周期长度,那么y_i必须有最大周期长度. 由于$y_{k+1} = (a^k - 1)/b$,我们必须证明首先得到0(相对于模n) 当$k = n$. 如若$a \equiv 1 (\bmod\ p)$, 那么$a^{\phi(n)} \equiv 1 (\bmod\ n)$, 得到$(a^{\phi(n)} - 1)/b \equiv 0 (\bmod\ n)$,那么序列取到0 的速度太快了. 这个结论不会成立如若$a \equiv 1 (\bmod\ p)$, 这样不可以被b 整除,由于$b \equiv 0 (\bmod\ p)$. 我们证明了条件(i) 必须成立. 如若条件(ii)不成立,那么$p = 2$以及$a \equiv 3 (\bmod\ 4)$.这样$a^2 \equiv 1 (\bmod\ 8)$,(8.4)和(8.5)的反复应用得到$a^{2^2} \equiv 1 (\bmod\ 2^4)$,等等;这样$a^{2^{e-1}} - 1 \equiv 0 (\bmod\ 2^{e+1})$. 由于2整除$a - 1$以及4 不整除$a - 1$, 我们可以把同余式同除$a - 1$,模就变成$2^e$, 得到$(a^{2^{e-1}} - 1)/b \equiv 0 (\bmod\ 2^e)$, 这

样证明了序列在2^{e-1} 处重复而不是在2^e 处. 我们证明了条件(i)(ii)是序列y_i有最大周期长度的必要条件.

我们现在需要证明如若 (i) (ii) 满足,那么序列 y_i 有最大的周期长度. 如若 $a \equiv 1 (\mathrm{mod}\ p^e)$,那么序列显然有最大长度,这就是序列$0, 1, 2, 3, \cdots$. 假若$a \equiv 1 (\mathrm{mod}\ p^f)$,但是$a \not\equiv 1 (\mathrm{mod}\ p^{f+1})$对于小于$e$的$f$. 那么根据式(8.4)(8.5) 的反复的应用,我们得到$a^{p^e} \equiv 1 (\mathrm{mod}\ p^{f+e})$, 但是 $a^{p^e} \not\equiv 1 (\mathrm{mod}\ p^{f+e+1})$. 因而序列在 p^e 步之后循环, 由于 $a^{p^e} - 1 \equiv 0 (\mathrm{mod}\ p^{f+e})$, 然后把这个同余式同除$a-1$,这个同余式可以被$p^f$ 整除,意味着可以写成模p^e 而不是模p^{f+e}. 因而实际的周期长度一定是p^e 的因子,要不然实际周期长度的余数整除p^e 得到同样的周期长度. 这样实际周期长度就是p^g对于某一个g. 这个g必须等于e,对于更小的g 值,我们得不到p^{f+e}整除$a^{p^g}-1$.

条件(i)(ii)都是y_i有最大周期长度的充要条件. 那么对于x_i 的情况又是怎样?我们注意到条件(iii)后面的论述,序列x_i 与序列y_i 有相同的周期长度当且仅当$x_1 b + c$ 与n互素. 由于$n = p^e$ 以及p 整除b, 这个条件等价于p不整除c,也就是条件(iii).

我们现在考虑一般的n值,而不是$n = p^e$的特殊情况. 我们证明序列有最大周期长度当且仅当下面三个条件满足:

(i$'$) p整除b,对于所有的p整除n;

(ii$'$) 如若2整除n,那么4整除b;

(iii$'$) n与c是互素的.

如若需要序列相对于模n有最大周期长度,那么根据中国剩余定理(第2章2.4 节),它必须对于每个模p^e有最大周期长度,其中p^e整除n, 对于模n 的序列周期是模p^e 的序列周期的最小公倍数. 但是对于每个模p^e而言,条件(i$'$)(ii$'$)(iii$'$) 等价于条件(i)(ii)(iii).

实际操作中,条件要比(i$'$)(ii$'$)(iii$'$) 强一些,这样确保序列没有不良的统计性质. 如若随机数生成器需要广泛应用,那么适当的统计学测试会作用于生成的序列.

• 实际中模n应该尽量大,一般的计算机字长是最合适的选择.

• 除了(i$'$)(ii$'$)(iii$'$), 如若2整除n, 那么我们应该选取$a \equiv 5 (\mathrm{mod}\ 8)$;如若10整除$n$, 那么我们应当选取$a \equiv 21 (\mathrm{mod}\ 200)$.

• a的选择应当位于$n/10$和$9n/10$之间,根据前面的同余条件,不应当选其二进制数字或者十进制数字的简单模式. 对于通常的模$4\ 294\ 967\ 296 = 2^{32}$,一组即有好的统计性质又有好的算术性质的参数是$a = 2\ 147\ 001\ 325, c = 715\ 136\ 305$.

8.4 Pollard因式分解方法

Pollard用到了上节的方法,“随机”方法不足够随机,为得到一个独创性的因式分解算法,其中平均运行时间(参见Las Vegas 算法,§2)对于分解n 需要$n^{1/4}\log^2 n$次,在(第1章

1.9 节)中给出的算法需要的时间是$n^{1/2}$或者更长. 注意到这类方法仅应用于不是素数的数—— 在本章8.2节中Rabin的算法给我们提供了检验数素性的有效方法.

我们现在假定有一个相对于模n的程序f,给定一个数x_i, 得到另一个数$x_{i+1} = f(x_i)$. 有一个在实际上运行很好的方法是取$x_{i+1} \equiv x_i^2 + 1 (\bmod\ n)$. 如若这个方法"足够随机",那么根据概率论平均需要在$\sqrt{(\pi n/2)}$个不同的i个步骤之后. 实际上,特定的公式可以很快重复,由于x_i^2必须是一个二次剩余(参看第3 章3.3节)相对于模n, 不是所有相对于模n 的值都要用到. 如若n 是素数,只有$x_i^2 + 1 (\bmod\ n)$的$(n+1)/2$个不同的值需要(对应于$(n-1)/2$个真二次剩余以及特殊的情况$x_i = 0$).

如若p是n的因子,我们期望对于模p在$\sqrt{(\pi p)/4}$ 次选取后循环. 然而,首先的困难在于p是未知的,n的因式分解的目标在于寻找p. 这个问题经由观察相对于模p的重复,比如$x_i \equiv x_j (\bmod\ p)$ 蕴含着最大公约数$(n, x_i - x_j)$ 是非显然的. 第二个困难在于每个x_i与每个x_j 的比较(比较意味着最大公约数$(n, x_i - x_j)$ 的计算),需要大约$\pi p/32$ 次计算,这个不会比尝试除法的速度快(第1章1.9节). 我们需要一些更快的方法检测重复.

这是由Pollard ρ方法提供的,基于循环序列看起来希腊字母ρ,在序列的开端有一个不规则的部分,对应于ρ 的尾巴,紧跟着一个圆的序列无限次循环. 这个遵循x_i的定义:如若$x_i = x_j$, 那么

$$x_{i+1} = f(x_i) = f(x_j) = x_{j+1}$$

Pollard的方法基于下述的比较:

$$\begin{cases} x_1\text{与}x_2\text{的比较;} \\ x_2\text{与}x_3\text{和}x_4\text{的比较;} \\ x_4\text{与}x_5, \cdots, x_8\text{的比较;} \\ x_8\text{与}x_9, \cdots, x_{16}\text{的比较.} \end{cases}$$

推而广之. 如若x_i等于前面的x_j,那么就有相对于模p的第一次重复发生.对于"ρ"图像,这意味着$x_1, \cdots, x_{j-1}$ 位于尾巴处,x_j 是尾巴处与圆的交界点,$x_{j+1}, \cdots, x_{i-1}$环绕在圆上. 假若t 是第一个大于或等于i 的形如2的幂次的数. 那么由于$x_j = x_i$, 得到$x_{j+1} = x_{i+1}$,以此类推,直到得到$x_t = x_{t+i-j}$. 由于t 与i大小接近,那么$t + i - j$一定位于t 与$2t$之间,那么我们的比较方法是需要比较x_t 和x_{t+i-j}.这个比较需要计算最大公约数$(n, x_t - x_{t+i-j})$, 这个数可以被p 整除由于x_{t+i-j} 是x_t 的依次运算得到的. 唯一可能的误区就是x_{t+i-j}可能x_t的重复相对于其他因子,也就是相对于模n 的重复,那么最大公约数就是n,从而就得不到n 的任何分解. 在实际操作中这是很稀少的情况,如若这类情况发生,我们取一个不同的x_1重新运行,或者取一个不同的f.

有几点需要注意的:第一点就是重复可能会提前得到,如若t' 是2的幂次的数在i的前面,比$j, i - j$ 都要大,那么经由比较$x_{t'+i-j}$ 和$x_{t'}$重复可以被发现;另一个关键点在

于最大公约数$(x_t - x_i, n)$ 的计算. 由于最大公约数的计算量大,那么可以聚集一些项计算,也就是计算,比如最大公约数$((x_t - x_i)(x_t - xi + 1), n)$, 然后计算最大公约数$((x_t - x_{i+2})(x_t - x_{i+3}), n)$, 等等,这样只需要计算所有的最大公约数计算量的一半. 当然,有一点风险就是最大公约数可能是n,如若这样我们可以依次尝试每个最大公约数.

在本节的开端,我们知道Pollard ρ 算法的平均运行时间是$n^{1/4}\log^n$,但实际上我们证明了更好的结论:运行时间大约是$p^{1/2}\log^2 n$,其中p是n得到的一个素因子,$\log^2 n$ 来源于相对于模n的数的运算. 这意味着这个方法是第1章中“尝试除法”很好的补充,可以寻找大数的很小但不是特别小的因子. 在本章开端的$2^{484}+1$ 的因式分解中,因子17 353 甚至209 089 都可以用尝试除法得到,但是其他3 个因子用尝试除法计算量很大,但是用Pollard ρ 算法却相对容易得到,Pollard ρ算法的100 000次重复运算可以发现小于10^{10}的因子. 然而需要10^{27} 次重复来发现剩下的因子,那么对于我们的因子分解问题不是一个很完美的方案.

Pollard发现另一种方法,拉斯维加斯也得到了这种方法,称之为$p-1$方法,这个方法可能比较专业,但有实际的用途,这个方法的拓展在下节会描述,很有作用. 对于给定的数N,试图找到数N 的素因子p 满足:

(a) 对于给定的界P,满足$p < P$; (b) 所有的素因子形式$p-1$小于给定的界B——这样的数称为$B-$**光滑数**.

这个方法依赖于费马定理:假若p不整除x,$x^{p-1} \equiv 1 \pmod{p}$, 那么$p$ 整除最大公约数$(n, x^{p-1}-1)$, 其中第二项可以对于模n 计算当我们知道$p-1$ 时,这是这个方法的关键. 而且,任何$p-1$ 的倍数都可以计算,这是这个方法的创新点,我们用一个例子说明.

取$P = 100, B = 6$.那么可以整除$p-1$的2的最大幂次是2^6, 由于$p-1 < p < 100$.类似的,3和5的最大幂次分别是3^4和5^2. 那么任何满足上述条件的$p-1$一定整除$2^6 3^4 5^2 = 129\ 600$,我们可以计算最大公约数$(n, x^{129\ 600}-1)$. 实际上,我们可以取x,取平方6 次,然后取立方4次,接着取5次方2 次,在每一步中都计算最大公约数. 比如,如若$n = 1\ 007$, 我们取$x = 2$,那么六次平方(mod 1 007) 分别得到$4, 16, 256, 81, 519, 492$. 第一个三次方得到619,第二个三次方得到970. 这样,我们得到最大公约数$(970-1, 1\ 007) = 19$, 这就是给定数的因子.

然而,方法不总是这样直接的. 比如,我们取$n = 31 \times 41 = 1\ 271$,那么$x = 2$ 得到0作为第一个非显然的最大公约数,这样没有得到数因式分解的任何信息. 但是$x = 3$ 在第三次立方后得到因数41,$x = 5$在第一次立方后得到因数31. 还有一个更典型的例子是$x = 375$,这个数同余3 模31, 同余6 模41,是这两个素数模的原根. 第一次有$x^k \equiv 1 \pmod{31}$ 是第一次给出五次方,由于这是指数第一次等于30的倍数,但是这也是指数第一次等于40 的倍数,那么同时第一次有$x^k \equiv 1 \pmod{41}$,模的最大公因数是1271, 这样没有得到任何信息. 一个类似的问题出现在31×61或者41×61. 我们知道在这个例子中5是所有素因子的临界指数,所以我们可以首先取五次方,这样随着数越来越大出现的次数就越少.

这个例子告诉我们这种方法得到的因子不一定是素数. 如若我们取$x = 375$ 来分解$135\ 997 = 107 \times 1\ 271$, 在第一次取五次方后得到$90\ 989^5 \equiv 64\ 822 (\mathrm{mod}\ \ 135\ 997)$, 最大公约数$(64\ 821, 135\ 997) = 1\ 271$, 这个是一个因子,但不是素因子. 这个因子还需要进行上述方法的分解.

一般而言,寻找至多等于P的素数p满足$p-1$是$B-$ 光滑数,我们需要把任意x的幂次提升到

$$2^{e_2}3^{e_3}\cdots q^{e_q} \tag{8.6}$$

其中2^{e_2}是小于P的2的最大幂次,推而广之,q 是小于B 的最大的素数.

应该观察到这种可以比较“幸运”,可以有两种方法寻找(a) 和(b) 以外的因子.

(i) 我们可以找到一个因子有$p-1$实际上不是$B-$光滑数. 比如,如若我们应用上述方法,有相同的P 和B,来寻找7 313,用14 作为起点,我们知道在第一次取五次方,我们得到最大公因数71,这是7 313的因子. 然而,$71-1$不是$6-$ 光滑数,发生了什么呢?答案就是14是一个模71 的完全七次幂,那么14 模71的阶就是10, 而不是70,10是一个$6-$光滑数. 有一个一般性的法则:x的阶需要是$B-$光滑数,但是随着B的增大,对于$k > B$, x是完全k次幂的可能性减少.

(ii) 我们可能找到一个因子p大于P,只要$p-1$整除在式(8.6) 定义的光滑数. 比如,如若我们上述的参数寻找62 893 的因子,满足$x = 5$, 我们发现在第二次立方之后,得到最大公因子577, 实际上$62\ 893 = 577 \times 109.576$就等于$2^6 3^2$, 因而整除光滑数,虽然大于$P$. 偶然的,这个例子显示这个方法不一定首先得到最小的因子.

实际上,两个现象可以同时发生,参见练习8.9.

这个方法需要运行多长时间?我们需要得到素数q的幂次是$\log_q P$, 把一个数提升q次幂的乘法次数是$\log_2 q$.对于一个在范围$1, \cdots, B$的素数q的乘法次数是$\log_2 q \log_q P = \log_2 P$. 素数定理告诉我们在这个范围的素数个数大约为$B/\log B$, 那么总的时间是

$$\log_2 P\left(\frac{B}{\log B}\right)\log_2^2 n, \tag{8.7}$$

其中最后一个因子来源于模n的两个数的乘法次数.

实际上,这个算法很少用到,但是它是有“大素数”因子的变式形式. 这个就是替换条件(b)为:

(b$'$)所有素因子形式$p-1$都小于某个给定的界B_1 除了一个可能的素因子位于B_1与一个更大的界B_2之间——这样的数称之为$(B_1, B_2)-$光滑数.

我们现在来考虑n的素因子满足小于1 000以及是$(6,100)-$光滑数. 算法的第一步与上述类似:小于1 000的2的最大幂次是$2^9=512$,那么我们首先平方取定的x的数9次,然后取立方6 次,接着取五次方4 次,每一次都计算x^k-1和n的最大公约数. 我们现在计算了$y=x^{2^9 3^6 5^4}$, 如若我们没有得到一个因子,我们认为有6−光滑数的因子可能性较小.

我们现在来考虑这样的可能性在$p-1$分解的程序中有位于6和100 的简单素数. 如若素数等于7, 我们可以经由计算y^7 来得到,等等. 然而,有一个有效的方法来进行运算. 我们计算y^7经由首先计算y^2,然后计算$y^4=(y^2)^2,y^6=y^4y^2$,最后计算$y^7=y^6y$—总共需要4次乘法. 当我们计算y^{11},我们需要借助$y^{11}=y^7y^4$, 这只需要额外的一次乘法. 类似的,我们计算$y^{13}=y^{11}y^2$ 也一样,推而广之. 我们需要一个新的计算是$y^{97}=y^{89}y^8$,这个可以经由计算$y^8=(y^4)^2$.

那么算法的运行时间需要多久?第一个部分在式(8.7) 进行了分析. 对于第二个部分,我们忽略任何额外的计算比如y^8的计算. 我们需要$\log_2 B_1$次乘法来计算y^q,其中q是大于B_1的第一个素数,还需要另一个素数,根据素数定理,需要$B_2/\log B_2-B_1/\log B_1$ 次计算. 那么总的计算量是

$$\left(\log_2 P\left(\frac{B_1}{\log B_1}\right)+\log_2 B_1+\frac{B_2}{\log B_2}-\frac{B_1}{\log B_1}\right)\log_2^2 n. \tag{8.7$'$}$$

关于$B-$光滑数与$(B_1,B_2)-$光滑数的平均数知道的比较多,这些结论都很有技术性,在这里就不在进一步讨论,需要指出的是对于“小”的n这些渐近结论的的作用不佳,比如$n<10^{20}$.

在前面的例子中$P=1\ 000$,需要寻找$(6,100)-$光滑数$p-1$, 在相关的范围($0<\frac{p-1}{2}<500$, 由于我们知道$p-1$是偶数),有67个6−光滑数,还有240 个$(6,100)-$光滑数. 需要33次乘法来检测6−光滑数,还需要26 次乘法来检测$(6,100)-$光滑数. 如若我们改变参数从$(6,100)$到$(8,100)$, 这样需要把x的幂次7次方三次,现在有104个8−光滑数和274个$(8,100)-$光滑数: 后面数字的微小改变导致27个数是$(6,100)-$光滑数但不是6−光滑数现在成为8−光滑数,实际上34个不是$(6,100)-$光滑数的新数成为$(8,100)-$光滑数. 需要44次乘法来检测8−光滑数,但是检测$(8,100)-$光滑数的次数没有改变.

8.5 椭圆曲线方法的因式分解

在20世纪80年代在计算数论一个主要的成就是运用椭圆曲线(第7章7.4 和7.5节)解得了许多以前不能解得的问题. 要介绍的第一个方法就是H.W.Lenstra的借助椭圆曲线进行整数因式分解的方法.

这个方法的想法可以在Pollard $p-1$方法中看到. 这个方法对于因式分解而言,素因子为p的满足$p-1$是$B-$光滑数($(B_1,B_2)-$光滑数如若有大素数的形式)很有效. 问题

在于可能没有素因子是$p-1$ 的恰当形式. 然而,我们从哈赛定理(第7章7.5节)知道一个模p的椭圆曲线E有介于$p+1-\sqrt{p}$与$P=p+1+\sqrt{p}$个点(包含无穷远点). 这个数记作n_E.如若n_E是$B-$ 光滑数,那么对于任何点P 在E 上,都有$2^{e_2}3^{e_3}\cdots q^{e_q}P=O$, 符号如式(8.6) 所示.

当然,因式分解的关键点在于发现p,对于给定的n. 然而,如若我们仅知道n, 那么我们知道对于模n的运算,如若对于模p, 会得到同样的结论 **只要我们我们的运算对象是有限点**. 如若$2^{e_2}3^{e_3}\cdots q^{e_q}P=O(\text{mod } p)$会发生什么如若同余式对于其他整除$n$ 的素数模不成立?我们要么应用第7章式(7.17′)与(7.17″) 它们不是合适的模p, 由于模p要么应用式(7.17′) 当一个点是另一个模p的点的相反数,这两种情况有x_1-x_2 是p 的倍数,或者我们把一个点乘以两倍经由第7 章式(7.17″)这个点的y坐标等于0模p.在这些情况中,分母在这些方程中对于模n 没有逆元,应用欧几里得算法寻找逆元会得到n的因子的非显然最大公约数,也就是n的因子.

给出一个较小数值的例子,考虑497的小的因数. $11+1+2\sqrt{11}=18$ 为一个整数,那么这个点记作P. 取$B=4$,那么相关的素数等于2和3. 方程(8.6) 因为着需要考虑$2^4 3^2 P$, 其中P 是模497 上的椭圆曲线的一个适当的点. 我们取$y^2=x^3+3x+3$, 以及点$P=(4,24)$. 计算$2P$, 方程(7.17″)要求我们首先转换$2y_1=48$.拓展欧几里得算法的一个应用告诉我们这个数模497 的逆元等于-176,那么$(3x_1-A)/2y_1\equiv 467(\text{mod } 497)$. 这样得到$2P=(395,275)$. 类似的有$4P=(122,187)$, $8P=(374,23)$ 以及$Q=16P=(108,12)$.这样就消耗了方程(8.6) 的2 的幂次,我们现在计算$3Q$ 以及$9Q$.我们可以计算$2Q$ 经由第7 章式(7.17″),得到$(360,72)$.我们试图计算$3Q=2Q+Q$经由(7.17″), 转换得到$x_1-x_2=108-360=-252$. 但是我们应用广义欧几里得算法于497和-252,我们发现公因数是7.得到-252是不可逆的,但是我们得到497 的因子7.实际上,模7的椭圆曲线有6 个点,$(1,0)$, $(3,\pm 2)$, $(4,\pm 3)$ 和O,原来的P同余于$(4,3)$,这个点的阶等于6, 当然是一个4− 光滑数.

首先读者可能会问这样的算法有什么优点,由于这个方法相比于Pollard $p-1$方法有两个主要的不足之处:

(i) 我们用模乘法(或者平方)经由椭圆曲线的加法(或者翻倍),这个运算量更大,主要是含有模运算的逆元作为一个主要的步骤;

(ii) 我们不能保证寻找的$B-$光滑数是偶数. 第二点很重要:在方程(8.7′) 后面考虑的Pollard 算法,我们知道直到1 000 的数有67个6−光滑偶数,然而在这个范围总共有84个6− 光滑数,那么奇的6− 光滑数下降13.4%如若我们知道是偶的,要么下降8.4%如若我们不知道. 幸运的是,这个优点减少如若B增大.

有一个对应的优点：有许多这样的椭圆曲线. 有一个前提条件需要注意:很容易选择A 和B(因而得到椭圆曲线),实际上只需要稍微尝试就可以找到x 满足x^3-Ax-B 是二次剩余,但是得到寻找y满足$y^2 \pmod{n}$ 的计算比较困难. 我们用另一种不同方法:随机地选取x, y, A, 定义B 等于$x^3 - Ax - y^2$, 让椭圆曲线途径相应的点,而不是让点来满足曲线. 当然,我们需要检测最大公约数$(\Delta, n) \neq$ o, 要不然理论就不可应用,在实际操作中这是不可能的,非显然的最大公约数也可以n的因数.

算法细节上的分析比较复杂,我们仅陈述主要的结论. 首先,我们需要一些符号对于本章剩下的内容很有必要. 令$L(x)$ 是函数$\log L(x) = \sqrt{\log x \log\log x}$, 这蕴含着$L(x)$的性质有:随着$x$ 的增长,$L(x)$的增长速度小于$x, \sqrt{x}, x^{1/3}$,以及$x^{1/n}$ 对于任何n而言. 另一方面,$L(x)$ 的增长速度大于$\log x, \log^2 x$,以及$\log^n x$对于任意n 值. 这样提供了一个中间增长速度:增长速度小于x的任何次开方,大于$\log x$的任何幂次.

从$B-$光滑数理论得知一个随机的$L(x)^k-$光滑数有x 为上界的概率是$L(x)^{-1/2k}$.我们假定一个可能性很大的前提,但是在当前的数论工具下很难证明,这适用于随机数在哈赛范围$x+1-2\sqrt{x}, \cdots, x+1+2\sqrt{x}$, 那么我们取$B = L(x)^{1/\sqrt{2}}$,然后尝试$\log x$ 个不同的椭圆曲线,得到一个因式分解的算法很可能(概率是$1 - 1/\mathrm{e} \approx 0.63$)得到数$n$ 小于x 的因数— 如若没有得到结论,就继续取不同的点和椭圆曲线重复这个程序. 这个拉斯维加斯方法需要的总的运行时间是

$$L(x)^{\sqrt{2}} \log x \log^2 n = \mathrm{e}^{\sqrt{2 \log x \log\log x}} \log x \log^2 n, \tag{8.8}$$

最后一项来源于模n的曲线上点的加法和加倍需要的时间,对于n充分大就是对于模逆元的时间. 如若取x等于$\sqrt{n}$,那么我们寻找n的所有素因子,那么式(8.8)就是

$$\mathrm{e}^{\sqrt{2\log(\sqrt{n}) \log\log(\sqrt{n})}} \log^3 n \approx L(n) \log^3 n.$$

Lenstra算法具有很大的优点,如同Pollard ρ 算法,这种方法对于寻找小的因子更快. 寻找大的因数椭圆曲线方法比Pollard 算法要好. 比如,对于寻找有30 个数字的数的因子,Pollard算法需要10^{15}次重复,二椭圆曲线方法仅需要10^{11}次重复. 这个方法可用于寻找$10^{142}+1$ 的因数380 623 849 488 714 809.

实际上,可以用Lenstra算法在“大素数”的变式形式,这与Pollard $p-1$方法的工作原理相同. 这种算法,与Pollard 算法一样,是一类拉斯维加斯算法,需要建立在$B-$光滑数在哈赛范围内.

在本章8.2节的结尾,我们指出,如若$p-1$很容易分解,那么我们可以得到一个阶恰好等于$p-1$的元素,那么我们有“凭证”p 是一个素数. 有可能用模p 的椭圆曲线上的点替换$p-1$,希望这样比较容易分解因数— 我们运用Pollard rho方法解得. 如若这个数不容易分解,我们取一个不同的椭圆曲线. 证明的细节相当的复杂,在这里就不给出了,但是在1991 年这个方法用来证明一个有1 065 个数字的数n是素数,然而$n-1$ 的素数分解在计算机的运算范围之外. 在这个方法中,P的素性检测需要椭圆曲线E,在模p 的的曲线

上有N个点证明,以及N 的分解(伴随着因子的素性分解,等等). 椭圆曲线和上面的点需要$\log n$ 次运算,那么包含因子的素性检测需要至多$\log^2 n$ 次运算.

数学家Pomerance发现这个方法的一个变式. 我们假定$n > 34$ 是一个数,这个数的素性需要检测,令a, b至多是n 满足最大公约数$(6b(a^2+4b), n) = 1$, 取k满足$2\sqrt{n} < 2^k < 4\sqrt{n}$. Pomerance证明了下述结论:

(i) 取$P_0 = (x_0, y_0)$是一个由$a, b(\bmod\ n)$ 定义在椭圆曲线上的点—实际上我们首先取a, x_0, y_0,然后计算b. 取$P_i = (x_i, y_i) = 2P_{i-1}$,假若$P_k$ 是一个无穷远点,但是P_{k-1} 不是无穷远点,以及P_k经由P_{k-1}的计算没有找到n 的任何素因子. 那么n是一个素数,其中(a, b, P_0)是一个凭证——称之为I 类型的凭证.

(ii) 取$P_0 = (x_0, y_0)$以及$Q_0 = (u_0, v_0)$在由$a, b(\bmod\ n)$ 定义椭圆曲线上的点,以及$P_i = (x_i, y_i) = 2P_{i-1}, Q_i = (u_i, v_i) = 2Q_{i-1}$. 假若$P_{k_1} = Q_{k_2}$都是无穷远点,以及它们的计算没有得到$n$的任何因子,而且$k_1 + k_2 = k$. 那么$n$ 是一个素数,有(a, b, P_0, Q_0, k_1) 作为凭证——称之为Π 类型凭证.

(iii) 如若$n > 34$是一个素数,那么这个数满足类型 I 或者 Π 中的一个.

这些凭证的长度是$\log n$,需要的时间是$\log^3 n$(少于Karatsuba 和快速乘法运算的时间),但是这样的程序不容易得到.

8.6 大数分解

我们怎样分解一个大数N呢?首先寻找小的因数,通常尝试每个因子直到100 000. 有直到这个界的素数表可以节约时间,但是这会占用空间. 一个折中的方法就是用2, 3 去整除,然后用$1, 5(\bmod\ 6)$去整除. 一旦我们排除了小的因数,我们可以得到这个数是否是素数,本章8.2节的方法可以很好的适用.

如若这个数不是素数,本章8.2节的方法可能不会得到任何因数,我们会认为N 不是素数,但是得不到这个数的任何因子. 我们可以尝试更先进的方法:比如,50 000次Pollard ρ方法可以找到任何小于10 000 000 000的因数. 每个这样因数得到后,我们需要检测剩下因数的素性. 如若Pollard ρ 方法找到一个大于尝试除法上界平方的因数,那么我们应当检测这个因数是素数,仅有很小的可能性这个因数不是素数. 这样做之后,我们可以运用Lenstra 的椭圆曲线算法来寻找更大的因子,比如有30 个数字的因子.

实际上,即便椭圆曲线算法也不是最有效的方法. 根据费马的方法,在第1 章1.9中,如若我们知道x, y满足$x^2 - N = y^2$, 那么$N = (x+y)(x-y)$.直接寻找这样的x, y 当y相当小比较适合,当且N 的两个因子相当的接近. 然而,这个简单的思想是最先进的因式分解算法的理论基础. 首先,我们注意到N 不一定要等于$x^2 - y^2$, 只需要$x^2 \equiv y^2(\bmod\ N)$ 以及$x - y, x + y \not\equiv 0(\bmod\ N)$. 那么需要得到$x^2 \equiv y^2(\bmod\ N)$的非显然解. 随机的寻找很难找到这样的解：我们需要一种构造的方法.

最基本的方法就是寻找若干数x_i满足x_i^2 同余于一组较小的数,把这些因式分解,用因式分解得到x_i组合乘积的平方,用模N取约化得到的数还是一个平方. 举一个例子,考虑数$N = 197\ 209$.我们注意到$159\ 316^2 \equiv 720 = 2^4 3^2 5 \pmod{197\ 209}$ 以及$133\ 218^2 \equiv 405 = 3^4 5 \pmod{197\ 209}$. 那么$720, 405$都不是平方数,这两个数都有因数5. 但是它们的乘积是一个平方数,由于$2^4 3^6 5^2 = (2^2 3^3 5)^2 = 540^2$.这样就得到$(159\ 316 \times 133\ 218)^2 \equiv 540^2 \pmod{197\ 209}$,这样转换成$126\ 308^2 \equiv 540^2 \pmod{197\ 209}$. 由于最大公约数$(126\ 308 - 540, 197\ 209) = 199$以及$(126\ 308 + 540, 1\ 976\ 209) = 991$,我们得到因式分解$197209 = 199 \times 991$.

那么怎样得到数159 316和133 218的平方同余的特别小的数?$\sqrt{197\ 209}$ 的连分数展开形式如:

$$\sqrt{197\ 209} = 444 + \frac{1}{12+}\frac{1}{6+}\frac{1}{23+}\frac{1}{1+}\frac{1}{5+}\frac{1}{3+}\frac{1}{1+}\frac{1}{26+}\frac{1}{6+}\frac{1}{2+}\frac{1}{36+}\cdots.$$

取q_n表示这个连分数展开形式的第n项,A_n/B_n表示$\sqrt{197\ 209}$ 的第n个渐近项. 根据§4.6的理论,误差项$|\ \sqrt{197\ 209} - \frac{A_n}{B_n}\ |$要小于$1/B_n B_{n+1}$, 这个项要小于$1/q_{n+1}B_n^2$. 那么渐近项在一个很大的数前面是一个很好的逼近,所有的渐近项都是很好的逼近. 如若$A_n/B_n = \sqrt{197\ 209} + e$, 其中我们证明了$e$ 小于$1/B_n^2$, 我们可以记作$(A_n/B_n)^2 = 197\ 209 + 2e\sqrt{197\ 209} + e^2$, 这意味着$A_n^2 = 197\ 209 B_n^2 + 2e\sqrt{197\ 209} B_n^2 + e^2 B_n^2$. 如若我们记$E = 2e\sqrt{197\ 209} B_n^2 + e^2 B_n^2$, 前面的式子就是同余式$A_n^2 \equiv E \pmod{197\ 209}$,$E$ 要小于$2\sqrt{197\ 209}$.一个很好的渐近项是

$$444 + \frac{1}{12+}\frac{1}{6} = \frac{32\ 418}{73},$$

其中$E = 37$,这个数很小但不是小的数的乘积. 下一个渐近项是

$$444 + \frac{1}{12+}\frac{1}{6}\frac{1}{23} = \frac{750\ 943}{1\ 691},$$

这里的E等于720.那么$750\ 943^2 \equiv 720 \pmod{197\ 209}$, 这个同余式等价于

$$159\ 316^2 \equiv 720 \pmod{197\ 209}$$

渐近项

$$444 + \frac{1}{12+}\frac{1}{6}\frac{1}{23+}\frac{1}{1+}\frac{1}{5+}\frac{1}{3+}\frac{1}{1+}\frac{1}{26+}\frac{1}{6} = \frac{3\ 143\ 053\ 051}{7\ 077\ 638}$$

得到同余式

$$3\ 143\ 053\ 051^2 \equiv 3\ 143\ 053\ 051^2 - 197\ 209 \times 7\ 077\ 638^2 \equiv 405,$$

这样有

$$133\,218^2 \equiv 405 (\bmod\ 197\,209)$$

数197 209没有什么特别之处,这个方法可以用来对于给定的不是素数的任何整数. 一个可能的缺点就是$\sqrt{N}$的连分数可能重复的速度相当快(这样不能给出E 足够的不同的值):在这个情况下,用kN 来替换N 对于比较小的k, 然后观察$\sqrt{kN}$的连分数展开形式. k 的选择也可能产生一个素数整除E 的可能性. 我们考虑5是否整除E.由于$A_n^2 = kNB_n^2 + E$, 我们可以记作$A_n^2 \equiv kNB_n^2 + E (\bmod\ 5)$.我们在第4章4.4节中证明了$A_n$ 与B_n总是互素的,那么对于模5 有A_n, B_n的24个可能的取值—除了$(0,0)$ 之外的所有组合. 如若$kN \equiv 0 (\bmod\ 5)$,那么与$A_n \equiv 0 (\bmod\ 5)$的仅有的4 个组合会得到$E \equiv 0 (\bmod\ 5)$,那么$E \equiv 0 (\bmod\ 25)$ 当且仅当$kN \equiv 0 (\bmod\ 25)$. 如若$kN \equiv \pm 1 (\bmod\ 5)$(这是一个二次剩余),那么8 个组合满足$A_n^2 \equiv \pm B_n^2$— 对于每个非零的$B_n$ 有两个A_n的取值—得到$E \equiv 0 (\bmod\ 5)$. 反之,如若$kN \equiv \pm 2 (\bmod\ 5)$(这是一个二次非剩余),那么二次剩余乘法性质(第3章3.3节)得到$E \not\equiv 0 (\bmod\ 5)$.

另一个重要的应用在于不需要计算渐近项然后分子和分母模N: 我们可以运用递推关系$A_m = q_m A_{m-1} + A_{m-2}$ 和$B_m = q_m B_{m-1} + B_{m-2}$(第4章4.4 节)计算分子与分母,然后模$N$, 由于我们只需要$A_m, B_m$ 模N 的值. 同余式$A_m^2 \equiv E (\bmod\ N)$的运行速度很快,大部分时间都消耗在$E$的因式分解上. 最显然的策略就是选取一组素数(一般而言前面的n个素数$p_1, \cdots, p_n$),观察哪一个数E可以表示成这些素数的幂次乘积以及-1的乘积(我们把这个数当作素数,记作p_0)——用本章8.4的术语,我们观察$\pm E$ 是否是p_n- 光滑数. 细节上的尝试除法程序用来操作这个因式分解.

一旦我们有下述足够多的同余式

$$A_j^2 \equiv p_0^{e_{j0}} p_1^{e_{j1}} \cdots p_n^{e_{jn}} (\bmod\ N),$$

我们可以尝试A_j的组合的平方乘积同余于一个不同的平方数. 这意味着乘积中每个指数p_i都是偶数. 如若我们记作$a_j = 1$表示A_j^2 会出现在乘积中,$a_j = 0$ 表示A_j^2不会出现乘积中,那么乘积中的指数p_i 就等于和$a_1 e_{1i} + \cdots + a_k e_{ki}$.所有的这些和都是偶数等价于寻找一个下述模2 的线性同余式方程组的非显然解:

$$\begin{aligned}
a_1 e_{10} + \cdots + a_k e_{k0} &\equiv 0 (\bmod\ 2),\\
a_1 e_{11} + \cdots + a_k e_{k1} &\equiv 0 (\bmod\ 2),\\
&\vdots\\
a_1 e_{1n} + \cdots + a_k e_{kn} &\equiv 0 (\bmod\ 2).
\end{aligned}$$

还有一个附加条件可以很好的作用于这个方案:“大素数变式”,类似前面的内容. 在这个方案中,不是有$A_j^2 \equiv p_0^{e_{j0}} p_1^{e_{j1}} \cdots p_n^{e_{jn}} (\bmod\ N)$, 换言之,$E$被完全因式分解,我们允许额外的一个大素数$Q_j$, 那么有$A_j^2 \equiv p_0^{e_{j0}} p_1^{e_{j1}} \cdots p_n^{e_{jn}} Q_j \pmod N$.上述的“大素数”表示“比$p_n$要大但是比$p_n p_{n+1}$ 要小”,由于每个在这个范围的数经由$p_1, \cdots, p_n$ 尝试除法之后剩下的数是素数. 用本章8.4节的术语,我们想要E是$(p_n, p_n p_{n+1})-$光滑数. 一般而言,这个生成同余式的速度比前面的简单方法要快,但是对应的线性方程组可能会比较多,由于平方了这些素数的个数. 然而,最多有一个“大素数”出现在每个方程中— 线性方程方面专家的术语是这些方程相当的稀疏. 我们可以运用稀疏性如下方式:由于同余式的生成,它们根据出现在这些同余式中Q_j的值存储,如若Q_j 存在. 如若我们发现两个同余式有相同的大素数出现在其中,也就是

$$A_j^2 \equiv p_0^{e_{j0}} p_1^{e_{j1}} \cdots p_n^{e_{jn}} Q_j \pmod N$$

和

$$A_i^2 \equiv p_0^{e_{j0}} p_1^{e_{j1}} \cdots p_n^{e_{jn}} Q_i \pmod N$$

满足$Q_j = Q_i$, 我们可以构造一个方程没有大素数的出现,即有

$$\left(\frac{A_i A_j}{Q_i}\right)^2 \equiv p_0^{e_{i0}+e_{j1}} p_1^{e_{i1}+e_{j1}} \cdots p_n^{e_{in}+e_{jn}} \pmod N,$$

除法在第2章2.2节模N的意义下进行运算—如若这个除法不成立,我们就得到N 的因数. 当我们累计了足够多的方程仅含有p_i,经由上述技巧或者E 的完全因式分解得到,我们可以解得模2的线性方程.

这个算法需要的时间很难分析,由于这个依赖于k, n的选择,在因式分解中的素数个数,以及算法实现的细节. 很小的n 值意味着几乎没有同余式给出方程,很大的n 值会增加因式分解E的时间,以及模2 的线性方程求解的时间. 实际中,方程求解与存储这些方程的计算机容量,是制约运算的因素. 如若选取n满足$\log n = \frac{1}{2}\sqrt{\log N \log\log N}$,这从理论分析上而言是最好的值,可以证明基本算法需要的运行时间至多是$L(N)^2$.实际上,有大素数的出现,这个时间大约是$L(N)$.

有另一种生成这些同余式的方法,称之为**二次筛法**,这种方法在很大程度上不依赖于尝试除法:我们构造同余式$A^2 \equiv B \pmod N$, 这里的B 很小,而且有很多的小的素因子. 我们假定需要进行因式分解的N 没有小的素因子. 我们取M是一个最接近$\sqrt{N}$的整数,$Q(x)$ 是一个函数$(M+x)^2 - N$. 当x是很小的整数,$Q(x)$的大小为$2x\sqrt{N}$, 因而这个数很有可能因式分解成小的整数乘积. 二次筛法一个独到之处在于我们可以知道哪一个素数可以整除$Q(x)$的不同的值. 2 显然整除偶数,也就是2整除整数中的一半.

那么有多少被3整除?如若二次剩余符号$(N|3)$(参见第3章3.3节)等于-1,那么有$N \equiv (M+x)^2 \pmod 3$ 是不可能成立的. 反之,如若$(N|3) = 1$, 那么N 有模3 的两个平方根,3可以整除每个$(M+x)^2 - N$ 满足$M + x \equiv \pm 1 \pmod 3$,也就是有$\frac{2}{3}$ 的概率而不是$\frac{1}{3}$的概

率. 这个论据适用于任何素数p: 如若$(N|p)=-1$, 那么p 不能整除$(M+x)^2-N$ 的任何值,然而$(N|p)=1$, 那么N对于模p 有两个平方根,比如记作$\pm a$, 那么p 整除$(M+x)^2-N$ 如若$M+x\equiv\pm a$.被p 整除的$(M+x)^2-N$的x 的值形成两个算术级数,这与Erotosthenes筛法的原理类似.

对于这个因式分解算法,我们的因子包含素数2,以及很小的奇素数p 满足$(N|p)=1$.我们可以创建一个表,对于每个指标x, 包含有$(M+x)^2-N$ 的值,然后用2 整除所有的偶数元素. 对于每一个奇素数p, 我们把这些元素分成相对于p的算术级数的分组. 当然,有可能$(M+x)^2-N$的值可以被p 的幂次整除,用尝试除法的运算量不是很大,由于只需要考虑p整除$(M+x)^2-N$. 或者,我们只需考虑同余式$(M+x)^2\equiv N(\text{mod } p^2)$ 可解的x值,得到算术级数满足每个值$(M+x)^2-N$都可以被p^2 整除,等等. 这个方法适用于对于计算机的除法而言是缓慢的运算:我们可以储存$\log((M+x)^2-N)$然后从这个数减去$\log p$,而不是存储$(M+x)^2-N$然后被p整除. 这对于大数的分解相当的适合,对于$(M+x)^2-N$ 需要几个计算机字长的存储量,但是对于$\log((M+x)^2-N)$ 大约只需要一个字长的储存量.

这个算法有几个重要的变换形式. 有一个"大素数变式"形式类似于连分数算法. 另一个变换形式,"多重多项式二次筛法",运用几个不同的多项式而不是仅仅一个$Q(x)$,这样可以得到比$Q(x)$要小的更多的值. 这些两个算法可以同时运用,用于§1中前面3 个例子的数的因式分解. 这类算法最好的运行时间为$L(N)$.

二次筛法的一个很重要的推广是"数域筛法",用于§1 的例子中最后两个数的因式分解. 这个算法的运行时间依赖于一个更缓慢增长的函数,而不是前面前面介绍的函数$L(x)$. 取$M(x)$是函数满足$\log M(x)=(\log x)^{1/3}(\log log x)^{2/3}$(而不是前面的定义:$\log L(x)=(\log x)^{1/2}(\log\log x)^{1/2}$), 那么这个算法的运行时间需要$M(n)^c$, 其中$c$依赖于数$n$ 的形式而不是数的大小— 这个数的形式是$a^b\pm c$,这就是在导言部分介绍的数的形式.

8.7 迪菲–赫尔曼编码方法

计算机的迅速发展,特别是互联网的快速发展,就产生了大量的网络交易. 起初,设想只有很少的商品提供者(至少对于给定的个人),那么传统的密码就足够了. 但实际上有大量的网络交易:银行,车票预订,商品购买,网上书店如亚马逊,网站如eBay——这个举例还有很多. 显然对于每个人一个单独的密码是不可控制的,更不要提及管理这些密码的困难性,换言之,就是密码学家称之为的**私钥**. 我们需要一个安全的交易机制(或者称为信用卡账号),这个对于大众是公开的.

这就提出了一个问题:两个参与者怎么安全的交换信息,而不需要事先准备的私钥?这看起来好像不可能,但是下述例子解释这种可能性(图8.1). 假若A试图寄给B大量的现金. A知道携带者有一个不良习惯就是打开行李,取出其中的现金,然后复制行李中的钥匙. A 可以寄给B一个加锁的箱子,但是怎么给B 钥匙是一个问题. A可以把钥匙放在加锁的箱子里,但是有一个问题是钥匙放在寄送的上锁的箱子里……. 有一个好的方案就是A 寄给B 一个上锁的箱子,但是钥匙在A 的手中. B不可以打开这个箱子,但是B可以把箱子加自己的锁,然后把箱子寄给A.A可以解开自己给箱子加的锁,然后把箱子寄给B,B可以解开箱子的锁,拿出现金. 这个方法相当的安全,由于箱子在传递中总是有锁的.

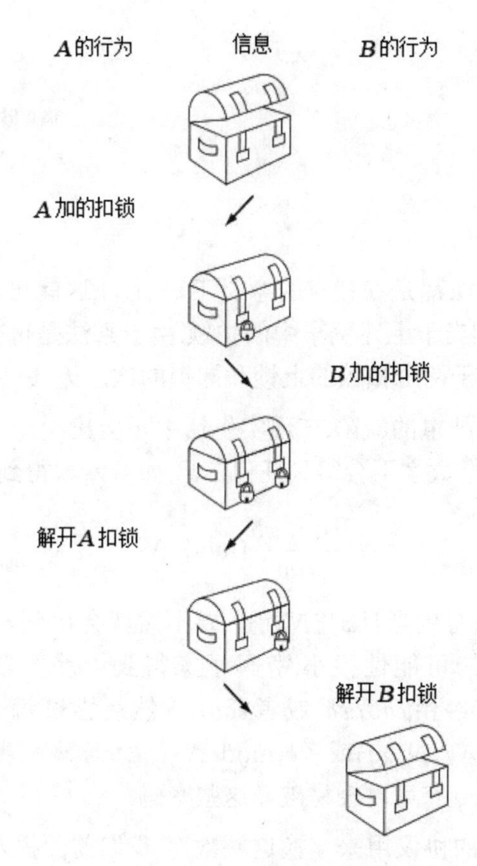

图8.1 秘密的传递

那么我们怎么把这个想法转换为有用的计算机编码方案呢?首先,我们把信息表示成一串模N的整数序列,其中N是公认为很大的整数. 我们的问题就是传输这些整数序列,如若我们可以传输一个这样的序列,那么就可以经由重复传输这一串序列.

一个可能的方案对于传输信息x是这样的. A和B每个给出一个随机数,比如a 与b,这两个数必须与N 同余. 那么A和B之间的序列传输可以概括为(图8.2)

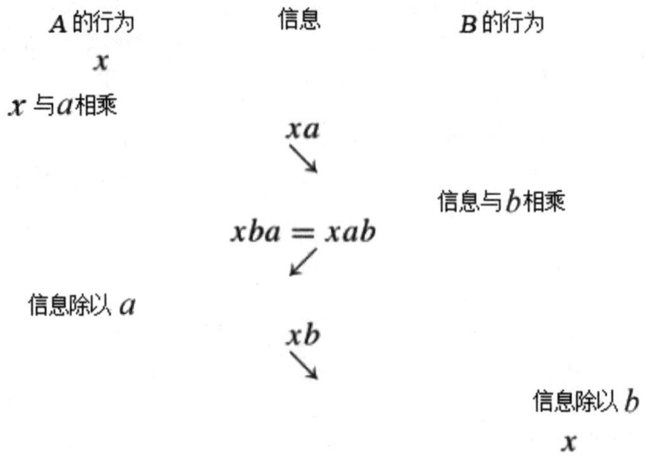

A 的行为　　信息　　B 的行为

x

x 与 a 相乘

xa

↘

信息与 b 相乘

$$xba = xab$$

↙

信息除以 a

xb

↘

信息除以 b

x

图8.2

其中所有的乘法和除法都是在模N的意义下进行的,这就可以解释需要满足a, b都与N互素原因. 数a和数b相当于上述例子中的扣锁,由于乘法是可交换的,那么与a, b的乘除法运算的次序无关,对应于两个扣锁的上锁和卸锁的次序无关.

然而,这个方法有一个严重的缺陷,在现实生活中不会出现. 如若密码专家成功得到所有的3个数字的情况. 1 个数字不会得到任何信息,如若专家得到3 个数字,那么

$$x \equiv \frac{xa \times xb}{xab} \pmod{N}.$$

严格意义上而言,这个方法有效当且x与N互素,要不然就会得到x 相对于模$N/(N, x)$.但是x与N有一个很大因数的可能性很小,密码学家得到“差不多”所有的信息. 密码专家可以可以计算a或者b经由xab/xa 或者xab/xb,然后尝试每一种可能$a \pmod{N}$或者$b \pmod{N}$,得到$a \pmod{N/(N, x)}$或者$b \pmod{N/(N, x)}$,观察哪一个x 值得到x.实际上这不是很困难,对于密码专家可以轻易破译这些密码.

我们需要一个更强大的协议用来交换这些数字,我们前面提及的给出迪菲– 赫尔曼编码方法. 我们依赖于指数与根而不是乘法与除法运算. 我们考虑素数模P, 而不是一般的模N, 虽然其他的模也是可能的. 我们从第2章2.2节知道如若k与$P-1$互素,那么每个数都有一个唯一的k 次根相对于模P. 这个需要找到一个数l满足$kl \equiv 1 \pmod{P-1}$,那么计算l 次幂等价于k 次根的计算. A 与B 分别取a 与b 和$P-1$ 互素,有下述运算(图8.3).

所有的运算都相对于模P进行. a, b可以是很大的整数,这与本章8.2节中的提升幂次的效能方法关联.

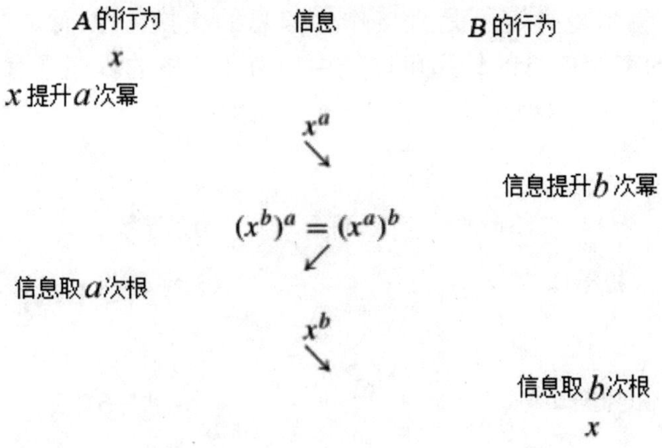

A的行为　　信息　　B的行为

x

x提升a次幂

x^a ↘

信息提升b次幂

$(x^b)^a = (x^a)^b$ ↙

信息取a次根

x^b ↘

信息取b次根

x

图8.3

那么密码专家是怎么操作的呢?聪明的密码专家重新阅读第3章3.2 节,在那里**指数**的概念介绍了(密码学家用术语**离散对数**而不是指数). 取ρ是任意模P的原根,任意元素x的指数是ξ 满足$\rho^{\xi} = x$. 那么x^a的指数是$a\xi \pmod{P-1}$.上述的交换实际上就是指数的交换,表述为(图8.4)

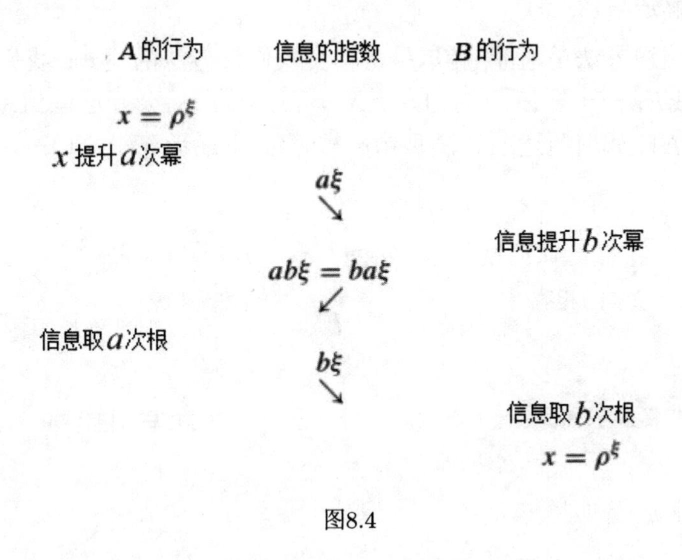

图8.4

这就又回到了熟悉的领域. 如若ξ与$P-1$没有一个公因子,那么可以确定ξ,进而确定x.如若ξ与$P-1$ 有这样的公因子,密码专家可以确定a 相对于$(P-1)/(P-1,\xi)$,然后尝试所有的值$a \pmod{P-1}$ 得到可能的x 值. 唯一的困难在于密码专家需要计算2 个或者3个指数,在第3章3.2 节中的方法对于大数P 的效率不高. 最有效的方法寻找模P的指数的运行时间为$L(P)$的一个幂次,依赖于前面小节中P的因式分解算法.

实际上,迪菲–赫尔曼方案不是直接作为信息的交换方法,而是在共同协议下(A与B 之间)有共享的密钥信息的传递可以经由加密和解密的程序更有效. 在这个例子中,数P与起点x是公开的. A和B 每个选取一个随机数a 与b, 有如下的程序(图8.5)

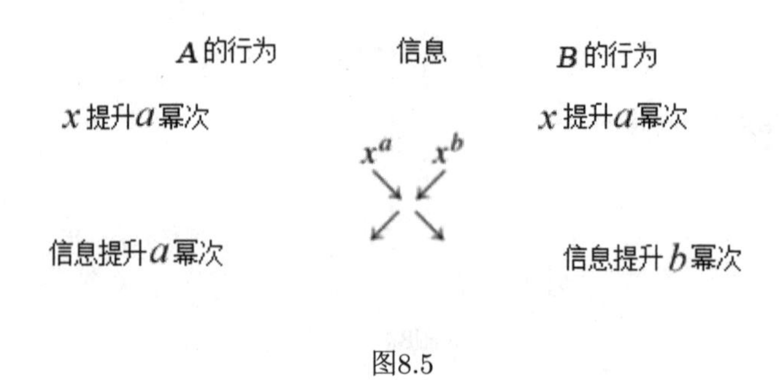

图8.5

所有的运算相对于模P进行. A与B都得到x^{ab}, 它们可以作为共享的密钥. 这个方法只需要2个数,而不是前面用到的3个数,而且这两个信息传输可以同时进行,这样就要减少前面系统中$\frac{1}{3}$ 的时间. 密码专家可以破译如若他可以计算指数:知道x然后观察x^a用来计算a, 观察x^b 用来计算x^{ab}. 同样的,密码专家也可以从另一个方向进行,那么协议的强度等价于破解x^a与x^b.

有一种椭圆曲线方法是迪菲–赫尔曼密钥交换协议方法的变式. 我们固定素数P,一个模P的椭圆曲线E, 一个在E 上的初始点$X = (x, y)$, 然后公开这些信息(在§5 中,我们首先取X 然后取E). 如前所述,A和B 取数a 与b得到下述运算(图8.6):

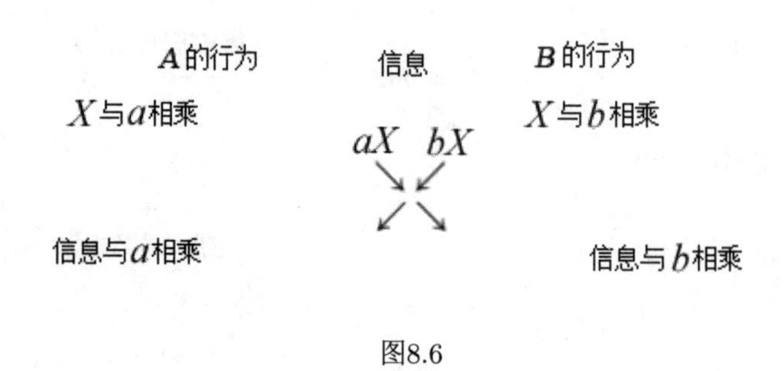

图8.6

所有的运算在椭圆曲线E上相对于模P.A与B都得到$(ab)X$, 它们可以用作共享的密钥. 这个方法更难处理,用椭圆曲线乘法替代指数运算,用(x, y) 替换x,那么就可以去一个更小的P 值,这样节约运算时间.

那么密码学专家怎么进行操作?密码专家知道X(这是公开的),aX 与bX(从信息交换的角度). 密码学家主要研究的问题成为**椭圆曲线的离散对数问题**,在给定X与aX的前提下找到a. 这被公认为比一般的离散对数问题要困难的多,这就解释了为何可以取一个小的P 值.

8.8 RSA公钥密码体系

RSA公钥密码体系的方法,以这个体系的创建者Rivest,Shamir 和Adleman 命名的,用来提供一个**单向**的信息安全传输. 这不意味着它的限制性,由于一个双向的信息安全传递可以经由两个单项的信息安全传递得到,每一个都有一个方向. 而且,单项的方法对于双向信息传递可以提供更高效率密钥的密码体系. 假若A 想要其他人向他传递加密的信息,但是这些信息不能被试图阅读的人破译. A需要选取两个不同的素数P和Q,这两个素数必须足够大而且足够"随机"(比如排除梅森素数)来保证对手不能因式分解$N=PQ$除了运气以外. 这意味着P,Q两个数都要有至少100 位数,可能更多的位数,当然P,Q 不应当比较接近,要不然费马方法(第1章1.9 节)可以得到N 的因式分解. A选取一个数x与$\phi(N)=(P-1)(Q-1)$ 互素,然后公开N 与x的值(我们可以想象信息在报纸的个人专栏发布,在现实中可能以电子栏发布).

任何人想传递信息给A把信息分成以N为基底的数字(注意基底N 不能太小),然后传递每个数字a 经由传输$a^x(\text{mod }N)$(可以用本章8.2 节中的依次平方的方法). A 需要解码信息经由计算接收到的数的x 次根— 这个数是唯一的由于x与$\phi(N)$互素. 运用欧几里得算法于x和$\phi(N)$,A 可以计算x'满足$xx'\equiv 1(\text{mod }\phi(N))$. 提升数的$x'$ 次幂等价于取这个数的x 次根. 实际上,A计算x' 当且x被取定,然后忽略P,Q.

显然,任何人试图因式分解数N可以重复A的关于x' 的计算,那么密码就可以破译. 所以破解密码重点在于数N 的因式分解. 假若某人知道x' 满足$xx'\equiv 1(\text{mod }\phi(N))$,那么就可以破译密码. 那么可以计算$xx'-1=M\phi(N)$ 对于显然的未知数M. 但是$\phi(N)$比N 要稍微小一些,得到M 比$(xx'-1)/N$ 要稍微大一些,计算这个商就可以间接确定M.一旦得到M,那么$\phi(N)$是知道的,得到$N+1-\phi(N)$ 就等于$P+Q$.如若我们记R等于$P+Q$ 的值,那么破译者得到$N=PQ=(R-Q)Q$,Q 是二次方程$Q^2-RQ+N=0$的一个解,那么P就是二次方程的另一个解.

我们证明了x'的计算由$xx'\equiv 1(\text{mod }\phi(N))$可以得到$N$ 的因式分解. 然而,加密者不一定需要有x'出现,另一方面,解密者也不需要用这个x'.任何x'' 满足$xx''\equiv 1(\text{mod }\hat{\phi}(N))$ 也可以破译密码. 如若最大公约数$(P-1,Q-1)$比较小,那么前面的方法可以用来寻找N的因式分解. 如若$(P-1,Q-1)$比较大,那么需要用其他的方法因式分解数N.最近,证明了知道**任何**一个数x''等价于数N 的因式分解.

虽然没有统一的方法,可能有一个方法取x次根完全不依赖指数. Coppersmith 发现了这样一种方法对于寻找小的x次根,这个用来破译RSA 密码体系的较弱的加密系统.

8.9 再论数的素性检测

目前,我们知道了Rabin的方法,这个方法得到"N可能是一个素数"的时间是$\log^3 N$,这里的概率接近于一个我们需要确定的常数,椭圆曲线方法,得到N 为素性的一个**凭证**,这可以很快的检测,平均时间是$\log N$的多项式. 我们需要一个方法得到结论"N是一个素数"的时间**确定**的等于$\log N$的多项式. 对复杂性理论而言,我们在问是否**素数**(确定一个数是否是素数的问题)属于$\mathcal{P}$ 类(所有问题求解的运算时间是输入大小的多项式). 这是在本章8.2节中高斯提出问题的现代表述形式.

这个问题困扰了数学界许多年,但是Agrawal,Kayal 和Saxena 在1999 年给出一个积极的回答,称之为ASK算法. 一个关键部分是费马小定理的多项式版本. 我们有结论:n是素数当且仅当$(x+1)^n \equiv x^n + 1 \pmod{n}$.如若$n$是素数,那么结论就是莱布尼茨证明费马定理的想法(第2章2.3 节): 如若用二项式定理展开$(x+1)^n$, 那么每个多项式系数都可以被n整除,除去x^n 与1 的系数,这两项系数都为1.反之,如若n 不是一个素数,取p是一个素数整除n, 以及假定p^k 整除n 但是p^{k+1}不整除n,那么在$(x+1)^n$ 展开式中x^p 的系数等于

$$\binom{n}{p} = \frac{n(n-1)\cdots(n-(p-1))}{p(p-1)\cdots 1}.$$

可以被p整除的因子是n与p,那么p^{k-1},而不是p^k,可以整除上面的式子. 从而n不可以整除$\binom{n}{p}$,得到这个系数是非零的,那么同余式不成立. 虽然这个结论很好,但是这个测试不太现实由于$(x+1)^n$的计算量太大.

AKS 把这个定理发展成下述方法: 假若有一个正数 r 有最小的正数 k ,且$n^k \equiv 1 \pmod{r}$,则有$k > \log^2 n$ 成立. 那么n是素数当且仅当:

(i) n不是一个完全的幂次方;

(ii) n没有小于r的素因子;

(iii) $(x+a)^n \equiv x^n + a \pmod{(n, x^r - 1)}$ 对于每一个a满足$1 \leqslant a \leqslant \sqrt{r}\log n$.

注意$r > k$得到$r > \log^2 n$.

在本章8.2节中的前提在这里也有关联:计算$(x+a)^n \pmod{(n, x^r-1)}$ 不是直接计算$(x+a)^n$然后根据模约化,而是在计算进行中取模n 和模$x^r - 1$,运用"取幂经由依次平方"的方法. 根据费马定理的多项式版本,n 是素数蕴含着上述的(i)(ii)(iii):逆命题不是很困难,但是不在本书的讨论范围.

一个关键的问题在于"r是否存在"(否则定理就是无用的)以及"r可以取多小的值"(这个与运行时间有关,大约是$r^{3/2}\log^3 n$). 可以容易证明r 至多是$\log^5 n$.Fouvry证明了更深的结论:r 至多是$\log^3 n$, 这样运行时间大约是$\log^{7\frac{1}{2}} n$.

如若q是一个素数,那么$2q+1$也是素数,我们称q是一个索菲亚·吉曼(1776—1831)素数. 有一个著名的猜想: 小于x的索菲亚·吉曼素数约为$x/\log^2 x$. 如若这个猜想成立,那

么就得到r约为$\log^2 n$, 那么ASK 算法的运行时间大约为$\log^6 n$.Lenstra 与Pomerance 得到了一个ASK 算法的转换形式,不需要假定任何猜想需要在快速乘法运算的前提下,算法的时间大约为$\log^6 n$. 凭证生成的时间很少,也就是r 的需要,但是检测和生成的计算量相当,算法时间需要$\log^8 n$, 或者在快速乘法运算的前提下需要时间$\log^5 n$.

注记

我们把本书一些内容的最新进展放在本书的网站上,本章的很多内容都是电子版的,具体的内容请参看：www.cambridge.org/davernport.

我们讨论计算的运行时间,但这没有什么趣味:现在需要1 个小时的运行时间在18个月后相同价格的计算机上运行只需要30 分钟(这个定律称为摩尔定律),这取决于软件的性能. 一个更有趣的问题是运行时间依赖于数的大小. 一个有n 个数字的数运行时间为$\log n$, 如若我们把数的数字平方,那么运行时间$2\log n$就在原来的基础上加倍. 我们说运行时间$t(n)$与一个函数$f(n)$成比例,如若有一个常数c满足对于所有的n 都有$t(n) \leqslant cf(n)$. 复杂性理论专家称之为$t(n) = O(f(n))$,或者简称为$t = O(f)$. 这个符号一般称为朗道符号,虽然O符号由Bachmann 在*Die analytische Zahlentheorie*(Teubner,Liepzig,1894)中介绍的.严格而言,我们应该称"$t(n)$至多与$f(n)$成比例", 由于$t(n)$ 可能与一个更小的函数成比例. 比如,n与n^2 成比例(常数为1),但是也与n 成比例. 类似的,我们称t"大约与f成比例", 如若有c, k 满足$t(n) \leqslant cf(n)\log^k f(n)$,在复杂性理论中,这记为$t = \tilde{O}(f)$. 常数$k$ 是可以计算的,c 在有些情况下也可以计算,这在8.9节的注记中Granville 的文章有提及. 我们说"等价于"意味着有一个多项式时间的等价关系,这个等价关系的术语不够精确,我们说"本质上等价于"更好一些.

电子计算机的早期操作者用来寻找大素数:J.C.P.Miller 和D.J.Wheeler 发现了素数$p = 180(2^{127}-1)^2+1$,这个数有79 个数字,发表于1951 年.他们证明了这个数是素数经由展示一个数x满足$x^{p-1} \equiv 1 (\mathrm{mod}\ p)$与$x^{(p-1)/d} \not\equiv 1 (\mathrm{mod}\ p)$ 对于$p-1$ 的所有的素因子d, 也就是$d = 2, 3, 5, 2^{127}-1$——这是8.2 节意义下的素性检测的凭证. 这是一个由小的素数寻找**确定**大素数的一个很好的例子,然而欧几里得证明素数无限(第1章1.3节)的方法只是证明大素数的存在性. 这样的方法也用于维诺格拉多夫三素数定理的数值计算中.

有关计算数论内容的一本很好的参考书请参见H.Cohen 的专著*A Course in Computational Algebraic Number Theory*(Springer Graduate Texts in Mathematics 138, 1993).

8.1节. 前面两个数的因式分解由数字装备公司系统研究中心的Mark Manasse和贝尔通讯研究公司的Arjen Lenstra共同宣布的,时间分别为1990年4月26日和1991年1月4日.这个方法称之为PPMPQS: 双重素数多重多项式二次筛法,在8.6节中介绍了该方法的新进展.对于数$10^{142}+1$有116位数的因子的因式分解,普通方法估计需要全世界600台计算机,计算机每秒运行100万次工作400年,计算142,000个线性方程,然而运用相当高等的方法在并行计算机上得到了答案. $10^{142}+1$的因数380 623 849 488 714 809在1986年由Harvey Dubner运用椭圆曲线算法得到(参见8.5节).第三个数的因式分解是由Herman te Riele在阿姆斯特丹于1991年2月11号得到的. 最后两个因数的101个数字的因数乘积,在本书第六版(1991年10月)的写作期间,是在单台计算机上记录的最有难度的数的分解. 这个记录可能还保持着,由于现代的发展因式分解的数运用许多计算机并行计算. 在Crqy Y-MP4系统筛法需要运行时间475小时,线性方程的求解需要半个小时.

后来数 $2^{512}+1$ 的因式分解由 A.K.Lenstra , H.W.Lenstra , Jr , M.S.Manasse 和 J.M.Pollard 得到(参见*The factorization of the ninth Fermat number*,in Math.Comp.61 (1993)319-349,介绍了数域筛法). 数$(3^{349}-1)/2$的因式分解在1997年2月10日宣布. 需要注意的是这两个数都是适用于数域筛法的数,R.D.Silverman 估计了最后一个数的因式分解(共有167 个数字)等价于用相同技巧的一个120位数的因式分解.

最好的运算长除法的专著是Knuth的百科全书*The Art of Computer Programming* Π:*Seminumerical Algorithms*(Addison-Wesley,1998). 这本书也包含了计算机的各种快速算法的介绍,关于随机数的描述,既描述了这些随机序列的统计性质也描述了它们的算术性质,还有Pollard算法和Rabin 算法的描述. A.Schönhage,A.F.W.Grotefeld 和E.Vetter 的专著*Fast Algorithms:A Multitape Turing Machine Implementation*(BI Wissenschaftsverlag, 1994) 有详细的分析,在他们的模型中Karatsuba的乘法算法对于大于B^{16} 的数运算效率更高. 在实际中,大多数的计算机系统用Karatsuba 的算法于B^8, B^{16}, B^{32}.

一个简单的同余方法应用于Hash表可以在F.R.A.Hopgood 和J.H.Davenport 的文章*The Quadratic Hash Method when the table size is a power of* 2,Computer Journal 15(1973)314-315中找到.

8.2节. 高斯的引用来源于《算术探索》. D.H.Lehmer关于Lucas-Lehmer 检测方法的证明发表于*Annals of Mathematics*(2)31(1930)419-448与*J.London Math.*Soc.10(1935) 162-165.为检测数$N=2^p-1$ 的素性,我们需要先检测p是素数,然后构造序列$r_1=4, r_2=14, \cdots, r_{i+1}\equiv r_i^2 \pmod N$, 然后验证$r_{p-1}\equiv 0 \pmod N$.

根据 Pomerance , Selfridge 和 Wagstaff 的文章*The pseudoprimes to* $25\cdot10^9$, Math. Comp.35(1980)1003-1026, 任何小于$25\cdot10^9$的数n 对于$x=2,3,5,7,11$ 满足$x^{n-1}\equiv 1 \pmod n$ 一定是素数. 实际上第一个不是素数的数是$1,152,302,898,747$. 我们检测直到10^{12} 的数的素性运用$x=2,13,23,1\ 662\ 803$.我们可以检测所有32 位的整数运用$x=2,7,61$.这些结论来源于Jaeschke, Math.Copm.61(1993)915-926.

Carmichael的文章*On composite numbers P which satisfy the Fermat congruence*

$a^{P-1} \equiv 1(\text{mod } P)$ 发表在*Amer.Math.*Monthly 19 (1912) 22-27. 有无穷多个这样的Carmichael数的证明由W.R.Alford,A.Granville和C.Pomerance的文章*There are infinitely many Carmichael numbers*,Ann.of Math.140(1994)703-722.Carmichael数被广泛的研究：参见Pomerance,Selfridge和Wagstaff的上述文章,证明了小于25×10^9的Carmichael数有2 163 个. Pinch (*The Carmichael numbers up to* 10^{15}, Math. Comp. 61(1993) 381-391)扩展了这个范围, 找到 105 212 个 Carmichael 数,得到了前所未有的 Carmichael数有很多的因数：Pinch的记录是

$$\begin{aligned} & 349\,407\,515\,342\,287\,435\,050\,603\,204\,719\,587\,201 \\ = & \ 11 \times 13 \times 17 \times 19 \times 29 \times 31 \times 37 \times 41 \times 43 \times 61 \times 71 \times 73 \times \\ & 97 \times 101 \times 109 \times 113 \times 151 \times 181 \times 193 \times 641 \end{aligned}$$

有20个因数. 对于这个数$\hat{\phi}(n)$等于604 800, 然而$\phi(n)$ 有与原来的数相同的长度. 而且,Carmichael 数**平均意义**有比一般的相同长度的数N有更多的因数,有$\log N$而不是$\log\log N$.

Rabin的最初的文章*Probabilistic algorithm for testing primality*出现在 J.Number Theory12 (1980)128-138. 宣称一个合数“可能是素数”的平均概率估计来源于I.Damgard, P.Landrock和C.Pomerance, *Average error estimates for the strong primality test*, Math.Comp.61(1993)177-194. 了解在Rabin 算法中x 是真正随机生成的,至少是不可预测的,如若我们哪一个x要被测试,我们可以生成Rabin算法需要条件的合数,参见J.H.Davernport,*Primality testing revisited*, Proc.ISSAC 92(ACM,New York,1992)123-129, 也可以看练习8.5.

8.3节. 冯·诺伊曼是现代电子计算机的早期开拓者之一,在1946 年提出了中间平方的方法. 线性同余式方法是D.H.Lehmer在1949 年提出的. Knuth的书是检测随机数生成器的最好的判别法则:本书的算术法则与他的书的方法保持一致. 任何认真的对待这些随机序列的读者应当用Knuth 的各种统计方法检测. n^{32}的值是由剑桥大学计算机处的N.M.Maclaren 提供的.

8.4节. Pollard最初的关于ρ方法的描述,参见*A Monte Carlo method for factorization*, B.I.T.15(1975)331-334.有很多对Pollard ρ 方法的微小的改进,但是本节给出了这个方法的基本原理. 有一些改进在Montgonery的文章*Speeding the Pollard and elliptic curve methods of factorization*, Math.Copm.48(1987)243-264中. Pollard $p-1$方法出现在*Theorems on the factorization and primality testing*, Proc.Cam.Phil.Soc.76(1974)521-528. 一个最近关于$B-$光滑数的研究由Hildebrand和Tenenbaum在*Integers without large primes factors*, J.Th.Nombres Bordeaux(1993)411-484 给出. 对于$(B_1, B_2)-$光滑数的渐近公式由 Mckeez 在他的剑桥大学的博士论文 (1993) 以及 *J.London Math.*

Soc.(2)59(1999)448-460给出.

在本小节的结尾,只需要11次乘法就可以把x的幂次提升七次幂3 次,也就是计算x^{343}, 基于$x^{343}=(x^{49})^7=(x^{32}x^{16}x)^7$, 观察到$x^{32}$需要平方5 次运算,计算$x^{16}$在这个其中,幂次提升7次需要4 次乘法运算. 这样就需要11次运算而不是12次运算经由$x^{343}=((x^7)^7)^7$. 这样的方法比起13次的直线依次平方的方法:$x^{343}=x^{256}x^{64}x^{16}x^4x^2x$提高了运算效率. 计算$x^n$ 的最少次数的运算方法在Knuth 的书中提到直接提升到四十九次幂,我们可能会丢失一个因子,但是这类情况如若发生,那么最大公因数会迅速上升. 在这个很少见的情况下,我们回看然后重新计算$(x^7)^7$.

8.5节. 椭圆曲线因式分解方法在H.W.Lenstra文章*Factoring integers with elliptic curves*, Ann.of Math.(2nd Ser.)126(1987)649-673中给出. 我们不容易得到椭圆曲线上的点是偶数,但实际上可以是16的倍数,参见A.O.L.Atkin和F.Morain 的文章*Finding curves for the elliptic curve method*, Math.Comp.60(1993)399-405. Knuth 给出欧几里得算法需要的时间为$\log^2 n$.

数的素性检测凭证问题是一个热门的领域. 早期的文章有S.Goldwasser和J.Kilian, *Almost all primes can be quickly certified*, Proceedings of the 1986 Symposium on the Theory of Computing.运用椭圆曲线素性检测方法属于A.O.L.Atkin,F.Morain 在1991年计算机 (Sun 3/60 系统)上运行了一个半月的时间证明了有1 065 个数字的数$(2^{3\,539}+1)/3$ 的素性问题——参见 Atkin和Morain的文章*Elliptic curves and primality proving*, Math.Comp.61(1993)29-68. 我们注意到Rabin 算法的单个应用在类似的计算机上需要2个小时,我们特别需要验证素性凭证的确切性. 从前(2006年)的记录是一个15 071个数字的数.

Pomerance的论文*Very short primality proofs*发表在 Math.Comp.48(1987)315-322.

8.6节. 运用多重同余式的形式 $A^2\equiv$ **小素数的乘积**来分解数归属于Kraitchik, 文章发表在 *Recherches sur la théorie des nombres, tome* Ⅱ : *factorisation*,Gauthier-Villars,Paris,1929.用连分数来生成同余式的想法由Lehmer和Powers的文章*On factoring large numbers*, Bull.American Math.Soc.37(1931)770-776.Knuth 给出了连分数算法一个优美的表述形式,参见他的书pp.381-382,这个方法运用于数字197 209, 就如我们在本节做的那样.

二次筛法生成同余式的方法属于Pomerance, 在他的论文*The quadratic sieve factoring algorithm*, Proc.EUROCRYPT84(Springer Lecture Notes in Computer Science 209,ed.T.Beth,N.Cot and I.Ingemarsson,Springer-Verlag,Berlin,1985)169-182 中给出. 这些方法的一个研究报告由Wagstaff和Smith 的论文*Methods of factoring large integers* 出现在*Number Theory New York* 1984—1985(Springer Lecture Notes in Mathematics 1240,ed.D.V.Chudnovsky,G.V.Chudnovsky,H.Cohn和M.B.Nathanson,Springer-

Verlag, Berlin,1987)281-303.**多重多项式**的变换形式由Silverman 在论文*The Multiple Polynomial Quadratic Sieve*, Math.Comp.48(1987)329-339中描述. 文中提及的双重素数的版本应用于两个大素数或者因式分解中的素数. 显然线性方程的生成速度更快,但是方程不够稀疏,虽然包含两个大素数的方程的消去需要文中一个技巧的推广. Pollard ρ 方法通常用于寻找两个素数整除剩余数.

对于数域筛法的参考文献,参见8.1节的注记和书*The Development of the Number Field Sieve*(Springer Lecture Notes in Mathematics 1554,Springer-Verlag,Berlin,1993).

8.7节. 最初的Diffie-Hellman论文*New directions in cryptography*, 出现在 IEEE Trans.Inform.Theory **IT**22(1976)644-654,这个方法有美国的专利号$4,200,770$.Diffie-Hellman 方法的运用,特别是式(7.12) 形式,在 https 协议中用于网址的安全性检测,解释了浏览器涉及到**安全连接**时会提示禁止访问.

对于指标的计算最近有许多高等的方法出现. 一个介绍了几种方法的很好的文献是Coppersmith,Odlyzko 和Schroeppel的论文*Discrete logarithms in GF(p)*,Algorithmica 1(1986)1-15. 如若p 没有任何有用的性质(特别是$p-1$有一个很大的素因数),那么论文中给出最好算法的运行时间为$L(p)$.

对于椭圆曲线方法的变式,参见 Koblitz 的论文 *Elliptic curve cryptosystems*,Math. Comp.48(1987)203-209.

8.8节. Rivest,Shamir和Adleman的论文*A method for obtaining digital signature and public key cryptosystems*发表于*Comm.ACM* 21(1978)120-126. 这个有美国的专利号$4,405,829$.

Coppersmith的方法发表在*Small solutions to polynomial equations,and low exponent RSA vulnerabilities*, J.Cryptology 10(1997)233-260.

8.9节. AKS算法的论文*Primes is in P*发表在 Ann.Math.(2nd.series)160(2004)781-793. 这篇论文最初于1999 年发表在网络上,迅速成为数学中最常引用的文献. 这方面一个很好的介绍由Granville的论文*It is easy to determine whether a given integer is prime*,Bull.A.M.S.42(2005)3-38. Foyvry的论文*Théorème de Brun-Titchmarsh: application au théorème de Fermat*,发表于 Invent.Math.79(1985)383-407.

索菲亚·吉曼是一位成就显著的数论专家,她是拉格朗日的学生. 她的研究涉及费马大定理和弹性理论等几个方面. 直到2007 年1 月,最大的索菲亚·吉曼素数是$48\,047\,305\,725\times 2^{172\,403}-1$.Lenstra和Pomerance的工作尚未发表,在AKS和Granville的论文中有介绍.

练　习　题

标记 [**H**] 与 [**A**] 的问题表示该问题分别给出了提示和答案,标记[**H**][**A**]的问题表示该问题先给出提示,标记[**M**]的问题表示该问题需要超出本书涵盖的知识体系更多的数学知识,比如复数理论和三角几何学. 虽然这样的问题很难判断,标记[+] 表示问题的难度比一般水平的问题难度要大一些.

问题标号的第一个数字表示代表的章节. 第8章中有些问题运用了程序式计算器,电子计算机的运算器,或者含有"最大公约数"函数的电子表格①. 这里我们需要注意,幂次的运算不能超出整数的最大限制范围——这里没有一个问题需要12个数字以上的数,大多数问题只需要很少数字的数.

1.1 运用数学归纳法或者其他的方法证明:

(a) 前n个自然数的和等于$n(n+1)/2$(这个结论通常认为是高斯在很年幼的时候发现的:参见E.T.Bell的专著*Men of Mathematics*,Simon&Sxhuster,New York,1937(重印本Penguim,1965));

(b) 前n个自然数的平方和等于$n(n+1)(2n+1)/6$;

(c) 前n个自然数的立方和等于$n^2(n+1)^2/4$.

1.2 定义**斐波那契数**为F_n,其中$F_1 = F_2 = 1$, 以及$F_n = F_{n-1} + F_{n-2}$,如若$n > 2$. 用数学归纳法或者其他方法证明:

(a) $F_n < \tau^n$,其中τ是一个**黄金分割比**,即$(1+\sqrt{5})/2$;

(b) $F_n = (\tau^n - \sigma^n)/\sqrt{5}$, 其中$\sigma = -1/\tau = (1-\sqrt{5})/2$.

1.3 表示下述的每一个数为因式分解素数的乘积:999, 1 001, 1 729, 11 111[+], 65 536, 6 469 693 230.[**A**]

1.4 寻找5个连续的合数,寻找13个连续的合数,寻找99个连续的合数. [**A**]

1.5 对于数$n^2+n+41, n=0,1,2,\cdots$(归属于欧拉)的值总是给出素数么?实际上是欧拉公式可得到的最大数:这个问题与事实$163 = 4\times 41 - 1$ 是满足$C(-d) = 1$的最大的数(参见第6章6.7节或者Shanks,*Proc.Symp.Pure Math.*20(American Mathematical Society,1971,415-440)). [**A**]

① 微软的Excel 有一个这样的表格,但不是随手可得的. 在一些版本中,可以在数据分析包中找到电子表格,但需要有Excel的软件.

1.6 定义n的**阶乘**,记作为$n!$,表示前n个数字的乘积$1 \cdot 2 \cdot 3 \cdot \cdots \cdot n$.表示22!为素因子的乘积. [**H**][**A**]

1.7 [**M**]证明:如若2^a是2的最高次幂满足整除$n!$,那么a 位于$n-1$ 与$n-\lfloor \log_2(n+1) \rfloor$,其中$\log_2$ 表示以2 为基底的对数,$\lfloor x \rfloor$表示不大于x的最大整数(也称之为x 的整数部分),那么$\lfloor \log_2(n+1) \rfloor$ 就是2的最大的幂次不大于$n+1$ 的数. [**H**]

1.8 如若$p \geqslant 5$是一个素数,证明:数$1, 2, \cdots, p-1$ 的数对的乘积的和可以被p整除. 我们不计1×1, 以及1×2 与2×1 视为一种情况.

1.9 [**M**]考虑形如$a + b\xi$的“整数”,其中a, b 都是通常意义的整数,ξ 是不定量,若两个“整数”相乘时ξ^2 用-5 替换:

$$(a_1 + b_1\xi)(a_2 + b_2\xi) = (a_1a_2 - 5b_1b_2) + (a_1b_2 + a_2b_1)\xi.$$

证明:唯一的**单位元**(1的因数)是$a + b\xi$的形式,且满足$a = 1, b = 0$ 与$a = -1, b = 0$. 在这个体系中定义**素元**,证明:$2, 3, 1+\xi, 1-\xi$ 都是素元,虽然有$2 \times 3 = (1+\xi)(1-\xi)$.

证明不可能找到“整数”x, y满足方程$3x - (1+\xi)y = 1$, 虽然3 与$1+\xi$ 都是素元,因而这两个数的最大公约数为1.[**H**]

1.10 [**M+**]证明:**高斯整数**有唯一的因式分解,形如$a + b\mathrm{i}$ 的数,其中a, b都是通常意义下的整数以及$\mathrm{i}^2 = -1$.[**H**]

1.11 如若$2^n - 1$是素数,证明:n是一个素数. 那么相反的问题成立吗?[**A**]

1.12 [+]如若$2^n + 1$是素数,那么n是2的幂次.那么相反的问题成立吗?[**A**]

1.13 如若P_1, P_2都是偶数的完全数,且满足$6 < P_1 < P_2$, 证明:有结论$P_2 > 16P_1$.

1.14 如若p, q都是奇素数,证明:p^aq^b不可能是完全数.

1.15 证明:如若c是a, b的任何公因数,那么有$(a/c, b/c) = (a, b)/c$, 其中(a, b)表示a, b的最大公约数;

证明:如若a与b都可整除n,而且它们是互素的(也就是$(a, b) = 1$), 那么有ab整除n.

1.16 数720有多少个因数?这些因数的和等于多少?[**A**]

1.17 证明:120是一个**可乘的完全数**,也就是$\sigma(n) = kn$ 对于某个$k > 2$ 成立. 你能找到$k > 3$的例子吗?[**A**]

1.18 [+]我们定义一个**平衡数**为数n 满足$\sigma(n)/d(n)$ 等于$n/2$.证明:6 是唯一一个平衡数. [**H**]

1.19 运用欧几里得算法寻找18 564和30 030的最大公约数. 检验你的结论经由把每个数写成素数幂次的乘积. 这两个数的最小公倍数为多少?

1.20 寻找一个公式满足方程$113x - 355y = 1$的x, y 的所有整数解. [**A**]

1.21 因式分解数2 501运用费马的平方差方法. [**A**]

1.22 运用Captain Draim算法因式分解数1037.[**A**]

1.23 证明:二次项系数$p!/r!(p-r)!$可以被p 整除,如若p 是素数而且满足$1 \leqslant r < p$.

1.24 证明:有无穷多的形如$6k-1$的素数.

1.25 [**M**]每个直到4×10^{14}的偶数都是两个素数的和,那么需要寻找多少素数得到直到10^{22}的奇数都是3个素数的和?为什么素性检测的有效性这么重要?

2.1 证明:如若$a \equiv b(\bmod\ 2n)$, 那么有$a^2 \equiv b^2(\bmod\ 4n)$.更一般的证明:如若$a \equiv b(\bmod\ kn)$,那么有$a^k \equiv b^k(\bmod\ k^2n)$.

2.2 哪些数被$3,4,5,6$运用除法运算得到余数分别得到$2,3,4,5$?[**A**]

2.3 哪些最小的正数被$2,3,\cdots,10$运用除法运算得到余数$1,2,\cdots,9$?[**A**]

2.4 求解同余式$97x \equiv 13(\bmod\ 105)$.[**A**]

2.5 寻找$(102^{73}+55)^{73}$被111进行除法运算的余数. [**H**][**A**]

2.6 证明:如若$a^{p-1} \equiv 1(\bmod\ p)$ 对于所有的$a(1 \leqslant a < q)$ 都成立,那么有p是素数;

证明:$2^{p-1} \equiv 1(\bmod\ p)$ 在p 不是素数的情况下也可能成立.

[+]证明:$a^{p-1} \equiv 1(\bmod\ p)$ 对于所有的$a(1 \leqslant a < p,(a,p)=1)$ 不意味着p是素数;

证明:$a^{p-1} \equiv 1(\bmod\ p)$ 以及$a^d \equiv 1(\bmod\ p)$对于$p-1$的任何真因子d都成立可以得到p 是素数的结论. [**A**]

2.7 对于什么样的n有$\phi(n)$是奇数?[**A**]

2.8 寻找所有的n(比如小于50)满足$\phi(n)=2^a$.(这些数是正多边形的边数可以禁用直尺和圆规作图.)[**A**]

2.9 定义$a(n)$是满足方程$\phi(x)=n$的解的个数. 做一个$a(n)$(比如$1 \leqslant n \leqslant 10$)的表. (Carmichael 猜想$a(n)$ 不可能等于1, 在$n \leqslant 10^{10^{10}}$的情况下得到验证.)

2.10 什么样的n值有$\phi(n)=n/3$?寻找一个n 值满足$\phi(n)<n/5$. [**A**]

2.11 证明:n是素数当且仅当

$$\sigma(n)+\phi(n)=nd(n).$$

2.12 证明:如若p是奇素数,那么有$(p-2)! \equiv 1(\bmod\ p)$,如若$p$ 是大于3的素数,那么有$(p-3)! \equiv (p-1)/2(\bmod\ p)$.

2.13 如若p是一个奇素数,$a+b=p-1$,证明:$a!b!+(-1)^a \equiv 0(\bmod\ p)$.

2.14 求解同余方程$x^2 \equiv -1$ (a) $(\bmod\ 5)$, (b) $(\bmod\ 25)$, (c) $(\bmod\ 125)$. [**H**][**A**]

2.15 求解同余方程$x^2 \equiv 17(\bmod\ 128)$. [**A**]

2.16 证明:下述同余式的可解性:$x^3 \equiv 3, x^3 \equiv 7, x^3 \equiv 11 \pmod{19}$.

2.17 证明:如若$(2a, m) = 1$,那么同余方程$ax^2 + bx + c \equiv 0 \pmod{m}$ 的求解可以转换成形如$x^2 \equiv q \pmod{m}$的同余式.

2.18 验证下述的整除性检测方法. 把数n写成十进制的形式:

$$n = b_k(1\,000)^k + \cdots + b_2(1\,000)^2 + b_1 1\,000 + b_0$$

把交错的数字相加,那么有

$$E = b_0 + b_2 + b_4 + \cdots$$

和

$$D = b_1 + b_3 + \cdots$$

得到3^a整除n当且仅当3^a 整除$E+D (a = 1, 2, 3)$;37整除n当且仅当37 整除$E+D$;$7, 11, 13$ 整除n 当且仅当这些数整除$E - D$.

2.19 证明:第4个斐波那契数可以被3整除,第5 个斐波那契数可以被5 整除,第6个斐波那契数可以被8 整除,第7个斐波那契数可以被13 整除.

2.20 如若$d = (a, b)$,证明:$\phi(d)\phi(ab) = d\phi(a)\phi(b)$.

2.21 证明:如若d整除n,那么有$\phi(d)$整除$\phi(n)$.

2.22 证明:除去$2, 5$的素数可以整除无穷个$11, 111, 1\,111, 11\,111, \cdots$.

2.23 求解同余方程组$x \equiv 3 \pmod{9}$, $x \equiv 5 \pmod{10}$, $x \equiv 7 \pmod{11}$. [**A**]

2.24 求解同余方程组$9y \equiv 3 \pmod{15}$, $5y \equiv 7 \pmod{21}$, $7y \equiv 4 \pmod{13}$. [**A**]

2.25 求解同余方程组$z \equiv 2 \pmod{15}$, $z \equiv 7 \pmod{10}$, $z \equiv 5 \pmod{6}$. [**A**]

3.1 寻找模7的二次剩余,三次剩余以及五次剩余. [**A**]

3.2 寻找模11的二次剩余,三次剩余以及五次剩余. [**A**]

3.3 寻找模17的二次剩余,三次剩余,八次剩余以及十六次剩余. [**A**]

3.4 寻找素数模$3, 5, 7, 11, 13, 17, 19$的原根. [**A**]

3.5 证明:10与2分别是同余方程$x^8 \equiv 1 \pmod{73}$和方程$x^9 \equiv 1 \pmod{73}$ 的解,因而有20是模73的原根.

3.6 证明:如若$k > 2$,那么2^k没有原根.

3.7 寻找模27的所有原根. [**A**]

3.8 寻找模125的所有原根. [**A**]

3.9 证明:任何模p的原根在(3.1节)中(2)的符号下都是阶为$q_i^{a_i}$ 的数x_i的乘积. [**H**]

3.10 证明:模p总有$\phi(p-1)$个原根,其中p为素数.

3.11 证明:素数模$p>3$所有原根的乘积同余于$1 \pmod{p}$. [**H**]

3.12 如若$p=4k+1$以及g是模p的原根,证明:$p-g$ 也是模p的原根.

3.13 如若$p=4k-1$以及g是模p的原根,证明:$p-g$ 不是模p的原根.

3.14 如若g是模p^2的原根,证明:g也是模p 的原根. 那么相反的问题成立么?[**A**]

3.15 如若p和$4p+1$都是素数,证明:2是模$4p+1$ 的原根. [**A**]

3.16 如若$4k+1$和$8k+3$都是素数,证明:2是模$8k+3$ 的原根.

3.17 如若$4k+3$和$8k+7$都是素数,证明:-2是模$8k+7$ 的原根.

3.18 构造素数41的指标表,运用原根6.给定每个a,$\pm a$的指标值相差20. [**A**]

3.19 证明:一个数的平方同余于$0,1,4 \pmod{8}$, 一个数的四次方同余于$0,1 \pmod{16}$.

3.20 列出每个素数模$p, 3 \leqslant p \leqslant 19$ 的二次剩余. [**A**]

3.21 寻找所有的两个十进制数字,它们可以作为一个完全平方数的最后两个数字. [**A**]

3.22 运用高斯引理,证明:-2是素数模$8k+1$和$8k+3$ 的二次剩余,是素数模$8k+5$和$8k+7$的二次非剩余.

3.23 运用高斯引理,证明:5是素数模$10k \pm 1$的二次剩余,是素数模$10k \pm 3$ 的二次非剩余.

3.24 哪些素数模可以有-3作为二次剩余?[**A**]

3.25 计算勒让德符号$(-26|73), (19|73), (33|73)$. [**A**]

3.26 下述哪些同余式是可解的:[**A**]

(a) $x^2 \equiv 125 \pmod{1016}$;

(b) $x^2 \equiv 129 \pmod{1016}$;

(c) $x^2 \equiv 41 \pmod{79}$;

(d) $41x^2 \equiv 43 \pmod{79}$;

(e) $43x^2 \equiv 47 \pmod{79}$;

(f) $x^2 \equiv 151 \pmod{840}$.

4.1 表示$105/143, 112/153, 89/144, 169/239$为连分数. [**A**]

4.2 计算$[3,1,4,1,6]$和$[6,1,4,1,3]$. [**A**]

4.3 写出下述连分数的渐近项:

$$1+\frac{1}{1+}\frac{1}{1+}\frac{1}{1+}\frac{1}{1+}\frac{1}{1+}\frac{1}{1}$$

$$2+\frac{1}{2+}\frac{1}{2+}\frac{1}{2+}\frac{1}{2+}\frac{1}{2+}\frac{1}{2}$$

$$2+\frac{1}{4+}\frac{1}{4+}\frac{1}{4+}\frac{1}{4}$$

$$1+\frac{1}{1+}\frac{1}{2+}\frac{1}{1+}\frac{1}{2+}\frac{1}{1+}\frac{1}{2}[\mathbf{A}]$$

4.4 表示上述的渐近项为十进制小数. [**A**]

4.5 寻找方程$355x-113y=1$和$355x+113y=1$的一般的整数解. [**A**]

4.6 寻找$\sqrt{51}$与$\sqrt{52}$的周期连分数. 求解数对(x,y)满足$x^2-51y^2=\pm1$与$x^2-52y^2=\pm1$. [**A**]

4.7 证明:$\sqrt{n^2+1}$的连分数是$n,\overline{2n}$.

4.8 证明:$\sqrt{n(n+1)}$的连分数是$n,\overline{2,2n}$.

4.9 选取连分数的渐近项有足够大的分母在小数点后第四位分别逼近$(1+\sqrt{5})/2, 1+\sqrt{2}, \sqrt{5}, \sqrt{3}$.

4.10 证明:二次无理数$(4+\sqrt{37})/7$是约化的,寻找这个数的纯周期连分数. [**A**]

4.11 寻找数$3^{1/3}$的连分数前面几个部分商. 给出对应的渐近项,表示这些渐近项为小数的形式. [**A**]

4.12 写出数e的前面几个连分数的渐近项:

$$2+\frac{1}{1+}\frac{1}{2+}\frac{1}{1+}\frac{1}{1+}\frac{1}{4+}\frac{1}{1+}\frac{1}{1+}\frac{1}{6+}\frac{1}{1+}\frac{1}{1+}\frac{1}{8+}\cdots$$

哪一个连分数的渐近项在小数点后第六位逼近数e?[$e\approx 2.718\,281\,828\,459\,045\cdots$] [**A**]

4.13 运用$\sqrt{2}$的交错渐近项给出佩尔方程$x^2-2y^2=1$ 与$x^2-2y^2=-1$的解,并证明:连分数的分子与分母满足递推关系式$u_{n+1}=6u_n-u_{n-1}$.

4.14 用与上题类似的方法联系$\sqrt{3}$的渐近项,求解$x^2-3y^2=1$ 和$x^2-3y^2=-1$并证明满足递推关系式$u_{n+1}=4u_n-u_{n-1}$.

4.15 用与上题类似的方法联系$\sqrt{5}$的渐近项,求解$x^2-5y^2=1$ 和$x^2-5y^2=-1$并证明满足递推关系式$u_{n+1}=18u_n-u_{n-1}$.

4.16 N定义为一个**平方数**如若$N=m^2$,N 定义为一个**三角数**如若$N=n(n+1)/2$. 寻找既是平方数又是三角数的所有数. [**H**][**A**]

4.17 π的连分数为

$$3+\frac{1}{7+}\frac{1}{15+}\frac{1}{1+}\frac{1}{292+}\frac{1}{1+}\frac{1}{1+}\cdots$$

计算前面几个渐近项. 哪一个渐近项是对于π有非常好的逼近?[**A**]

5.1 下述哪些数可以表示成两个数的平方和:$97, 221, 300, 490, 729, 1\,001$?[**A**]

5.2 验证:$(a^2+b^2)(c^2+d^2)=(ac+bd)^2+(ad-bc)^2=(ac-bd)^2+(ad+bc)^2$, 因而,一般而言,这样的乘积可以表示为两个平方的和至少有两种方式. “一般而言”表示什么含义? [**A**]

5.3 运用上述的公式,证明:素数表示为两个数的平方只有一种表示方法. [**H**][**A**]

5.4 证明:形如$4k+1$的素数可以表示为两个平方数的和,以素数449 和$z=67$ 是同余方程$z^2+1\equiv 0 \pmod{449}$ 为例进行说明.

5.5 说明:勒让德的构造经由证明$\sqrt{449}$的连分数适当的完整商是$(20+\sqrt{449})/7$. [**H**]

5.6 说明:Serret的构造方法经由展开$449/67$ 为连分数的形式. [**H**]

5.7 验证欧拉恒等式$(a^2+b^2+c^2+d^2)(A^2+B^2+C^2+D^2)$.

5.8 用几种不同的方法表示数103为四个平方数的和?

5.9 寻找$x^2\equiv 2$与$y^2\equiv -3 \pmod{103}$ 的解,取$x^2+y^2+1=103m$,推导出数103表示为四个平方数和的表示方法.

5.10 下述哪些数可以表示为三个平方数的和:$607, 307, 284, 568, 1\,136$? [**A**]

5.11 证明:小于2^{2k+1}的数不可以表示为三个平方数和的个数是$(2^{2k}-1)/3$.

6.1 证明:$13x^2+36xy+25y^2$与$58x^2+82xy+29y^2$ 都等价于二次型x^2+y^2.

6.2 证明:二次型$ax^2\pm bxy+cy^2(-a<b<a<c)$ 不是真等价的如若$b\neq 0$.

6.3 验证:如若$ax^2+bxy+cy^2=AX^2+BXY+CY^2$, 其中$x=pX+qY$ 与$y=rX+sY$,那么有$B^2-4AC=(b^2-4ac)(ps-qr)^2$.

6.4 运用第6章6.6节中的运算(i)(ii)转换二次型$(13,,36,25)$与$(58,82,29)$ 为等价的二次型约化二次型$(1,0,1)$.

6.5 二次型$199x^2-162xy+33y^2$与$35x^2-96xy+66y^2$ 的判别式分别为多少?这两个二次型等价吗?

6.6 证明:素数p可以表为二次型x^2+2y^2当且仅当$p=2$或者$p\equiv 1,3 \pmod 8$. [**H**][**A**]

6.7 证明:素数p可以表为二次型x^2+3y^2当且仅当$p=3$或者$p\equiv 1 \pmod 6$. [**H**]

6.8 证明:模23有-5作为二次剩余,但是23不可表为二次型x^2+5y^2. 那么46可表为这个二次型么?证明:对于x^2+5y^2 是素数的下述条件是必要的(但是不是充分的):$(x,y)=1, x\not\equiv y \pmod 2, xy\equiv 0 \pmod 3$. [**A**]

6.9 运用狄利克雷类数公式计算判别式等于$-p$的在表Π一些素数的值,验证计算的值是否与表中的数值对应相等?

6.10 [+]如若ρ是在$1\leqslant r\leqslant (p-1)/2$ 中二次剩余的个数,v 表示二次非剩余的个数,证明:$C(-p)=(\rho-v)/3$对于$p\equiv 3 \pmod 8$ 成立. [**A**]

6.11 [+]与上述问题的符号相同,证明:$C(-p) = \rho - v$对于$p \equiv 7 \pmod{8}$成立.

6.12 验证:$C(-163) = 1$.

7.1 寻找所有直角三角形的整数边长满足其中的一条边长等于25. [**A**]

7.2 证明:不可能作出一个等边三角形的三个顶点都是格点(点的坐标均为整数). [**H**]

7.3 寻找方程$x^2 = y^2 + 3z^2$的所有整数解. [**A**]

7.4 寻找方程$x^2 + y^2 = 2z^2$的所有整数解. [**H**][**A**]

7.5 寻找方程$x^2 + 2y^2 = 3z^2$的所有整数解. [**A**]

7.6 [**M**]寻找所有的$\triangle ABC$满足边长是整数以及角A是角B 的两倍. [**H**][**A**]

7.7 [**M+**]寻找边长为整数的三角形满足其中一个角等于60°. [**A**]

7.8 证明:方程$2x^2 + 5y^2 = z^2$与$3x^2 + 5y^2 = z^2$没有除了$(0,0)$之外的整数解.

7.9 寻找方程6.12的无穷的本质上不同的解. [**A**]

7.10 证明:$(3,8)$是椭圆曲线$y^2 = x^3 - 43x + 166$ 上阶等于7 的扭点. [**A**]

7.11 有多少模5的椭圆曲线?这些椭圆曲线中有多少是非奇异的?在非奇异的这些椭圆曲线中,有多少是不等价的? [**A**]

7.12 有多少模7的椭圆曲线?这些椭圆曲线中有多少是非奇异的?在非奇异的这些椭圆曲线中,有多少是不等价的? [**A**]

7.13 有多少模11的椭圆曲线?这些椭圆曲线中有多少是非奇异的?在非奇异的这些椭圆曲线中,有多少是不等价的? [**A**]

7.14 证明:$(1,2)$是椭圆曲线$y^2 \equiv x^3 - 11 \pmod{7}$阶等于13 的点. [**A**]

7.15 在§7.5中的椭圆曲线可以用Maple 得到:

```
plots[implicitplot](y^{2}=x^{3}+x+1,x=2..2,y=-3..3);
and
plots[implicitplot](y^{2}=x^{3}-2*x+1,x=2..2,y=-3..3);
```

运用恰当的绘图工具包,探索其他的椭圆曲线,生成尖点和节点. 如若我们用更一般的魏尔斯特拉斯方程(7.13)会得到什么?

7.16 [**M**]证明:$y^2 = x(x+1)(x+2)(x-1)$是“真正”的椭圆曲线. [**H**][**A**]

7.17 [**M**]如若$y^2 =$四次多项式有除了零以外的整数解会得到什么? [**A**]

7.18 [**M**]方程有有理数根而不是整数根会得到什么?

8.1 证明:一个Carmichael数不可能有任何高次的素数因子.

8.2 证明:一个Carmichael数至少有3 个素因子.

8.3 证明:如若$6m+1, 12m+1, 18m+1$都是素数,那么这些数的乘积是一个Carmichael数. 运用这个结论来生成若干个Carmichael数——你可能需要用计算机在得到前面几个这样的数之后. 在小于25×10^9的数中有多少个这样形式的Carmichael 数? [**A**]

8.4 在恰当的素性条件下,你能得到其他的共生用来生成Carmichael 数吗? [**H**][**A**]

8.5 [+]寻找一个非素数途径Rabin 的测试方法,对于"随机"的$x-$ 值2. [**H**][**A**]

8.6 用一个线性同余式模拟硬币的抛掷.

8.7 用一个线性同余式模拟两个骰子的抛掷. [**H**]

8.8 Pollard ρ需要在每个步骤中计算最大公约数,那么计算量可以减少吗? [**A**]

8.9 你能找到一个例子同时有§8.4中的现象同时出现,也就是Pollard $p-1$方法得到因子p 满足$p-1$不是$B-$光滑数而且$p > P$? [**H**][**A**]

8.10 用Pollard $p-1$方法取$B = 6, P = 100, x = 6$ 作用于32 639, 但是需要检测最大公约数在每次平方或者乘法之后会得到什么?你能解释这个现象吗? 你能改进这个方法吗? [**A**]

8.11 证明:用(8.9)中的方法交换信息可以很容易的破解,即便当N 很大时,3位数可以笔算得到,6位数需要借助程序式计算器.

8.12 给出一个用(8.10)方法交换信息的例子,证明:可以用(8.11) 的方法轻易破解. 除非你有指表标,那么最好你可以取P比较小, 比如在10与20之间.

8.13 给出一个用(8.12)得到公钥的例子,证明:可以用指标方法破解. 除非你有指表标,那么最好你可以取P比较小, 比如在10与20之间.

8.14 给出一个用(8.13)得到公钥的例子,证明:可以用"椭圆曲线离散对数"方法破解. 你应当取p 比较小,比如7或者11.

8.15 证明:如若C是一个有三个素因子的Carmichael 数,所有的素因子满足$p \equiv 3 \pmod 4$, 那么C 途径Rabin 测试的概率对于x与C 互素而言恰好等于1/4. [**A**]

提　示

1.6 显然没有必要计算22!,只需要知道小于22的素数.

1.7 考虑这样的n对于$n-a$是最大的,以及最小的.

1.8 把所有可能的乘积相加,然后减去我们不需要的项.

1.9 证明$1+\xi$是素数,我们先定义整数$a+b\xi$的模为a^2+5b^2. 那么$|xy|=|x||y|$($|\cdot|$表示模),对于整数x,y. $|1+\xi|=6$,那么$1+\xi$的任何因子有模整除6. 但是模等于1的元素为单位元,模等于6的元素是$1+\xi$与$-1-\xi$,没有模等于2或者3 的元素.

8.10 定义$a+b\mathrm{i}$的模为a^2+b^2. 如若我们有两个高斯整数$a+b\mathrm{i}$和$c+d\mathrm{i}$, 那么它们的商是一个复数,最接近这个数的高斯整数至多是$\sqrt{2}/2$,也就是有一个高斯整数$e+f\mathrm{i}$满足

$$|\big(e+f\mathrm{i}-(a+b\mathrm{i})/(c+d\mathrm{i})\big)|\leqslant\sqrt{2}/2<1$$

因而有

$$|\big((e+f\mathrm{i})(c+d\mathrm{i})-(a+b\mathrm{i})\big)|<|c+d\mathrm{i}|$$

这个方程与(1.2)类似,我们定义高斯整数的欧几里得算法. 可以从自然数的因式分解唯一性的证明得到.

1.18 如若n是素数p_i的乘积,那么有$\sigma(n)<n\prod p_i/(p_i-1)$.

2.5 用mod 3与mod 37 计算,然后结合得到结论.

2.14 如若得到$x^2\equiv-1 \pmod 5$ 的一个解x_0,那么我们可以记作$x=x_0+5x_1$,得到x_1满足$x^2\equiv-1 \pmod{25}$, 然后有$x=x_0+5x_1+25x_2$. 这样的素幂次模由低阶到高阶经由“提升”的程序得到同余式解的方法称为亨塞尔引理(Hensel lemma).

3.9 取$n_i=(p-1)/q_i^{a_i}$. 那么如若g 是原根,g^{n_i} 有阶为$q_i^{a_i}$. 由于n_i 没有公因子,存在整数l_i满足l_in_i 的和等于1. 然后取$g^{l_in_i}$.

3.11 如若g是原根,那么$1/g$也是原根.

4.16 如若$m^2=n(n+1)/2$,那么有$8m^2=(2n+1)^2-1$. 运用练习4.13 的方法.

5.3 如若$p=P^2+Q^2=R^2+S^2$,其中我们可以取P和R 为偶数以及Q和S为奇数(除去$p=2$的情况),那么有$(Q+S)(Q-S)=(R+P)(R-P)$.

5.5 $\sqrt{449}=21,\overline{5,3,1,1,1,7,1,5,5,1,7,1,1,1,3,5,42}$. 我们需要$21,5,3,1,1,1,7,1,$ 5之后的完整商.

5.6 $\frac{449}{67}=6+\frac{1}{1+}\frac{1}{2+}\frac{1}{1+}\frac{1}{6}$. 因而有$x=[6,1,2]$和$y=[6,1]$.

6.6 模8的同余式表明只有这些素数有可表性. 如若$p\equiv1,3 \pmod 8$,那么-2是二次剩余,从而可知方程$\alpha^2=-2+\beta p$是可解的.

6.7 -3是形如$6k+1$的素数模的二次剩余.

7.2 我们可以假定其中一个顶点在坐标原点,那么另一个定点的至少一个坐标是奇数(要不然我们考虑三角形的坐标是分半对称的). 现在取模4的同余式.

7.4 对于本原解,x, y都是奇数,那么记为$x = p + q, y = p - q$.

7.6 运用正弦定理得到.

7.16 如若我们用$x = 1/X$替换而且消去分母会得到什么?

8.4 在练习8.3的例子成立,由于$(6m+1)(12m+1)(18m+1)$ 除去1 都是6 的倍数,$36 = 6 \times (1+2+3)$. 换言之,6是一个完全数.

8.5 如若k满足$k+1$与$3k+1$都是素数,取n为$(k+1)(3k+1)$, 那么$n-1 = k(3k+4)$. $\phi(n) = 3k^2, \hat{\phi}(n) = 3k$ 与k 整除$n-1$. 那么如若2是模n的一个完全的3 次方剩余,那么就得到$2^k \equiv 1 \pmod{n}$. 唯一的问题在于Rabin 的测试方法是否比费马的方法有力,决定于2 的二次特征对于模$k+1$和$3k+1$.

8.7 注意到两个骰子要相互独立,也就是两个骰子之间没有联系. 因而不可能用一个生成器得到:我们需要两个.

8.9 寻找例子没有什么意义:需要构造例子. 先取右边形式的素数,然后寻找x 满足右边的性质,得到一个适当的n,检查方法没有什么问题.

答 案

1.3 $3^3 \times 37, 7 \times 11 \times 13, 7 \times 13 \times 19, 41 \times 271, 2^{16}, 2 \times 3 \times 5 \times 7 \times 11 \times 13 \times 17 \times 19 \times 23 \times 29$.

1.4

$$24, 25, \cdots, 28$$

$$114, 115, \cdots, 126$$

$$100! + x, 2 \leqslant x \leqslant 100$$

(在最后的例子中更小的范围也成立).

1.5 不是,$n = 40$给出41^2,$n = 41$给出41×43.

1.6 $2^{19} \times 3^9 \times 5^4 \times 7^3 \times 11^2 \times 13 \times 17 \times 19$.

1.11 如若$n = ab$,那么

$$2^n - 1 = (2^a - 1)(1 + 2^b + 2^{2b} + \cdots + 2^{(a-1)b})$$

反之不成立,$2^{11} - 1 = 23 \times 89$.

1.12 如若p是n的奇素数因数,那么有$n = mp$,得到

$$2^n + 1 = (2^m + 1)(1 - 2^m + 2^{2m} - \cdots + 2^{(p-1)m})$$

费马考虑了相反的问题,认为是正确的,也就是每个**费马数**$2^{2^n} + 1$ 都是素数,但是欧拉发现$2^{32} + 1 = 641 \times 6\,700\,417$.

1.16 30.　2 418.

1.17 $\sigma(30\,240) = 4 \times 30\,240$(归属于笛卡儿). 有$k = 8$ 的例子.

1.19 546.　$18\,564 = 2^2 \times 3 \times 7 \times 13 \times 17; 30\,030 = 2 \times 3 \times 5 \times 7 \times 11 \times 13;$ $1\,021\,020 = 2^2 \times 3 \times 5 \times 7 \times 11 \times 13 \times 17$.

1.20 $x = 22 + 355t, y = 7 + 113t$,其中$t$是任意的整数.

1.21 41×61.

1.22 17×61.

2.2 $60k + 59$,其中k是任意整数.

2.3 $2\,519 = \mathrm{lcm}(2, 3, \cdots, 10) - 1$. (其中lcm 表示最小公倍数)

2.4 $x \equiv 64 \pmod{105}$.

2.5 46.

2.6 如若$a^{p-1} \equiv 1 \pmod{p}$,那么$a^{p-1}$ 与p是互素的,因而有a 与p互素. 如若对于所有的$a(1 \leqslant a < p)$ 都成立,得到p 是素数.

$$2^{340} \equiv 1 \pmod{341}.$$

$a^{560} \equiv 1 \pmod{561}$对于所有$a$ 和561 互素都成立,由于$a^2 \equiv 1 \pmod{3}$, $a^{10} \equiv 1 \pmod{11}$ 和$a^{16} \equiv 1 \pmod{17}$. 参见第8章8.2节.

如若 $a^d \not\equiv 1 \pmod{p}$ 对于 $p-1$ 的任何真因子 d 成立, 那么 $a, a^2, \cdots, a^{p-1}$的值对于$\pmod{p}$ 都是不同的,因而这些数遍历1 至$p-1$ 的所有数. 但是a^k 与p 互素,因而所有在1 至$p-1$ 之间的数都与p 互素,得到p 为素数.

2.7 $\phi(1) = \phi(2) = 1$;要不然$\phi(n)$是偶数.

2.8 $3, 4, 5, 6, 8, 10, 12, 15, 16, 17, 20, 24, , 30, 32, 34, 40, 48, \cdots$.

2.10 $n = 2^a 3^b$满足$a > 0, b > 0.300\ 30$.

2.14 $x \equiv \pm 2 \pmod{5}, x \equiv \pm 7 \pmod{25}, x \equiv \pm 57 \pmod{125}$.

2.15 $x \equiv \pm 23, \pm 41 \pmod{128}$.

2.23 $x \equiv -15 \pmod{990}$.

2.24 $x \equiv -343 \pmod{1365}$.

2.25 $z \equiv -13 \pmod{30}$.

3.1 $\{1, 2, 4\}, \{\pm 1\}, \{$所有的数$\}$.

3.2 $\{1, -2, 3, 4, 5\}, \{$所有的数$\}, \{\pm 1\}$.

3.3 $\{\pm 1, \pm 2, \pm 4, \pm 8\}, \{\pm 1, \pm 4\}, \{\pm 1\}, \{1\}$.

3.4 $\{2\}, \{\pm 2\}, \{-2, 3\}, \{2, -3, -4, -5\}, \{\pm 2, \pm 6\}, \{\pm 3, \pm 5, \pm 6, \pm 7\}, \{2, 3, -4, -5, -6, -9\}$.

3.7 $2, 5 \pmod{9}$.

3.8 $\pm 2, \pm 3, \pm 8, \pm 12 \pmod{25}$.

3.14 不是,7是模5的原根,但不是模25的原根.

3.15 $p \neq 2$,因而p是奇数,且满足对于某个k有$4p + 1 = 8k + 5$. 得到2 不是模p的二次剩余. 现在如若2不是模$4p+1$的原根,那么或者$2^4 \equiv 1 \pmod{4p+1}$, 或者$2^{2p} \equiv 1 \pmod{4p+1}$. 第一种情况显然不可能,第二种情况意味着2 是平方数.

3.18

a	1	2	3	4	5	6	7	8	9	10
ind	40	26	15	12	22	1	39	38	30	8
$-a$	40	39	38	37	36	35	34	33	32	31
ind	20	6	35	32	2	21	19	18	10	28
a	11	12	13	14	15	16	17	18	19	20
ind	3	27	31	25	37	24	33	16	9	34
$-a$	30	29	28	27	26	25	24	23	22	21
ind	23	7	11	5	17	4	13	36	39	14

3.20 $3:\{1\};\ 5:\{\pm1\};\ 7:\{1,2,-3\};\ 11:\{1,-2,3,4,5\};\ 13:\{\pm1,\pm3,\pm4\};$ $17:\{\pm1,\pm2,\pm4,\pm8\};\ 19:\{1,-2,-3,4,5,6,7,-8,9\}$.

3.21 $00, 25, e1, e4, e9$(其中e是任意一个八位数的数),$d6$(其中d 是任意一个有奇数位的数).

3.24 $p = 6k + 1$.

3.25 $-1, 1, -1$.

3.26 (b),(d),(e).

4.1

$$\frac{1}{1+}\frac{1}{2+}\frac{1}{1+}\frac{1}{3+}\frac{1}{4+}\frac{1}{2}$$
$$\frac{1}{1+}\frac{1}{2+}\frac{1}{1+}\frac{1}{2+}\frac{1}{1+}\frac{1}{2+}\frac{1}{1+}\frac{1}{2}$$
$$\frac{1}{1+}\frac{1}{1+}\frac{1}{1+}\frac{1}{1+}\frac{1}{1+}\frac{1}{1+}\frac{1}{1+}\frac{1}{1+}\frac{1}{1+}\frac{1}{2}$$

(那么89与144有可能是相邻的斐波那契数呢?)

$$\frac{1}{1+}\frac{1}{2+}\frac{1}{2+}\frac{1}{2+}\frac{1}{2+}\frac{1}{2+}\frac{1}{2+}$$

4.2 157(对于两个都一样).

4.3

$$\frac{1}{1},\frac{2}{1},\frac{3}{2},\frac{5}{3},\frac{8}{5},\frac{13}{8},\frac{21}{13}$$
$$\frac{2}{1},\frac{5}{2},\frac{12}{5},\frac{29}{12},\frac{70}{29},\frac{169}{70},\frac{408}{169}$$
$$\frac{2}{1},\frac{9}{4},\frac{38}{17},\frac{161}{72},\frac{682}{305}$$

$$\frac{1}{1},\frac{2}{1},\frac{5}{3},\frac{7}{4},\frac{19}{11},\frac{26}{15},\frac{71}{41}$$

4.4

$$1.0, 2.0, 1.5, 1.666\cdots, 1.6, 1.625, 1.614\cdots$$

$$2.0, 2.5, 2.4, 2.416\cdots, 2.413\ 7\cdots, 2.414\ 28\cdots, 2.414\ 201\cdots$$

$$2.0, 2.25, 2.235\cdots, 2.236\ 11\cdots, 2.236\ 06\cdots$$

$$1.0, 2.0, 1.666\cdots, 1.75, 1.727\cdots, 1.733\ 3\cdots, 1.731\ 7\cdots$$

4.5 $x = -7 + 113t, y = -22 + 355t$与$x = -7 + 113t, y = 22 - 355t$.

4.6 $7, \overline{7, 14}$与$7, \overline{4, 1, 2, 1, 4, 14}$. $50^2 - 51 \times 7^2 = 1$; $649^2 - 52 \times 90^2 = 1$.

4.9 (a) $144 > 100$,那么$233/144(\approx 1.618\ 06)$是在第四位小数点后的准确值. 实际的答案为$\approx 1.618\ 03$.

(b) $169 > 100$,那么$408/169(\approx 2.414\ 20)$是在第四位小数点后的准确值. 实际的答案为$\approx 2.414\ 21$.

(c) $305 > 100$,那么$682/305(\approx 2.236\ 07)$是在第四位小数点后的准确值. 实际的答案为$\approx 2.236\ 07$.

(d) $153 > 100$,那么$265/153(\approx 1.732\ 03)$是在第四位小数点后的准确值. 实际的答案为$\approx 1.732\ 05$.

4.10 $\overline{1, 2, 3}$.

4.11 $1, 2, 3, 1, 4, 1, \cdots$. $1/1 = 1.0$, $3/2 = 1.5$, $10/7 = 1.428\cdots$, $13/9 = 1.444\cdots$, $62/43 = 1.441\ 8\cdots$, $75/52 = 1.442\ 3\cdots$.

4.12 2/1, 3/1, 8/3, 11/4, 19/7, 87/32, 106/39, 193/71, 1 264/465, 1 457/536, $2\ 721/1\ 001 = 2.\dot{7}1\ 828\dot{1}$.

4.16 渐近项$3/2, 17/12, 99/70, \cdots$蕴含着$(m, n) = (1, 1), (6, 8), (35, 49), \cdots$ 以及数$1, 36, 1\ 225, \cdots$.

4.17 3 之后的另一个数是 $3\frac{1}{7} = \frac{22}{7}$ ，这个数称为约率. 这是对于 π 很好的逼近(3.142 8$\cdots$相比于3.141 6$\cdots$), 由于我们在部分商15之前截断. 下一个值是$\frac{15\times22+3}{15\times7+1} = \frac{333}{106}$. 下一个值为$\frac{1\times333+222}{1\times106+7} = \frac{355}{113}$. 这是对于$\pi$很好的逼近(这是在292 之前截断),得到3.141 592 920$\cdots$ 相比于确切值3.141 592 654$\cdots$. 在早期的计算中,这个数通常替代π进行计算.

5.1 $97 = 9^2 + 4^2$, $490 = 21^2 + 7^2$, $729 = 27^2 + 0^2$, $221 = 10^2 + 11^2$或者$14^2 + 5^2$.

5.2 $a \neq 0, b \neq 0, c \neq 0, d \neq 0, a^2 \neq b^2, c^2 \neq d^2, \{a^2, b^2\} \neq \{c^2, d^2\}$.

5.3 由因式分解的唯一性,我们记为$R+P=2ac, R-P=2bd, Q+S=2ad, Q-S=2bc$. 那么$P=ac-bd, Q=ad+bc, R=ac+bd, S=ad-bc$以及$p=(a^2+b^2)(c^2+d^2)$.

5.8 $10^2+1^2+1^2+1^2$, $9^2+3^2+3^2+2^2$, $7^2+7^2+2^2+1^2$, $7^2+6^2+3^2+3^2$, $7^2+5^2+5^2+2^2$.

5.10 $307=17^2+3^2+3^2=15^2+9^2+1^2, 568=18^2+12^2+10^2$.

6.5 -24. 不是,约化的二次型分别是x^2+6y^2 和$2x^2+3y^2$.

6.6 那么二次型$px^2+2\alpha xy+\beta y^2$ 有判别式-8, 那么等价于x^2+2y^2. 但是可以表示p,经由选取$x=1, y=0$.

6.8 模5的同余式得到$23 \neq x^2+5y^2$. $46=1^2+5\times 3^2$.

6.10 取A为所有二次剩余的和,B为所有二次非剩余的和. 2 是二次非剩余,如若x是二次剩余,那么$2x$就是二次非剩余. 有v 个二次剩余大于$p/2$, 得到$2A=B+vp, A+B=p(p-1)/2=(v+\rho)p$. 求解这些方程得到$(B-A)/p=(\rho-v)/3$.

7.1 $(15,20,25)$, $(25,60,65)$, $(7,24,25)$, $(25,312,313)$.

7.3 $x=\pm(r^2+3s^2)t,\ y=\pm(r^2-3s^2)t,\ z^2=\pm(r^2+t^2)t$,其中$r,s$都是互素的正整数,满足$t$为正整数(或者是半整数,如若$r,s$都是奇数).

7.4 $x=\pm(r^2+2rs-s^2)t,\ y=\pm(s^2+2rs-r^2)t,\ z=(r^2+s^2)t$,其中$r,s$ 都是互素的正整数以及t为正整数.

7.5 $x=\pm(r^2+6rs+3s^2)t,\ y=\pm(r^2-3s^2)t,\ z=(r^2+2rs+3s^2)t$,其中$r,s$ 都是互素的正整数以及t为正整数(或者是半整数如若r,s都是奇数).

7.6 边长a,b,c对应的角度分别是$\theta, 2\theta, 180-3\theta$. 根据正弦定理有

$$\frac{a}{\sin\theta}=\frac{b}{\sin 2\theta}=\frac{c}{\sin(180-3\theta)}=\frac{c}{\sin 3\theta}$$

现在有$\sin 2\theta=2\sin\theta\cos\theta$与$\sin 3\theta=\sin\theta(4\cos\ \theta-1)$,得到$\cos\theta=b/2a$,以及$b^2-a^2=ca$. 取$a=p^2q$,其中$q$ 是无平方因子数. 那么记作$b=pqr$, 得到$a=p^2q, b=pqr$以及$c=q(r^2-p^2)$. 我们可以让这个表示方法具有唯一性如若我们取p,r没有公因数.

7.7 $a=(r^2-rs+s^2)t,\ b=(2r-s)st,\ c=r(2s-r)t,\ c_1=(r^2-s^2t)$,其中满足$0<s\leqslant r<2s$和$t>0$.

7.9 对于方程$X^2+31Y^2=Z^2$的无穷多个解的集合是$Z=p^2+31q^2, Y=2pq, X=p^2-31q^2$, 其中$p,q$中的一个是奇数,另一个是偶数,而且没有公因数. 我们可以取$x=3(p^2-31q^2),\ y=40pq+(p^2+31q^2),\ z=62pq+20(p^2+31q^2)$.

7.10 如若$P=(3,8)$,那么有$2P=(-5,-16),4P=(11,32)$ 以及$8P=(3,8)$. 得到$P=8P$, 也就是$7P=O$.

7.11 对于数对(A,B)有25中选择,因而有25个椭圆曲线.

显然曲线$A=B=0$是奇异的,这是唯一的可能性有$A\equiv 0$. 因而,对于曲线是奇异的,我们要求$4A^3+27B^2\equiv 0 \pmod 5$, 也就是$2B^2\equiv A^3 \pmod 5$. 但是$B^2\equiv 1$ 或者4,得到$A^3\equiv 2$ 或者3,也就是$A\equiv 3$或者2(由于3与$5-1$ 互素). 每个A 选取都有B 的两个值,一共有4 个. 因而有20个非奇异的曲线.

两个椭圆曲线是等价的,如若从一个曲线经由A与B分别被n^4与n^6 整除得到另一个曲线($n\not\equiv 0 \pmod 5$). 但是$n^4\equiv 1 \pmod 5$, 以及$n^6\equiv n^2\equiv \pm 1 \pmod 5$. 那么唯一的非显然等价关系是$y^x=x^3+Ax+B$ 与$y^x=x^3+Ax-B$ 之间,得到20个非奇异曲线分类成10 个等价类,每个等价类包含有2个曲线.

7.12 有49个椭圆曲线,不难证明42个椭圆曲线是非奇异的. 这些椭圆曲线乘以$n^6\equiv 1 \pmod 7$, 得到B不会改变. 因而所有的满足$A=0$的6 条椭圆曲线与其他的椭圆曲线都不等价. 对于$A\neq 0$, 我们有n^4可以取3个不同的值$(1,2,4)$,得到每条这样的椭圆曲线等价于本身和另外两条椭圆曲线. 得到36条非奇异椭圆曲线满足$A\neq 0$ 分为12个等价类,满足每个等价类有3条椭圆曲线. 综上所述,有18 个不等价的椭圆曲线.

7.13 $121;110;22$.

7.14 如若$P=(1,2)$,那么根据式$(17'')$有

$$2P=\left((\frac{3}{4})^2-1-1\equiv 34,(\frac{3}{4})(1-6)-2\equiv -32\right)=(6,3)$$

$(3/4=6/8\equiv 6/1=6 \pmod 7)$. 得到

$$4P=\left((\frac{3}{6})^2-6-6\equiv -3,(\frac{3}{6})(6-4)-3\equiv -9\right)=(4,5)$$

因而有

$$8P=\left((\frac{6}{3})^2-4-4\equiv -4,(\frac{6}{3})(4-3)-5\equiv -3\right)=(3,4)$$

把最后两个式子相加,经由式$(17')$得到

$$12P=\left((\frac{6}{6})^2-3-4\equiv -6,-(\frac{6}{6})\times -1-\frac{15-16}{-1}\right)=(1,5)$$

由于这就是$-P$,我们有$13P=O$. 由于1是13 唯一的其他因子,以及$P\neq O$,我们得到P的阶恰好等于13.

7.16 我们得到$y^2X^4 = (1+X)(1+2X)(11 = -X)$, 或者记为$Y = yX^2, Y^2 = -(X-1)(2X+1)(X+1)$. 这个方程与(7.13)类似,如若两端乘以$-4$, 用$2X$替换$X$ 以及$-2Y$ 替换Y. 那么通常的变换得到(7.15). 引入因子2与3 是有关联的.

7.17 如若整数根为a,那么我们记作$X = 1/(x-a)$. 然而X^2 的系数不容易转换为1,我们除了2, 3之外的其他素数都存在需要研究的地方.

8.3 取N为$(6m+1)(12m+1)(18m+1)$,满足这三个因数都是素数. 那么有$\hat{\phi}(N)$是$6m$, $12m, 18m$的最小公倍数,也就是$36m$.根据直接的展开式,

$$N-1 = 1\,296m^3 + 396m^2 + 36m = 36m(36m^2+11m+1),$$

得到$\hat{\phi}(N)$可以整除$N-1$,这是N为Carmichael 数的条件.

直到 25×10^9 有 13 个这样的 Carmichael 数,这些数是1 729, 294 409, 56 052 361, 118 901 521 , 172 947 529 , 216 821 881 , 228 842 209 , 1 299 963 601 , 2 301 745 249 , 9 624 742 921 , 11 346 205 609, 13 079 177 569 , 21 515 221 081 , 对应于 m 的值为 1, 6, 35, 45, 51, 55, 56, 100, 121, 195, 206, 216, 255. 这个与在这个范围的所有2 163个Carmichael数进行比较,如同在第8 章8.2节中提及的那样.

8.4 运用相同的论据与下一个完全数, 28 , 我们得到如若 $28m+1$, $56m+1$, $112m+1$, $196m+1$ 以及 $392m+1$ 都是素数, 那么它们的乘积就是 Carmichael 数. 证明和前面例子中的直接计算类似. 实际上有若干个这样形式的 Carmichael 数——前面几个是 599 966 117 492 747 584 686 619 009 ， 712 957 614 962 252 263 080 515 809 以及 15 087 567 121 680 724 844 895 730 849,对应于m 的值为2 136, 2 211, 4 071.

8.5 根据提示,取$k = 10$,得到$n = 341 = 11\times31$. 2是模31 的一个完全立方数($2 \equiv 4^3 \equiv 7^3 \equiv 20^3$). 然而$2^{85} \equiv 32$, 但是$2^{170} \equiv 1$,那么2 可以途径费马测试,但是不能途径Rabin测试.

下一个有用的情况是$k = 36$,满足$n = 4\ 033 = 37\times109$. $n-1 = 2^8\times63$ 与$2^{63} \equiv 3\ 521$, 然而有$2^{170\equiv-1}$. 这样就得到4 033 途径Rabin测试对于2而言. 参见第8章8.2节有更多关于这个问题的信息.

8.8 可以,我们可以聚集若干个$x_t - x_{t+i-j}$, 相对于模n 把它们相乘,计算这个乘积和n的最大公约数. 我们可能不能得到数的因式分解,由于乘积可能被n所有的因数整除,但这是相当不可能的,如若发生,我们可以返回继续依次分解每一个$x_t - x_{t+i-j}$. 算法每次需要聚集10个这样的值,然后进行操作.

而且,如若我们知道n没有小于某个B的素因数,那么我们不需要计算最大公约数,如若其中的一个数小于B.

8.9 作为一个素数,我们选取337,由于$336 = 2^4\times3\times7$, 这个数不是6−光滑数. 我们需要一个x,满足这个数的阶不整除336 而是整除$336/7 = 48$. 如若取$x = 128 = 2^7$,那

么我们知道这个数是一个7 次幂的数,得到这个数的阶整除48,可以很迅速地得到$x^{48} \equiv 1 \pmod{337}$,这是我们第一次得到1作为Pollard序列.

8.10 什么也没有得到(也就是最大公约数等于1)直到算法第一次提升到五次方. 如若我们记为$y = x^{2^6 3^4}$,这个运算计算y^5经由$(y^2)^2 y$. 第一个平方什么也没有得到,但是第二次平方(y^4) 得到最大公约数等于257, 这个数是32 639的因数.

这种情况会发生如若$y^4 = \left(x^{2^6 3^4}\right)^4 = \left(x^{2^8}\right)^{3^4}$, 由于$256 = 257 - 1$,任何$x \not\equiv 1 \pmod{257}$ 都可以得到$x^{256} \equiv 1 \pmod{257}$. 我们不可以运用$x = 2$,由于$2^8 = 256 \equiv -1 \pmod{256}$, 得到$2^{2^4} = 2^{16} \equiv 1 \pmod{257}$.

这种改进不值得整合,因为只会得到一些额外的因数,所有的这些因数都会大于P. 如若我们想得到这些数,那么最好就是增大P 的值. 然而,在这个方面仅会有很小的改进——比如,没有小于P 的素数可以同时满足$p-1$ 中同时含有因数2^{e_2}与3, 由于$3 \times 2^{e_2} > 2^{e_2+1} \geqslant P$,那么与其计算幂次$2^{e_2-1}, 2^{e_2}, 3 \times 2^{e_2} = 2^{e_2+1} \times 2^{e_2}, \cdots$, 我们可以计算幂次$2^{e_2-1}, 2^{e_2}, 3 \times 2^{e_2-1} = 2^{e_2-1} \times 2^{e_2}, \cdots$, 这样节省了一个平方计算,更多的计算可以节省. (这个评论归属于N.A.Howgrave-Graham 博士)

8.15 取$C = p_1 p_2 p_3$. 那么$x^{p_i-1} \equiv 1 \pmod{p_i}$, 得到$x^l \equiv 1 \pmod{C}$,其中$l = \operatorname{lcm}(p_i - 1) = \hat{\phi}(C)$, 根据前提$C$是一个Carmichael 数得到这个数整除$C-1$.我们以1结尾: 问题在于是否经由$-1$ 得到,那么我们需要考虑$x^{(p_i-1)/2} \pmod{p_i}$, 这个数是± 1,取决于x是模p 的二次剩余或者二次非剩余(可能的概率都是$\frac{1}{2}$且相互独立,由于p_i是互素的). 如若所有3 个数都是$+1$, 那么$x^{(C-1)/2} \equiv 1 \pmod{C}$. 如若所有的3个数都是$-1$, 那么$x^{(C-1)/2} \equiv 1 \pmod{C}$. 在这两种情况下,Rabin 测试得到“可能是素数”;在其他的6种情况下,得到“一定是合数”. 由于所有的8种情况可能性均等,得到答案为$\frac{2}{8} = \frac{1}{4}$.

参 考 资 料

下述的列表提供了常见的数论方面的一些参考书. 对于专门的特定的问题研究可以在各个章节的后面的注记中找到.

英文书

[1] DICKSON, L.E., *Introduction to the Theory of Numbers* (Chicago University Press, 1929); *History of the Theory of Numbers* (Carnegie Institute, Washington: vol. I, 1919; vol. II, 1920; vol. III, 1923); *Modern Elementary Theory of Numbers* (Chicago University Press, 1939).
[2] GELFOND, A.O. and LINNIK, JU V., *Elementary methods in Analytic Number Theory* (Rand McNally, Chicago, 1965).
[3] GUY,RICHARD K., *Unsolved Problems in Number Theory* (Springer,3rd ed.,2004).
[4] HARDY, G.H. and WRIGHT, E.M., *Introduction to the Theory of Numbers* (Clarendon Press, Oxford, 5rd ed., 1979).
[5] LEVEQUE W.J., *Topics in Number Theory* (2 vols, Addison-Wesley, Reading, Mass., 1956).
[6] LEVEQUE W.J., Ed., *Studies in Number Theory* (MAA studies in mathematics, 6. Prentice Hall, 1969).
[7] MATHEWS G.B., *Theory of Numbers* (Deighton Bell, Cambridge, 1892; Part I only published).
[8] NAGELL T., *Introduction to Number Theory* (John Wiley, New York, 1951).
[9] ORE O., *Number Theory and its History* (McGraw-Hill, New York, 1948).
[10] RADEMACHER H., *Lectures on Elementary Number Theory* (Blaisdell Pub. Co., 1964).
[11] SHANKS D., *Solved and Unsolved Problems in Number Theory* (Spartan Books, Washington D.C., 1962; reprinted by Chelsea Publ. Co., New York, 1978).
[12] SIERPINSKI W., *Elementary Theory of Numbers* (P.W.N., Warsaw, 1964); *A Selection of Problems in the Theory of Numbers* (Pergamon Press, 1964).
[13] USPENSKY J.V. and HEASLET M.A., *Elementary Number Theory* (McGraw-Hill, New York, 1939).
[14] VINOGRADOV I.M., *An Introduction to the Theory of Numbers*, translated H. Popova (London, 1955).

[15] WEIL A., *Number theory for Beginners* (Springer, 1979).

法文书

[1] CAHEN, E., *Théorie des nombres* (2 vols., Hermann, Paris, 1924).

德文书

[1] BACHMANN, P., *Niedere Zahlentheorie* (Teubner, Leipzig: vol. I, 1902; vol. II, 1910).
[2] BESSEL-HAGEN, E., *Zahlentheorie* (Pascals Repertorium, vol. I, part 3; Teubner, Leipzig, 1929).
[3] DIRICHLET, P.G.L., *Vorlesungen über Zahlentheorie*, edited by R. Dedekind (Vieweg, Braunschweig; 4th ed., 1894).
[4] HASSE H., *Vorlesungen über Zahlentheorie* (3 vols., Hirzel, Leipzig, 1927; reprinted by Chalsea, New York).
[5] SCHOLZ A., *Einführung in die Zahlentheorie* (Sammlung Göschen, no.1131, de Gruyter, Berlin, 1939).

高 等 算 术

英国著名数论大家 Harold Davenport 编写的《高等算术》介绍了数论中基本的概念和定理, 现在呈现在读者面前的第八版添加了 J.H. Davenport 给出附加的第 8 章的素性检测. 本书不要求读者在数论方面有深入的预备知识, 但是本书触及了高深的数学. 一个同步的网站(www.cambridge.org/davenport) 给出了最新进展的细节和重要算法的代码.

……一本著名的,引人入胜的数论入门书籍……
可以推荐作为自学的教科书或者一般大众的科普性的参考书籍.

—— 欧洲数学学会期刊

虽然这本书的写作目的不是作为教科书, 而是面向普通大众的普及性书籍. 但是这本书显然可以作为本科生的数论课程教科书, 在评论者的观点看来, 这本书比英文中任何的教科书都要好.

—— 美国数学学会简报

刘培杰数学工作室
已出版(即将出版)图书目录——高等数学

书　　名	出版时间	定　价	编号
距离几何分析导引	2015－02	68.00	446
大学几何学	2017－01	78.00	688
关于曲面的一般研究	2016－11	48.00	690
近世纯粹几何学初论	2017－01	58.00	711
拓扑学与几何学基础讲义	2017－04	58.00	756
物理学中的几何方法	2017－06	88.00	767
几何学简史	2017－08	28.00	833
微分几何学历史概要	2020－07	58.00	1194
解析几何学史	2022－03	58.00	1490
复变函数引论	2013－10	68.00	269
伸缩变换与抛物旋转	2015－01	38.00	449
无穷分析引论(上)	2013－04	88.00	247
无穷分析引论(下)	2013－04	98.00	245
数学分析	2014－04	28.00	338
数学分析中的一个新方法及其应用	2013－01	38.00	231
数学分析例选:通过范例学技巧	2013－01	88.00	243
高等代数例选:通过范例学技巧	2015－06	88.00	475
基础数论例选:通过范例学技巧	2018－09	58.00	978
三角级数论(上册)(陈建功)	2013－01	38.00	232
三角级数论(下册)(陈建功)	2013－01	48.00	233
三角级数论(哈代)	2013－06	48.00	254
三角级数	2015－07	28.00	263
超越数	2011－03	18.00	109
三角和方法	2011－03	18.00	112
随机过程(Ⅰ)	2014－01	78.00	224
随机过程(Ⅱ)	2014－01	68.00	235
算术探索	2011－12	158.00	148
组合数学	2012－04	28.00	178
组合数学浅谈	2012－03	28.00	159
分析组合学	2021－09	88.00	1389
丢番图方程引论	2012－03	48.00	172
拉普拉斯变换及其应用	2015－02	38.00	447
高等代数.上	2016－01	38.00	548
高等代数.下	2016－01	38.00	549
高等代数教程	2016－01	58.00	579
高等代数引论	2020－07	48.00	1174
数学解析教程.上卷.1	2016－01	58.00	546
数学解析教程.上卷.2	2016－01	38.00	553
数学解析教程.下卷.1	2017－04	48.00	781
数学解析教程.下卷.2	2017－06	48.00	782
数学分析.第1册	2021－03	48.00	1281
数学分析.第2册	2021－03	48.00	1282
数学分析.第3册	2021－03	28.00	1283
数学分析精选习题全解.上册	2021－03	38.00	1284
数学分析精选习题全解.下册	2021－03	38.00	1285
数学分析专题研究	2021－11	68.00	1574
函数构造论.上	2016－01	38.00	554
函数构造论.中	2017－06	48.00	555
函数构造论.下	2016－09	48.00	680
函数逼近论(上)	2019－02	98.00	1014
概周期函数	2016－01	48.00	572
变叙的项的极限分布律	2016－01	18.00	573
整函数	2012－08	18.00	161
近代拓扑学研究	2013－04	38.00	239
多项式和无理数	2008－01	68.00	22
密码学与数论基础	2021－01	28.00	1254

刘培杰数学工作室

已出版(即将出版)图书目录——高等数学

书　　名	出版时间	定　价	编号
模糊数据统计学	2008－03	48.00	31
模糊分析学与特殊泛函空间	2013－01	68.00	241
常微分方程	2016－01	58.00	586
平稳随机函数导论	2016－03	48.00	587
量子力学原理.上	2016－01	38.00	588
图与矩阵	2014－08	40.00	644
钢丝绳原理:第二版	2017－01	78.00	745
代数拓扑和微分拓扑简史	2017－06	68.00	791
半序空间泛函分析.上	2018－06	48.00	924
半序空间泛函分析.下	2018－06	68.00	925
概率分布的部分识别	2018－07	68.00	929
Cartan 型单模李超代数的上同调及极大子代数	2018－07	38.00	932
纯数学与应用数学若干问题研究	2019－03	98.00	1017
数理金融学与数理经济学若干问题研究	2020－07	98.00	1180
清华大学"工农兵学员"微积分课本	2020－09	48.00	1228
力学若干基本问题的发展概论	2020－11	48.00	1262

书　　名	出版时间	定　价	编号
受控理论与解析不等式	2012－05	78.00	165
不等式的分拆降维降幂方法与可读证明(第 2 版)	2020－07	78.00	1184
石焕南文集:受控理论与不等式研究	2020－09	198.00	1198

书　　名	出版时间	定　价	编号
实变函数论	2012－06	78.00	181
复变函数论	2015－08	38.00	504
非光滑优化及其变分分析	2014－01	48.00	230
疏散的马尔科夫链	2014－01	58.00	266
马尔科夫过程论基础	2015－01	28.00	433
初等微分拓扑学	2012－07	18.00	182
方程式论	2011－03	38.00	105
Galois 理论	2011－03	18.00	107
古典数学难题与伽罗瓦理论	2012－11	58.00	223
伽罗华与群论	2014－01	28.00	290
代数方程的根式解及伽罗瓦理论	2011－03	28.00	108
代数方程的根式解及伽罗瓦理论(第二版)	2015－01	28.00	423
线性偏微分方程讲义	2011－03	18.00	110
几类微分方程数值方法的研究	2015－05	38.00	485
分数阶微分方程理论与应用	2020－05	95.00	1182
N 体问题的周期解	2011－03	28.00	111
代数方程式论	2011－05	18.00	121
线性代数与几何:英文	2016－06	58.00	578
动力系统的不变量与函数方程	2011－07	48.00	137
基于短语评价的翻译知识获取	2012－02	48.00	168
应用随机过程	2012－04	48.00	187
概率论导引	2012－04	18.00	179
矩阵论(上)	2013－06	58.00	250
矩阵论(下)	2013－06	48.00	251
对称锥互补问题的内点法:理论分析与算法实现	2014－08	68.00	368
抽象代数:方法导引	2013－06	38.00	257
集论	2016－01	48.00	576
多项式理论研究综述	2016－01	38.00	577
函数论	2014－11	78.00	395
反问题的计算方法及应用	2011－11	28.00	147
数阵及其应用	2012－02	28.00	164
绝对值方程—折边与组合图形的解析研究	2012－07	48.00	186
代数函数论(上)	2015－07	38.00	494
代数函数论(下)	2015－07	38.00	495

刘培杰数学工作室

已出版(即将出版)图书目录——高等数学

书　　名	出版时间	定　价	编号
偏微分方程论:法文	2015－10	48.00	533
时标动力学方程的指数型二分性与周期解	2016－04	48.00	606
重刚体绕不动点运动方程的积分法	2016－05	68.00	608
水轮机水力稳定性	2016－05	48.00	620
Lévy 噪音驱动的传染病模型的动力学行为	2016－05	48.00	667
时滞系统:Lyapunov 泛函和矩阵	2017－05	68.00	784
粒子图像测速仪实用指南:第二版	2017－08	78.00	790
数域的上同调	2017－08	98.00	799
图的正交因子分解(英文)	2018－01	38.00	881
图的度因子和分支因子:英文	2019－09	88.00	1108
点云模型的优化配准方法研究	2018－07	58.00	927
锥形波入射粗糙表面反散射问题理论与算法	2018－03	68.00	936
广义逆的理论与计算	2018－07	58.00	973
不定方程及其应用	2018－12	58.00	998
几类椭圆型偏微分方程高效数值算法研究	2018－08	48.00	1025
现代密码算法概论	2019－05	98.00	1061
模形式的 p－进性质	2019－06	78.00	1088
混沌动力学:分形、平铺、代换	2019－09	48.00	1109
微分方程,动力系统与混沌引论:第 3 版	2020－05	65.00	1144
分数阶微分方程理论与应用	2020－05	95.00	1187
应用非线性动力系统与混沌导论:第 2 版	2021－05	58.00	1368
非线性振动,动力系统与向量场的分支	2021－06	55.00	1369
遍历理论引论	2021－11	46.00	1441
动力系统与混沌	2022－05	48.00	1485
Galois 上同调	2020－04	138.00	1131
毕达哥拉斯定理:英文	2020－03	38.00	1133
模糊可拓多属性决策理论与方法	2021－06	98.00	1357
统计方法和科学推断	2021－10	48.00	1428
有关几类种群生态学模型的研究	2022－04	98.00	1486
加性数论:典型基	2022－05	48.00	1491
乘性数论:第三版	2022－07	38.00	1528
交替方向乘子法及其应用	2022－08	98.00	1553
结构元理论及模糊决策应用	2022－09	98.00	1573
吴振奎高等数学解题真经(概率统计卷)	2012－01	38.00	149
吴振奎高等数学解题真经(微积分卷)	2012－01	68.00	150
吴振奎高等数学解题真经(线性代数卷)	2012－01	58.00	151
高等数学解题全攻略(上卷)	2013－06	58.00	252
高等数学解题全攻略(下卷)	2013－06	58.00	253
高等数学复习纲要	2014－01	18.00	384
数学分析历年考研真题解析.第一卷	2021－04	28.00	1288
数学分析历年考研真题解析.第二卷	2021－04	28.00	1289
数学分析历年考研真题解析.第三卷	2021－04	28.00	1290
数学分析历年考研真题解析.第四卷	2022－09	68.00	1560
超越吉米多维奇.数列的极限	2009－11	48.00	58
超越普里瓦洛夫.留数卷	2015－01	28.00	437
超越普里瓦洛夫.无穷乘积与它对解析函数的应用卷	2015－05	28.00	477
超越普里瓦洛夫.积分卷	2015－06	18.00	481
超越普里瓦洛夫.基础知识卷	2015－06	28.00	482
超越普里瓦洛夫.数项级数卷	2015－07	38.00	489
超越普里瓦洛夫.微分、解析函数、导数卷	2018－01	48.00	852
统计学专业英语(第三版)	2015－04	68.00	465
代换分析:英文	2015－07	38.00	499

刘培杰数学工作室
已出版(即将出版)图书目录——高等数学

书　　名	出版时间	定　价	编号
历届美国大学生数学竞赛试题集.第一卷(1938—1949)	2015－01	28.00	397
历届美国大学生数学竞赛试题集.第二卷(1950—1959)	2015－01	28.00	398
历届美国大学生数学竞赛试题集.第三卷(1960—1969)	2015－01	28.00	399
历届美国大学生数学竞赛试题集.第四卷(1970—1979)	2015－01	18.00	400
历届美国大学生数学竞赛试题集.第五卷(1980—1989)	2015－01	28.00	401
历届美国大学生数学竞赛试题集.第六卷(1990—1999)	2015－01	28.00	402
历届美国大学生数学竞赛试题集.第七卷(2000—2009)	2015－08	18.00	403
历届美国大学生数学竞赛试题集.第八卷(2010—2012)	2015－01	18.00	404
超越普特南试题:大学数学竞赛中的方法与技巧	2017－04	98.00	758
历届国际大学生数学竞赛试题集(1994－2020)	2021－01	58.00	1252
历届美国大学生数学竞赛试题集:1938—2017	2020－11	98.00	1256
全国大学生数学夏令营数学竞赛试题及解答	2007－03	28.00	15
全国大学生数学竞赛辅导教程	2012－07	28.00	189
全国大学生数学竞赛复习全书(第2版)	2017－05	58.00	787
历届美国大学生数学竞赛试题集	2009－03	88.00	43
前苏联大学生数学奥林匹克竞赛题解(上编)	2012－04	28.00	169
前苏联大学生数学奥林匹克竞赛题解(下编)	2012－04	38.00	170
大学生数学竞赛讲义	2014－09	28.00	371
大学生数学竞赛教程——高等数学(基础篇、提高篇)	2018－09	128.00	968
普林斯顿大学数学竞赛	2016－06	38.00	669
考研高等数学高分之路	2020－10	45.00	1203
考研高等数学基础必刷	2021－01	45.00	1251
考研概率论与数理统计	2022－06	58.00	1522
越过211,刷到985:考研数学二	2019－10	68.00	1115
初等数论难题集(第一卷)	2009－05	68.00	44
初等数论难题集(第二卷)(上、下)	2011－02	128.00	82,83
数论概貌	2011－03	18.00	93
代数数论(第二版)	2013－08	58.00	94
代数多项式	2014－06	38.00	289
初等数论的知识与问题	2011－02	28.00	95
超越数论基础	2011－03	28.00	96
数论初等教程	2011－03	28.00	97
数论基础	2011－03	18.00	98
数论基础与维诺格拉多夫	2014－03	18.00	292
解析数论基础	2012－08	28.00	216
解析数论基础(第二版)	2014－01	48.00	287
解析数论问题集(第二版)(原版引进)	2014－05	88.00	343
解析数论问题集(第二版)(中译本)	2016－04	88.00	607
解析数论基础(潘承洞,潘承彪著)	2016－07	98.00	673
解析数论导引	2016－07	58.00	674
数论入门	2011－03	38.00	99
代数数论入门	2015－03	38.00	448
数论开篇	2012－07	28.00	194
解析数论引论	2011－03	48.00	100
Barban Davenport Halberstam 均值和	2009－01	40.00	33
基础数论	2011－03	28.00	101
初等数论100例	2011－05	18.00	122
初等数论经典例题	2012－07	18.00	204
最新世界各国数学奥林匹克中的初等数论试题(上、下)	2012－01	138.00	144,145
初等数论(Ⅰ)	2012－01	18.00	156
初等数论(Ⅱ)	2012－01	18.00	157
初等数论(Ⅲ)	2012－01	28.00	158

刘培杰数学工作室

已出版(即将出版)图书目录——高等数学

书　名	出版时间	定　价	编号
Gauss,Euler,Lagrange 和 Legendre 的遗产:把整数表示成平方和	2022－06	78.00	1540
平面几何与数论中未解决的新老问题	2013－01	68.00	229
代数数论简史	2014－11	28.00	408
代数数论	2015－09	88.00	532
代数、数论及分析习题集	2016－11	98.00	695
数论导引提要及习题解答	2016－01	48.00	559
素数定理的初等证明.第 2 版	2016－09	48.00	686
数论中的模函数与狄利克雷级数(第二版)	2017－11	78.00	837
数论:数学导引	2018－01	68.00	849
域论	2018－04	68.00	884
代数数论(冯克勤　编著)	2018－04	68.00	885
范氏大代数	2019－02	98.00	1016
新编 640 个世界著名数学智力趣题	2014－01	88.00	242
500 个最新世界著名数学智力趣题	2008－06	48.00	3
400 个最新世界著名数学最值问题	2008－09	48.00	36
500 个世界著名数学征解问题	2009－06	48.00	52
400 个中国最佳初等数学征解老问题	2010－01	48.00	60
500 个俄罗斯数学经典老题	2011－01	28.00	81
1000 个国外中学物理好题	2012－04	48.00	174
300 个日本高考数学题	2012－05	38.00	142
700 个早期日本高考数学试题	2017－02	88.00	752
500 个前苏联早期高考数学试题及解答	2012－05	28.00	185
546 个早期俄罗斯大学生数学竞赛题	2014－03	38.00	285
548 个来自美苏的数学好问题	2014－11	28.00	396
20 所苏联著名大学早期入学试题	2015－02	18.00	452
161 道德国工科大学生必做的微分方程习题	2015－05	28.00	469
500 个德国工科大学生必做的高数习题	2015－06	28.00	478
360 个数学竞赛问题	2016－08	58.00	677
德国讲义日本考题.微积分卷	2015－04	48.00	456
德国讲义日本考题.微分方程卷	2015－04	38.00	457
二十世纪中叶中、英、美、日、法、俄高考数学试题精选	2017－06	38.00	783
博弈论精粹	2008－03	58.00	30
博弈论精粹.第二版(精装)	2015－01	88.00	461
数学 我爱你	2008－01	28.00	20
精神的圣徒　别样的人生——60 位中国数学家成长的历程	2008－09	48.00	39
数学史概论	2009－06	78.00	50
数学史概论(精装)	2013－03	158.00	272
数学史选讲	2016－01	48.00	544
斐波那契数列	2010－02	28.00	65
数学拼盘和斐波那契魔方	2010－07	38.00	72
斐波那契数列欣赏	2011－01	28.00	160
数学的创造	2011－02	48.00	85
数学美与创造力	2016－01	48.00	595
数海拾贝	2016－01	48.00	590
数学中的美	2011－02	38.00	84
数论中的美学	2014－12	38.00	351
数学王者　科学巨人——高斯	2015－01	28.00	428
振兴祖国数学的圆梦之旅:中国初等数学研究史话	2015－06	98.00	490
二十世纪中国数学史料研究	2015－10	48.00	536
数字谜、数阵图与棋盘覆盖	2016－01	58.00	298
时间的形状	2016－01	38.00	556
数学发现的艺术:数学探索中的合情推理	2016－07	58.00	671
活跃在数学中的参数	2016－07	48.00	675

刘培杰数学工作室
已出版(即将出版)图书目录——高等数学

书　　名	出版时间	定　价	编号
格点和面积	2012－07	18.00	191
射影几何趣谈	2012－04	28.00	175
斯潘纳尔引理——从一道加拿大数学奥林匹克试题谈起	2014－01	28.00	228
李普希兹条件——从几道近年高考数学试题谈起	2012－10	18.00	221
拉格朗日中值定理——从一道北京高考试题的解法谈起	2015－10	18.00	197
闵科夫斯基定理——从一道清华大学自主招生试题谈起	2014－01	28.00	198
哈尔测度——从一道冬令营试题的背景谈起	2012－08	28.00	202
切比雪夫逼近问题——从一道中国台北数学奥林匹克试题谈起	2013－04	38.00	238
伯恩斯坦多项式与贝齐尔曲面——从一道全国高中数学联赛试题谈起	2013－03	38.00	236
卡塔兰猜想——从一道普特南竞赛试题谈起	2013－06	18.00	256
麦卡锡函数和阿克曼函数——从一道前南斯拉夫数学奥林匹克试题谈起	2012－08	18.00	201
贝蒂定理与拉姆贝克莫斯尔定理——从一个拣石子游戏谈起	2012－08	18.00	217
皮亚诺曲线和豪斯道夫分球定理——从无限集谈起	2012－08	18.00	211
平面凸图形与凸多面体	2012－10	28.00	218
斯坦因豪斯问题——从一道二十五省市自治区中学数学竞赛试题谈起	2012－07	18.00	196
纽结理论中的亚历山大多项式与琼斯多项式——从一道北京市高一数学竞赛试题谈起	2012－07	28.00	195
原则与策略——从波利亚"解题表"谈起	2013－04	38.00	244
转化与化归——从三大尺规作图不能问题谈起	2012－08	28.00	214
代数几何中的贝祖定理(第一版)——从一道IMO试题的解法谈起	2013－08	18.00	193
成功连贯理论与约当块理论——从一道比利时数学竞赛试题谈起	2012－04	18.00	180
素数判定与大数分解	2014－08	18.00	199
置换多项式及其应用	2012－10	18.00	220
椭圆函数与模函数——从一道美国加州大学洛杉矶分校(UCLA)博士资格考题谈起	2012－10	28.00	219
差分方程的拉格朗日方法——从一道2011年全国高考理科试题的解法谈起	2012－08	28.00	200
力学在几何中的一些应用	2013－01	38.00	240
高斯散度定理、斯托克斯定理和平面格林定理——从一道国际大学生数学竞赛试题谈起	即将出版		
康托洛维奇不等式——从一道全国高中联赛试题谈起	2013－03	28.00	337
西格尔引理——从一道第18届IMO试题的解法谈起	即将出版		
罗斯定理——从一道前苏联数学竞赛试题谈起	即将出版		
拉克斯定理和阿廷定理——从一道IMO试题的解法谈起	2014－01	58.00	246
毕卡大定理——从一道美国大学数学竞赛试题谈起	2014－07	18.00	350
贝齐尔曲线——从一道全国高中联赛试题谈起	即将出版		
拉格朗日乘子定理——从一道2005年全国高中联赛试题的高等数学解法谈起	2015－05	28.00	480
雅可比定理——从一道日本数学奥林匹克试题谈起	2013－04	48.00	249
李天岩－约克定理——从一道波兰数学竞赛试题谈起	2014－06	28.00	349
受控理论与初等不等式:从一道IMO试题的解法谈起	2023－03	48.00	1601

刘培杰数学工作室
已出版(即将出版)图书目录——高等数学

书　　名	出版时间	定　价	编号
布劳维不动点定理——从一道前苏联数学奥林匹克试题谈起	2014－01	38.00	273
伯恩赛德定理——从一道英国数学奥林匹克试题谈起	即将出版		
布查特－莫斯特定理——从一道上海市初中竞赛试题谈起	即将出版		
数论中的同余数问题——从一道普特南竞赛试题谈起	即将出版		
范・德蒙行列式——从一道美国数学奥林匹克试题谈起	即将出版		
中国剩余定理:总数法构建中国历史年表	2015－01	28.00	430
牛顿程序与方程求根——从一道全国高考试题解法谈起	即将出版		
库默尔定理——从一道 IMO 预选试题谈起	即将出版		
卢丁定理——从一道冬令营试题的解法谈起	即将出版		
沃斯滕霍姆定理——从一道 IMO 预选试题谈起	即将出版		
卡尔松不等式——从一道莫斯科数学奥林匹克试题谈起	即将出版		
信息论中的香农熵——从一道近年高考压轴题谈起	即将出版		
约当不等式——从一道希望杯竞赛试题谈起	即将出版		
拉比诺维奇定理	即将出版		
刘维尔定理——从一道《美国数学月刊》征解问题的解法谈起	即将出版		
卡塔兰恒等式与级数求和——从一道 IMO 试题的解法谈起	即将出版		
勒让德猜想与素数分布——从一道爱尔兰竞赛试题谈起	即将出版		
天平称重与信息论——从一道基辅市数学奥林匹克试题谈起	即将出版		
哈密尔顿－凯莱定理:从一道高中数学联赛试题的解法谈起	2014－09	18.00	376
艾思特曼定理——从一道 CMO 试题的解法谈起	即将出版		
一个爱尔特希问题——从一道西德数学奥林匹克试题谈起	即将出版		
有限群中的爱丁格尔问题——从一道北京市初中二年级数学竞赛试题谈起	即将出版		
糖水中的不等式——从初等数学到高等数学	2019－07	48.00	1093
帕斯卡三角形	2014－03	18.00	294
蒲丰投针问题——从 2009 年清华大学的一道自主招生试题谈起	2014－01	38.00	295
斯图姆定理——从一道"华约"自主招生试题的解法谈起	2014－01	18.00	296
许瓦兹引理——从一道加利福尼亚大学伯克利分校数学系博士生试题谈起	2014－08	18.00	297
拉姆塞定理——从王诗宬院士的一个问题谈起	2016－04	48.00	299
坐标法	2013－12	28.00	332
数论三角形	2014－04	38.00	341
毕克定理	2014－07	18.00	352
数林掠影	2014－09	48.00	389
我们周围的概率	2014－10	38.00	390
凸函数最值定理:从一道华约自主招生题的解法谈起	2014－10	28.00	391
易学与数学奥林匹克	2014－10	38.00	392
生物数学趣谈	2015－01	18.00	409
反演	2015－01	28.00	420
因式分解与圆锥曲线	2015－01	18.00	426
轨迹	2015－01	28.00	427
面积原理:从常庚哲命的一道 CMO 试题的积分解法谈起	2015－01	48.00	431
形形色色的不动点定理:从一道 28 届 IMO 试题谈起	2015－01	38.00	439
柯西函数方程:从一道上海交大自主招生的试题谈起	2015－02	28.00	440

刘培杰数学工作室
已出版(即将出版)图书目录——高等数学

书　名	出版时间	定　价	编号
三角恒等式	2015－02	28.00	442
无理性判定:从一道2014年"北约"自主招生试题谈起	2015－01	38.00	443
数学归纳法	2015－03	18.00	451
极端原理与解题	2015－04	28.00	464
法雷级数	2014－08	18.00	367
摆线族	2015－01	38.00	438
函数方程及其解法	2015－05	38.00	470
含参数的方程和不等式	2012－09	28.00	213
希尔伯特第十问题	2016－01	38.00	543
无穷小量的求和	2016－01	28.00	545
切比雪夫多项式:从一道清华大学金秋营试题谈起	2016－01	38.00	583
泽肯多夫定理	2016－03	38.00	599
代数等式证题法	2016－01	28.00	600
三角等式证题法	2016－01	28.00	601
吴大任教授藏书中的一个因式分解公式:从一道美国数学邀请赛试题的解法谈起	2016－06	28.00	656
易卦——类万物的数学模型	2017－08	68.00	838
"不可思议"的数与数系可持续发展	2018－01	38.00	878
最短线	2018－01	38.00	879
从毕达哥拉斯到怀尔斯	2007－10	48.00	9
从迪利克雷到维斯卡尔迪	2008－01	48.00	21
从哥德巴赫到陈景润	2008－05	98.00	35
从庞加莱到佩雷尔曼	2011－08	138.00	136
从费马到怀尔斯——费马大定理的历史	2013－10	198.00	Ⅰ
从庞加莱到佩雷尔曼——庞加莱猜想的历史	2013－10	298.00	Ⅱ
从切比雪夫到爱尔特希(上)——素数定理的初等证明	2013－07	48.00	Ⅲ
从切比雪夫到爱尔特希(下)——素数定理100年	2012－12	98.00	Ⅲ
从高斯到盖尔方特——二次域的高斯猜想	2013－10	198.00	Ⅳ
从库默尔到朗兰兹——朗兰兹猜想的历史	2014－01	98.00	Ⅴ
从比勃巴赫到德布朗斯——比勃巴赫猜想的历史	2014－02	298.00	Ⅵ
从麦比乌斯到陈省身——麦比乌斯变换与麦比乌斯带	2014－02	298.00	Ⅶ
从布尔到豪斯道夫——布尔方程与格论漫谈	2013－10	198.00	Ⅷ
从开普勒到阿诺德——三体问题的历史	2014－05	298.00	Ⅸ
从华林到华罗庚——华林问题的历史	2013－10	298.00	Ⅹ
数学物理大百科全书.第1卷	2016－01	418.00	508
数学物理大百科全书.第2卷	2016－01	408.00	509
数学物理大百科全书.第3卷	2016－01	396.00	510
数学物理大百科全书.第4卷	2016－01	408.00	511
数学物理大百科全书.第5卷	2016－01	368.00	512
朱德祥代数与几何讲义.第1卷	2017－01	38.00	697
朱德祥代数与几何讲义.第2卷	2017－01	28.00	698
朱德祥代数与几何讲义.第3卷	2017－01	28.00	699

刘培杰数学工作室

已出版(即将出版)图书目录——高等数学

书　　名	出版时间	定价	编号
闵嗣鹤文集	2011－03	98.00	102
吴从炘数学活动三十年(1951～1980)	2010－07	99.00	32
吴从炘数学活动又三十年(1981～2010)	2015－07	98.00	491
斯米尔诺夫高等数学.第一卷	2018－03	88.00	770
斯米尔诺夫高等数学.第二卷.第一分册	2018－03	68.00	771
斯米尔诺夫高等数学.第二卷.第二分册	2018－03	68.00	772
斯米尔诺夫高等数学.第二卷.第三分册	2018－03	48.00	773
斯米尔诺夫高等数学.第三卷.第一分册	2018－03	58.00	774
斯米尔诺夫高等数学.第三卷.第二分册	2018－03	58.00	775
斯米尔诺夫高等数学.第三卷.第三分册	2018－03	68.00	776
斯米尔诺夫高等数学.第四卷.第一分册	2018－03	48.00	777
斯米尔诺夫高等数学.第四卷.第二分册	2018－03	88.00	778
斯米尔诺夫高等数学.第五卷.第一分册	2018－03	58.00	779
斯米尔诺夫高等数学.第五卷.第二分册	2018－03	68.00	780
zeta 函数,q-zeta 函数,相伴级数与积分(英文)	2015－08	88.00	513
微分形式:理论与练习(英文)	2015－08	58.00	514
离散与微分包含的逼近和优化(英文)	2015－08	58.00	515
艾伦·图灵:他的工作与影响(英文)	2016－01	98.00	560
测度理论概率导论,第 2 版(英文)	2016－01	88.00	561
带有潜在故障恢复系统的半马尔柯夫模型控制(英文)	2016－01	98.00	562
数学分析原理(英文)	2016－01	88.00	563
随机偏微分方程的有效动力学(英文)	2016－01	88.00	564
图的谱半径(英文)	2016－01	58.00	565
量子机器学习中数据挖掘的量子计算方法(英文)	2016－01	98.00	566
量子物理的非常规方法(英文)	2016－01	118.00	567
运输过程的统一非局部理论:广义波尔兹曼物理动力学,第 2 版(英文)	2016－01	198.00	568
量子力学与经典力学之间的联系在原子、分子及电动力学系统建模中的应用(英文)	2016－01	58.00	569
算术域(英文)	2018－01	158.00	821
高等数学竞赛:1962—1991 年的米洛克斯·史怀哲竞赛(英文)	2018－01	128.00	822
用数学奥林匹克精神解决数论问题(英文)	2018－01	108.00	823
代数几何(德文)	2018－04	68.00	824
丢番图逼近论(英文)	2018－01	78.00	825
代数几何学基础教程(英文)	2018－01	98.00	826
解析数论入门课程(英文)	2018－01	78.00	827
数论中的丢番图问题(英文)	2018－01	78.00	829
数论(梦幻之旅):第五届中日数论研讨会演讲集(英文)	2018－01	68.00	830
数论新应用(英文)	2018－01	68.00	831
数论(英文)	2018－01	78.00	832
测度与积分(英文)	2019－04	68.00	1059
卡塔兰数入门(英文)	2019－05	68.00	1060
多变量数学入门(英文)	2021－05	68.00	1317
偏微分方程入门(英文)	2021－05	88.00	1318
若尔当典范性:理论与实践(英文)	2021－07	68.00	1366
R 统计学概论(英文)	2023－03	88.00	1614
基于不确定静态和动态问题解的仿射算术(英文)	2023－03	38.00	1618

刘培杰数学工作室
已出版(即将出版)图书目录——高等数学

书　　名	出版时间	定　价	编号
湍流十讲(英文)	2018－04	108.00	886
无穷维李代数:第 3 版(英文)	2018－04	98.00	887
等值、不变量和对称性(英文)	2018－04	78.00	888
解析数论(英文)	2018－09	78.00	889
《数学原理》的演化:伯特兰·罗素撰写第二版时的手稿与笔记(英文)	2018－04	108.00	890
哈密尔顿数学论文集(第 4 卷):几何学、分析学、天文学、概率和有限差分等(英文)	2019－05	108.00	891
数学王子——高斯	2018－01	48.00	858
坎坷奇星——阿贝尔	2018－01	48.00	859
闪烁奇星——伽罗瓦	2018－01	58.00	860
无穷统帅——康托尔	2018－01	48.00	861
科学公主——柯瓦列夫斯卡娅	2018－01	48.00	862
抽象代数之母——埃米·诺特	2018－01	48.00	863
电脑先驱——图灵	2018－01	58.00	864
昔日神童——维纳	2018－01	48.00	865
数坛怪侠——爱尔特希	2018－01	68.00	866
当代世界中的数学.数学思想与数学基础	2019－01	38.00	892
当代世界中的数学.数学问题	2019－01	38.00	893
当代世界中的数学.应用数学与数学应用	2019－01	38.00	894
当代世界中的数学.数学王国的新疆域(一)	2019－01	38.00	895
当代世界中的数学.数学王国的新疆域(二)	2019－01	38.00	896
当代世界中的数学.数林撷英(一)	2019－01	38.00	897
当代世界中的数学.数林撷英(二)	2019－01	48.00	898
当代世界中的数学.数学之路	2019－01	38.00	899
偏微分方程全局吸引子的特性(英文)	2018－09	108.00	979
整函数与下调和函数(英文)	2018－09	118.00	980
幂等分析(英文)	2018－09	118.00	981
李群,离散子群与不变量理论(英文)	2018－09	108.00	982
动力系统与统计力学(英文)	2018－09	118.00	983
表示论与动力系统(英文)	2018－09	118.00	984
分析学练习.第 1 部分(英文)	2021－01	88.00	1247
分析学练习.第 2 部分.非线性分析(英文)	2021－01	88.00	1248
初级统计学:循序渐进的方法:第 10 版(英文)	2019－05	68.00	1067
工程师与科学家微分方程用书:第 4 版(英文)	2019－07	58.00	1068
大学代数与三角学(英文)	2019－06	78.00	1069
培养数学能力的途径(英文)	2019－07	38.00	1070
工程师与科学家统计学:第 4 版(英文)	2019－06	58.00	1071
贸易与经济中的应用统计学:第 6 版(英文)	2019－06	58.00	1072
傅立叶级数和边值问题:第 8 版(英文)	2019－05	48.00	1073
通往天文学的途径:第 5 版(英文)	2019－05	58.00	1074

刘培杰数学工作室

已出版(即将出版)图书目录——高等数学

书　　名	出版时间	定　价	编号
拉马努金笔记.第1卷(英文)	2019—06	165.00	1078
拉马努金笔记.第2卷(英文)	2019—06	165.00	1079
拉马努金笔记.第3卷(英文)	2019—06	165.00	1080
拉马努金笔记.第4卷(英文)	2019—06	165.00	1081
拉马努金笔记.第5卷(英文)	2019—06	165.00	1082
拉马努金遗失笔记.第1卷(英文)	2019—06	109.00	1083
拉马努金遗失笔记.第2卷(英文)	2019—06	109.00	1084
拉马努金遗失笔记.第3卷(英文)	2019—06	109.00	1085
拉马努金遗失笔记.第4卷(英文)	2019—06	109.00	1086
数论:1976年纽约洛克菲勒大学数论会议记录(英文)	2020—06	68.00	1145
数论:卡本代尔1979:1979年在南伊利诺伊卡本代尔大学举行的数论会议记录(英文)	2020—06	78.00	1146
数论:诺德韦克豪特1983:1983年在诺德韦克豪特举行的Journees Arithmetiques数论大会会议记录(英文)	2020—06	68.00	1147
数论:1985—1988年在纽约城市大学研究生院和大学中心举办的研讨会(英文)	2020—06	68.00	1148
数论:1987年在乌尔姆举行的Journees Arithmetiques数论大会会议记录(英文)	2020—06	68.00	1149
数论:马德拉斯1987:1987年在马德拉斯安娜大学举行的国际拉马努金百年纪念大会会议记录(英文)	2020—06	68.00	1150
解析数论:1988年在东京举行的日法研讨会会议记录(英文)	2020—06	68.00	1151
解析数论:2002年在意大利切特拉罗举行的C.I.M.E.暑期班演讲集(英文)	2020—06	68.00	1152
量子世界中的蝴蝶:最迷人的量子分形故事(英文)	2020—06	118.00	1157
走进量子力学(英文)	2020—06	118.00	1158
计算物理学概论(英文)	2020—06	48.00	1159
物质,空间和时间的理论:量子理论(英文)	即将出版		1160
物质,空间和时间的理论:经典理论(英文)	即将出版		1161
量子场理论:解释世界的神秘背景(英文)	2020—07	38.00	1162
计算物理学概论(英文)	即将出版		1163
行星状星云(英文)	即将出版		1164
基本宇宙学:从亚里士多德的宇宙到大爆炸(英文)	2020—08	58.00	1165
数学磁流体力学(英文)	2020—07	58.00	1166
计算科学:第1卷,计算的科学(日文)	2020—07	88.00	1167
计算科学:第2卷,计算与宇宙(日文)	2020—07	88.00	1168
计算科学:第3卷,计算与物质(日文)	2020—07	88.00	1169
计算科学:第4卷,计算与生命(日文)	2020—07	88.00	1170
计算科学:第5卷,计算与地球环境(日文)	2020—07	88.00	1171
计算科学:第6卷,计算与社会(日文)	2020—07	88.00	1172
计算科学.别卷,超级计算机(日文)	2020—07	88.00	1173
多复变函数论(日文)	2022—06	78.00	1518
复变函数入门(日文)	2022—06	78.00	1523

刘培杰数学工作室
已出版(即将出版)图书目录——高等数学

书　　名	出版时间	定　价	编号
代数与数论:综合方法(英文)	2020—10	78.00	1185
复分析:现代函数理论第一课(英文)	2020—07	58.00	1186
斐波那契数列和卡特兰数:导论(英文)	2020—10	68.00	1187
组合推理:计数艺术介绍(英文)	2020—07	88.00	1188
二次互反律的傅里叶分析证明(英文)	2020—07	48.00	1189
旋瓦兹分布的希尔伯特变换与应用(英文)	2020—07	58.00	1190
泛函分析:巴拿赫空间理论入门(英文)	2020—07	48.00	1191
典型群,错排与素数(英文)	2020—11	58.00	1204
李代数的表示:通过 gln 进行介绍(英文)	2020—10	38.00	1205
实分析演讲集(英文)	2020—10	38.00	1206
现代分析及其应用的课程(英文)	2020—10	58.00	1207
运动中的抛射物数学(英文)	2020—10	38.00	1208
2—扭结与它们的群(英文)	2020—10	38.00	1209
概率,策略和选择:博弈与选举中的数学(英文)	2020—11	58.00	1210
分析学引论(英文)	2020—11	58.00	1211
量子群:通往流代数的路径(英文)	2020—11	38.00	1212
集合论入门(英文)	2020—10	48.00	1213
酉反射群(英文)	2020—11	58.00	1214
探索数学:吸引人的证明方式(英文)	2020—11	58.00	1215
微分拓扑短期课程(英文)	2020—10	48.00	1216
抽象凸分析(英文)	2020—11	68.00	1222
费马大定理笔记(英文)	2021—03	48.00	1223
高斯与雅可比和(英文)	2021—03	78.00	1224
π与算术几何平均:关于解析数论和计算复杂性的研究(英文)	2021—01	58.00	1225
复分析入门(英文)	2021—03	48.00	1226
爱德华·卢卡斯与素性测定(英文)	2021—03	78.00	1227
通往凸分析及其应用的简单路径(英文)	2021—01	68.00	1229
微分几何的各个方面.第一卷(英文)	2021—01	58.00	1230
微分几何的各个方面.第二卷(英文)	2020—12	58.00	1231
微分几何的各个方面.第三卷(英文)	2020—12	58.00	1232
沃克流形几何学(英文)	2020—11	58.00	1233
彷射和韦尔几何应用(英文)	2020—12	58.00	1234
双曲几何学的旋转向量空间方法(英文)	2021—02	58.00	1235
积分:分析学的关键(英文)	2020—12	48.00	1236
为有天分的新生准备的分析学基础教材(英文)	2020—11	48.00	1237

刘培杰数学工作室
已出版(即将出版)图书目录——高等数学

书　　名	出版时间	定　价	编号
数学不等式.第一卷.对称多项式不等式(英文)	2021－03	108.00	1273
数学不等式.第二卷.对称有理不等式与对称无理不等式(英文)	2021－03	108.00	1274
数学不等式.第三卷.循环不等式与非循环不等式(英文)	2021－03	108.00	1275
数学不等式.第四卷.Jensen 不等式的扩展与加细(英文)	2021－03	108.00	1276
数学不等式.第五卷.创建不等式与解不等式的其他方法(英文)	2021－04	108.00	1277

书　　名	出版时间	定　价	编号
冯·诺依曼代数中的谱位移函数:半有限冯·诺依曼代数中的谱位移函数与谱流(英文)	2021－06	98.00	1308
链接结构:关于嵌入完全图的直线中链接单形的组合结构(英文)	2021－05	58.00	1309
代数几何方法.第 1 卷(英文)	2021－06	68.00	1310
代数几何方法.第 2 卷(英文)	2021－06	68.00	1311
代数几何方法.第 3 卷(英文)	2021－06	58.00	1312

书　　名	出版时间	定　价	编号
代数、生物信息和机器人技术的算法问题.第四卷,独立恒等式系统(俄文)	2020－08	118.00	1119
代数、生物信息和机器人技术的算法问题.第五卷,相对覆盖性和独立可拆分恒等式系统(俄文)	2020－08	118.00	1200
代数、生物信息和机器人技术的算法问题.第六卷,恒等式和准恒等式的相等 问题、可推导性和可实现性(俄文)	2020－08	128.00	1201
分数阶微积分的应用:非局部动态过程,分数阶导热系数(俄文)	2021－01	68.00	1241
泛函分析问题与练习:第 2 版(俄文)	2021－01	98.00	1242
集合论、数学逻辑和算法论问题:第 5 版(俄文)	2021－01	98.00	1243
微分几何和拓扑短期课程(俄文)	2021－01	98.00	1244
素数规律(俄文)	2021－01	88.00	1245
无穷边值问题解的递减:无界域中的拟线性椭圆和抛物方程(俄文)	2021－01	48.00	1246
微分几何讲义(俄文)	2020－12	98.00	1253
二次型和矩阵(俄文)	2021－01	98.00	1255
积分和级数.第 2 卷,特殊函数(俄文)	2021－01	168.00	1258
积分和级数.第 3 卷,特殊函数补充:第 2 版(俄文)	2021－01	178.00	1264
几何图上的微分方程(俄文)	2021－01	138.00	1259
数论教程:第 2 版(俄文)	2021－01	98.00	1260
非阿基米德分析及其应用(俄文)	2021－03	98.00	1261

刘培杰数学工作室

已出版(即将出版)图书目录——高等数学

书　名	出版时间	定　价	编号
古典群和量子群的压缩(俄文)	2021－03	98.00	1263
数学分析习题集.第3卷,多元函数:第3版(俄文)	2021－03	98.00	1266
数学习题:乌拉尔国立大学数学力学系大学生奥林匹克(俄文)	2021－03	98.00	1267
柯西定理和微分方程的特解(俄文)	2021－03	98.00	1268
组合极值问题及其应用:第3版(俄文)	2021－03	98.00	1269
数学词典(俄文)	2021－01	98.00	1271
确定性混沌分析模型(俄文)	2021－06	168.00	1307
精选初等数学习题和定理.立体几何.第3版(俄文)	2021－03	68.00	1316
微分几何习题:第3版(俄文)	2021－05	98.00	1336
精选初等数学习题和定理.平面几何.第4版(俄文)	2021－05	68.00	1335
曲面理论在欧氏空间 En 中的直接表示	2022－01	68.00	1444
维纳一霍普夫离散算子和托普利兹算子:某些可数赋范空间中的诺特性和可逆性(俄文)	2022－03	108.00	1496
Maple中的数论:数论中的计算机计算(俄文)	2022－03	88.00	1497
贝尔曼和克努特问题及其概括:加法运算的复杂性(俄文)	2022－03	138.00	1498
复分析:共形映射(俄文)	2022－07	48.00	1542
微积分代数样条和多项式及其在数值方法中的应用(俄文)	2022－08	128.00	1543
蒙特卡罗方法中的随机过程和场模型:算法和应用(俄文)	2022－08	88.00	1544
线性椭圆型方程组:论二阶椭圆型方程的迪利克雷问题(俄文)	2022－08	98.00	1561
动态系统解的增长特性:估值、稳定性、应用(俄文)	2022－08	118.00	1565
群的自由积分解:建立和应用(俄文)	2022－08	78.00	1570
混合方程和偏差自变数方程问题:解的存在和唯一性(俄文)	2023－01	78.00	1582
拟度量空间分析:存在和逼近定理(俄文)	2023－01	108.00	1583
二维和三维流形上函数的拓扑性质:函数的拓扑分类(俄文)	2023－03	68.00	1584
齐次马尔科夫过程建模的矩阵方法:此类方法能够用于不同目的的复杂系统研究、设计和完善(俄文)	2023－03	68.00	1594
周期函数的近似方法和特性:特殊课程(俄文)	2023－04	158.00	1622
扩散方程解的矩函数:变分法(俄文)	2023－03	58.00	1623
狭义相对论与广义相对论:时空与引力导论(英文)	2021－07	88.00	1319
束流物理学和粒子加速器的实践介绍:第2版(英文)	2021－07	88.00	1320
凝聚态物理中的拓扑和微分几何简介(英文)	2021－05	88.00	1321
混沌映射:动力学、分形学和快速涨落(英文)	2021－05	128.00	1322
广义相对论:黑洞、引力波和宇宙学介绍(英文)	2021－06	68.00	1323
现代分析电磁均质化(英文)	2021－06	68.00	1324
为科学家提供的基本流体动力学(英文)	2021－06	88.00	1325
视觉天文学:理解夜空的指南(英文)	2021－06	68.00	1326

刘培杰数学工作室
已出版(即将出版)图书目录——高等数学

书　名	出版时间	定　价	编号
物理学中的计算方法(英文)	2021－06	68.00	1327
单星的结构与演化:导论(英文)	2021－06	108.00	1328
超越居里:1903 年至 1963 年物理界四位女性及其著名发现(英文)	2021－06	68.00	1329
范德瓦尔斯流体热力学的进展(英文)	2021－06	68.00	1330
先进的托卡马克稳定性理论(英文)	2021－06	88.00	1331
经典场论导论:基本相互作用的过程(英文)	2021－07	88.00	1332
光致电离量子动力学方法原理(英文)	2021－07	108.00	1333
经典域论和应力:能量张量(英文)	2021－05	88.00	1334
非线性太赫兹光谱的概念与应用(英文)	2021－06	68.00	1337
电磁学中的无穷空间并矢格林函数(英文)	2021－06	88.00	1338
物理科学基础数学.第 1 卷,齐次边值问题、傅里叶方法和特殊函数(英文)	2021－07	108.00	1339
离散量子力学(英文)	2021－07	68.00	1340
核磁共振的物理学和数学(英文)	2021－07	108.00	1341
分子水平的静电学(英文)	2021－08	68.00	1342
非线性波:理论、计算机模拟、实验(英文)	2021－06	108.00	1343
石墨烯光学:经典问题的电解解决方案(英文)	2021－06	68.00	1344
超材料多元宇宙(英文)	2021－07	68.00	1345
银河系外的天体物理学(英文)	2021－07	68.00	1346
原子物理学(英文)	2021－07	68.00	1347
将光打结:将拓扑学应用于光学(英文)	2021－07	68.00	1348
电磁学:问题与解法(英文)	2021－07	88.00	1364
海浪的原理:介绍量子力学的技巧与应用(英文)	2021－07	108.00	1365
多孔介质中的流体:输运与相变(英文)	2021－07	68.00	1372
洛伦兹群的物理学(英文)	2021－08	68.00	1373
物理导论的数学方法和解决方法手册(英文)	2021－08	68.00	1374
非线性波数学物理学入门(英文)	2021－08	88.00	1376
波:基本原理和动力学(英文)	2021－07	68.00	1377
光电子量子计量学.第 1 卷,基础(英文)	2021－07	88.00	1383
光电子量子计量学.第 2 卷,应用与进展(英文)	2021－07	68.00	1384
复杂流的格子玻尔兹曼建模的工程应用(英文)	2021－08	68.00	1393
电偶极矩挑战(英文)	2021－08	108.00	1394
电动力学:问题与解法(英文)	2021－09	68.00	1395
自由电子激光的经典理论(英文)	2021－08	68.00	1397
曼哈顿计划——核武器物理学简介(英文)	2021－09	68.00	1401

刘培杰数学工作室
已出版(即将出版)图书目录——高等数学

书　　名	出版时间	定　价	编号
粒子物理学(英文)	2021—09	68.00	1402
引力场中的量子信息(英文)	2021—09	128.00	1403
器件物理学的基本经典力学(英文)	2021—09	68.00	1404
等离子体物理及其空间应用导论．第1卷，基本原理和初步过程(英文)	2021—09	68.00	1405
伽利略理论力学：连续力学基础(英文)	2021—10	48.00	1416
磁约束聚变等离子体物理：理想MHD理论(英文)	2023—03	68.00	1613
相对论量子场论．第1卷，典范形式体系(英文)	2023—03	38.00	1615
涌现的物理学(英文)	2023—05	58.00	1619
量子化旋涡：一本拓扑激发手册(英文)	2023—04	68.00	1620
非线性动力学：实践的介绍性调查(英文)	2023—05	68.00	1621
拓扑与超弦理论焦点问题(英文)	2021—07	58.00	1349
应用数学：理论、方法与实践(英文)	2021—07	78.00	1350
非线性特征值问题：牛顿型方法与非线性瑞利函数(英文)	2021—07	58.00	1351
广义膨胀和齐性：利用齐性构造齐次系统的李雅普诺夫函数和控制律(英文)	2021—06	48.00	1352
解析数论焦点问题(英文)	2021—07	58.00	1353
随机微分方程：动态系统方法(英文)	2021—07	58.00	1354
经典力学与微分几何(英文)	2021—07	58.00	1355
负定相交形式流形上的瞬子模空间几何(英文)	2021—07	68.00	1356
广义卡塔兰轨道分析：广义卡塔兰轨道计算数字的方法(英文)	2021—07	48.00	1367
洛伦兹方法的变分：二维与三维洛伦兹方法(英文)	2021—08	38.00	1378
几何、分析和数论精编(英文)	2021—08	68.00	1380
从一个新角度看数论：通过遗传方法引入现实的概念(英文)	2021—07	58.00	1387
动力系统：短期课程(英文)	2021—08	68.00	1382
几何路径：理论与实践(英文)	2021—08	48.00	1385
广义斐波那契数列及其性质(英文)	2021—08	38.00	1386
论天体力学中某些问题的不可积性(英文)	2021—07	88.00	1396
对称函数和麦克唐纳多项式：余代数结构与Kawanaka恒等式	2021—09	38.00	1400
杰弗里·英格拉姆·泰勒科学论文集：第1卷．固体力学(英文)	2021—05	78.00	1360
杰弗里·英格拉姆·泰勒科学论文集：第2卷．气象学、海洋学和湍流(英文)	2021—05	68.00	1361
杰弗里·英格拉姆·泰勒科学论文集：第3卷．空气动力学以及落弹数和爆炸的力学(英文)	2021—05	68.00	1362
杰弗里·英格拉姆·泰勒科学论文集：第4卷．有关流体力学(英文)	2021—05	58.00	1363

刘培杰数学工作室
已出版(即将出版)图书目录——高等数学

书　名	出版时间	定　价	编号
非局域泛函演化方程:积分与分数阶(英文)	2021—08	48.00	1390
理论工作者的高等微分几何:纤维丛、射流流形和拉格朗日理论(英文)	2021—08	68.00	1391
半线性退化椭圆微分方程:局部定理与整体定理(英文)	2021—07	48.00	1392
非交换几何、规范理论和重整化:一般简介与非交换量子场论的重整化(英文)	2021—09	78.00	1406
数论论文集:拉普拉斯变换和带有数论系数的幂级数(俄文)	2021—09	48.00	1407
挠理论专题:相对极大值,单射与扩充模(英文)	2021—09	88.00	1410
强正则图与欧几里得若尔当代数:非通常关系中的启示(英文)	2021—10	48.00	1411
拉格朗日几何和哈密顿几何:力学的应用(英文)	2021—10	48.00	1412
时滞微分方程与差分方程的振动理论:二阶与三阶(英文)	2021—10	98.00	1417
卷积结构与几何函数理论:用以研究特定几何函数理论方向的分数阶微积分算子与卷积结构(英文)	2021—10	48.00	1418
经典数学物理的历史发展(英文)	2021—10	78.00	1419
扩展线性丢番图问题(英文)	2021—10	38.00	1420
一类混沌动力系统的分歧分析与控制:分歧分析与控制(英文)	2021—11	38.00	1421
伽利略空间和伪伽利略空间中一些特殊曲线的几何性质(英文)	2022—01	48.00	1422
一阶偏微分方程:哈密尔顿—雅可比理论(英文)	2021—11	48.00	1424
各向异性黎曼多面体的反问题:分段光滑的各向异性黎曼多面体反边界谱问题:唯一性(英文)	2021—11	38.00	1425
项目反应理论手册.第一卷,模型(英文)	2021—11	138.00	1431
项目反应理论手册.第二卷,统计工具(英文)	2021—11	118.00	1432
项目反应理论手册.第三卷,应用(英文)	2021—11	138.00	1433
二次无理数:经典数论入门(英文)	2022—05	138.00	1434
数,形与对称性:数论,几何和群论导论(英文)	2022—05	128.00	1435
有限域手册(英文)	2021—11	178.00	1436
计算数论(英文)	2021—11	148.00	1437
拟群与其表示简介(英文)	2021—11	88.00	1438
数论与密码学导论:第二版(英文)	2022—01	148.00	1423

刘培杰数学工作室

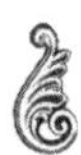

已出版(即将出版)图书目录——高等数学

书　　名	出版时间	定　价	编号
几何分析中的柯西变换与黎兹变换:解析调和容量和李普希兹调和容量、变化和振荡以及一致可求长性(英文)	2021-12	38.00	1465
近似不动点定理及其应用(英文)	2022-05	28.00	1466
局部域的相关内容解析:对局部域的扩展及其伽罗瓦群的研究(英文)	2022-01	38.00	1467
反问题的二进制恢复方法(英文)	2022-03	28.00	1468
对几何函数中某些类的各个方面的研究:复变量理论(英文)	2022-01	38.00	1469
覆盖、对应和非交换几何(英文)	2022-01	28.00	1470
最优控制理论中的随机线性调节器问题:随机最优线性调节器问题(英文)	2022-01	38.00	1473
正交分解法:涡流流体动力学应用的正交分解法(英文)	2022-01	38.00	1475
芬斯勒几何的某些问题(英文)	2022-03	38.00	1476
受限三体问题(英文)	2022-05	38.00	1477
利用马利亚万微积分进行 Greeks 的计算:连续过程、跳跃过程中的马利亚万微积分和金融领域中的 Greeks(英文)	2022-05	48.00	1478
经典分析和泛函分析的应用:分析学的应用(英文)	2022-05	38.00	1479
特殊芬斯勒空间的探究(英文)	2022-03	48.00	1480
某些图形的施泰纳距离的细谷多项式:细谷多项式与图的维纳指数(英文)	2022-05	38.00	1481
图论问题的遗传算法:在新鲜与模糊的环境中(英文)	2022-05	48.00	1482
多项式映射的渐近簇(英文)	2022-05	38.00	1483
一维系统中的混沌:符号动力学,映射序列,一致收敛和沙可夫斯基定理(英文)	2022-05	38.00	1509
多维边界层流动与传热分析:粘性流体流动的数学建模与分析(英文)	2022-05	38.00	1510
演绎理论物理学的原理:一种基于量子力学波函数的逐次置信估计的一般理论的提议(英文)	2022-05	38.00	1511
R^2 和 R^3 中的仿射弹性曲线:概念和方法(英文)	2022-08	38.00	1512
算术数列中除数函数的分布:基本内容、调查、方法、第二矩、新结果(英文)	2022-05	28.00	1513
抛物型狄拉克算子和薛定谔方程:不定常薛定谔方程的抛物型狄拉克算子及其应用(英文)	2022-07	28.00	1514
黎曼-希尔伯特问题与量子场论:可积重正化、戴森-施温格方程(英文)	2022-08	38.00	1515
代数结构和几何结构的形变理论(英文)	2022-08	48.00	1516
概率结构和模糊结构上的不动点:概率结构和直觉模糊度量空间的不动点定理(英文)	2022-08	38.00	1517

刘培杰数学工作室

已出版(即将出版)图书目录——高等数学

书　　名	出版时间	定　价	编号
反若尔当对:简单反若尔当对的自同构(英文)	2022—07	28.00	1533
对某些黎曼—芬斯勒空间变换的研究:芬斯勒几何中的某些变换(英文)	2022—07	38.00	1534
内诣零流形映射的尼尔森数的阿诺索夫关系(英文)	2023—01	38.00	1535
与广义积分变换有关的分数次演算:对分数次演算的研究(英文)	2023—01	48.00	1536
强子的芬斯勒几何和吕拉几何(宇宙学方面):强子结构的芬斯勒几何和吕拉几何(拓扑缺陷)(英文)	2022—08	38.00	1537
一种基于混沌的非线性最优化问题:作业调度问题(英文)	即将出版		1538
广义概率论发展前景:关于趣味数学与置信函数实际应用的一些原创观点(英文)	即将出版		1539
纽结与物理学:第二版(英文)	2022—09	118.00	1547
正交多项式和q—级数的前沿(英文)	2022—09	98.00	1548
算子理论问题集(英文)	2022—03	108.00	1549
抽象代数:群、环与域的应用导论:第二版(英文)	2023—01	98.00	1550
菲尔兹奖得主演讲集:第三版(英文)	2023—01	138.00	1551
多元实函数教程(英文)	2022—09	118.00	1552
球面空间形式群的几何学:第二版(英文)	2022—09	98.00	1566
对称群的表示论(英文)	2023—01	98.00	1585
纽结理论:第二版(英文)	2023—01	88.00	1586
拟群理论的基础与应用(英文)	2023—01	88.00	1587
组合学:第二版(英文)	2023—01	98.00	1588
加性组合学:研究问题手册(英文)	2023—01	68.00	1589
扭曲、平铺与镶嵌:几何折纸中的数学方法(英文)	2023—01	98.00	1590
离散与计算几何手册:第三版(英文)	2023—01	248.00	1591
离散与组合数学手册:第二版(英文)	2023—01	248.00	1592
分析学教程.第1卷,一元实变量函数的微积分分析学介绍(英文)	2023—01	118.00	1595
分析学教程.第2卷,多元函数的微分和积分,向量微积分(英文)	2023—01	118.00	1596
分析学教程.第3卷,测度与积分理论,复变量的复值函数(英文)	2023—01	118.00	1597
分析学教程.第4卷,傅里叶分析,常微分方程,变分法(英文)	2023—01	118.00	1598

联系地址:哈尔滨市南岗区复华四道街10号　哈尔滨工业大学出版社刘培杰数学工作室

网　　址:http://lpj.hit.edu.cn/

邮　　编:150006

联系电话:0451—86281378　　13904613167

E-mail:lpj1378@163.com